KB009619

5분 뚝딱 물리학 수업

사마키 다케오 지음
홍성민 옮김

북스토리

시작하는 글

손바닥 위에 사과를 올려 보자. 사과가 손바닥을 누르는 동시에 손바닥이 사과를 밀어 올리는 것이 느껴질까? 사과가 손바닥을 누르는 것은 느껴도 손바닥이 사과를 밀어 올리는 것은 느끼기 어려울 듯하다.

물리를 배울 때 항상 처음에 나오는 것이 역학(力學)이다. 역학이 어려운 가장 큰 이유는 '힘'이 눈에 보이지 않기 때문이다. 달리 말하면, 손과 사과 사이의 힘의 관계는 '과학의 힘' 즉, '운동의 제3 법칙(작용 반작용의 법칙)'을 통해 '보아야만' 비로소 보이게 된다.

우리가 어떤 물체를 밀거나 당기면 우리와 그 물체 사이에 힘이 작용한다. 이때 '작용과 반작용은 늘 반대 방향으로 작용하고 크기가 같다'는 사실을 뉴턴이 알아챘다. 과학자들은 수많은 실패를 거듭하며 '과학의 눈'과 관찰 · 실험에 의한 통찰로 많은 물리 법칙과 원리를 발견했다.

이 책은 50가지 물리 법칙과 원리의 발견에 관한 이야기를 읽는 것만으로도 물리학의 기본을 재미있게 이해할 수 있도록 만들었다.

물리학이라고 하면 교과서의 설명이 어렵고 재미가 없었기 때문에 정말 싫어했다는 사람이 많다. 그러나 역대 많은 과학자들도 일상에서 느낀 작은 의문에서 시작해 중요한 법칙과 원리를 발견했다. 그런 과학자들의 열정과 숨결을 느낄 수 있도록 과학자들과 상상으로 인터뷰를 하는 장면에서 시작해 법칙과 원리를 설명한다. 또, 재미난 일러스트와 도표를 이용해 추상적인 원리를 이해하기 쉽도록 풀어 준다. 법칙과 원리가 현대 생활에 어떻게 도움이 되는지도 알아보았다. '세계는 물리 법칙으로 이루어졌다'는 사실을 실감할 수 있을 것이다.

이 책은 다음과 같이 구성되어 있다. 여러분이 들어본 적 있는 법칙과 원리도 있고, 이 책을 통해 처음 보는 것도 있을 것이다.

▸ 힘과 에너지 : 물체는 어떻게 움직일까?

만유인력의 법칙, 운동의 제1 법칙, 운동의 제3 법칙, 에너지 보존의 법칙 등

▸ 전자기 : 눈에 보이지 않는 전기로 가득 차 있다.

옴의 법칙, 줄의 법칙, 플레밍의 왼손 법칙, 전자파 등

▸ 파동 : 모든 물질이 전달되는 구조

소리의 3요소, 하위헌스의 원리, 반사·굴절의 법칙, 도플러 효과 등

▸ 유체 : 기체와 액체는 어떻게 움직일까?

아르키메데스의 원리, 파스칼의 원리, 쿠타 · 주코프스키의 정리 등

▸ 열 : 열은 어떻게 발생할까?

보일 · 샤를의 법칙, 열역학 제0 법칙, 열역학 제1 법칙, 열역학 제2 법칙 등

▸ 미시 세계 : 시간과 공간을 이루다.

원자의 구조, 방사능 · 방사선, 핵반응, 광속도 불변의 원리와 특수상대성이론 등

이 책의 필자들은 고등학교와 대학교에서 물리를 알기 쉽게 가르치기 위해 노력해 온 선생님과 물리 교수들이다. 물리학의 기본 원리부터 최첨단 연구까지 높은 수준은 유지하면서 가능한 알기 쉽고 정확하게 설명하도록 노력했다.

물리를 싫어하는 사람은 물론, 학생 때 배웠지만 지금은 거의 잊어버린 사람에게도 이 책이 물리 법칙과 원리를 이해해 그 재미를 느낄 수 있는 계기가 되기를 바란다.

마지막으로, 최초의 독자인 동시에 힘든 편집 작업을 맡아 해준 와타 유리 선생님에게 진심으로 감사드린다.

집필자 대표(편저자) 사마키 다케오

힘과 에너지

물체는 어떻게 움직일까?

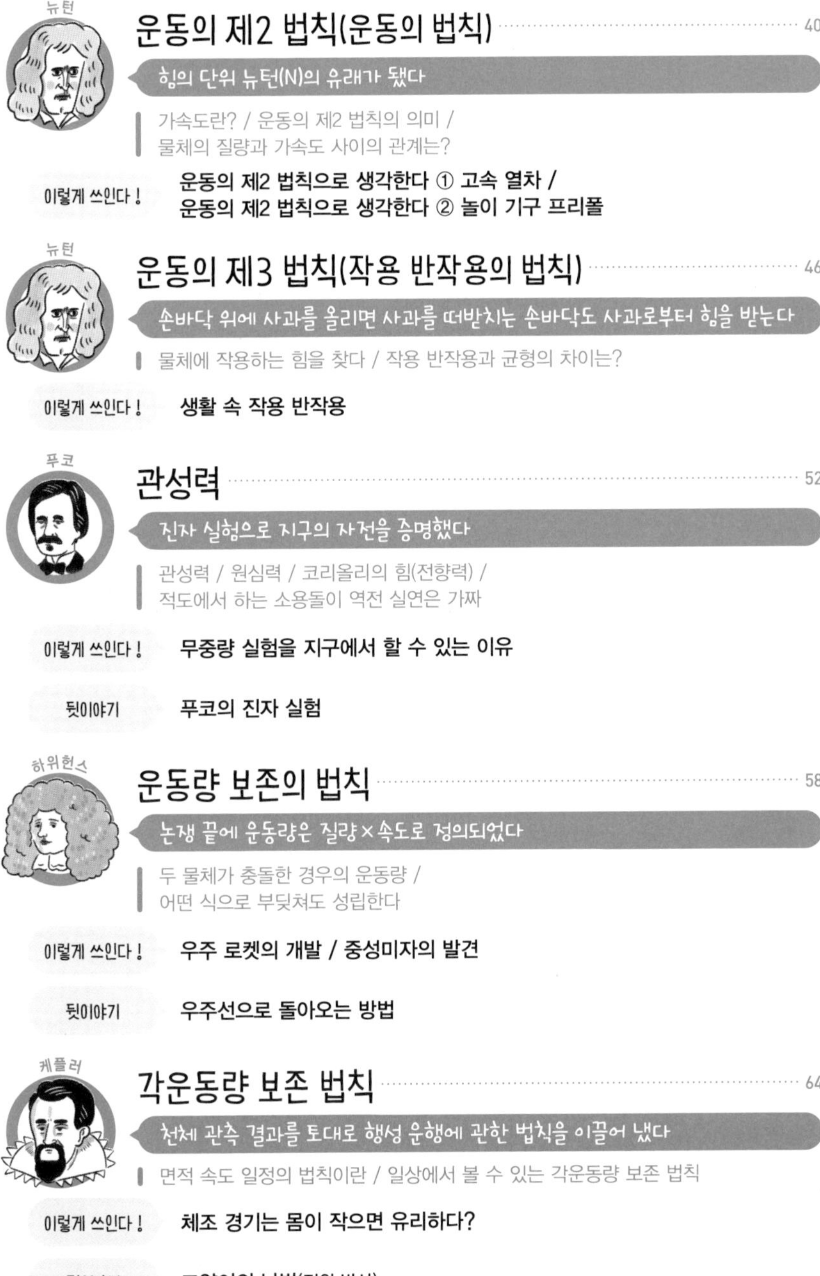

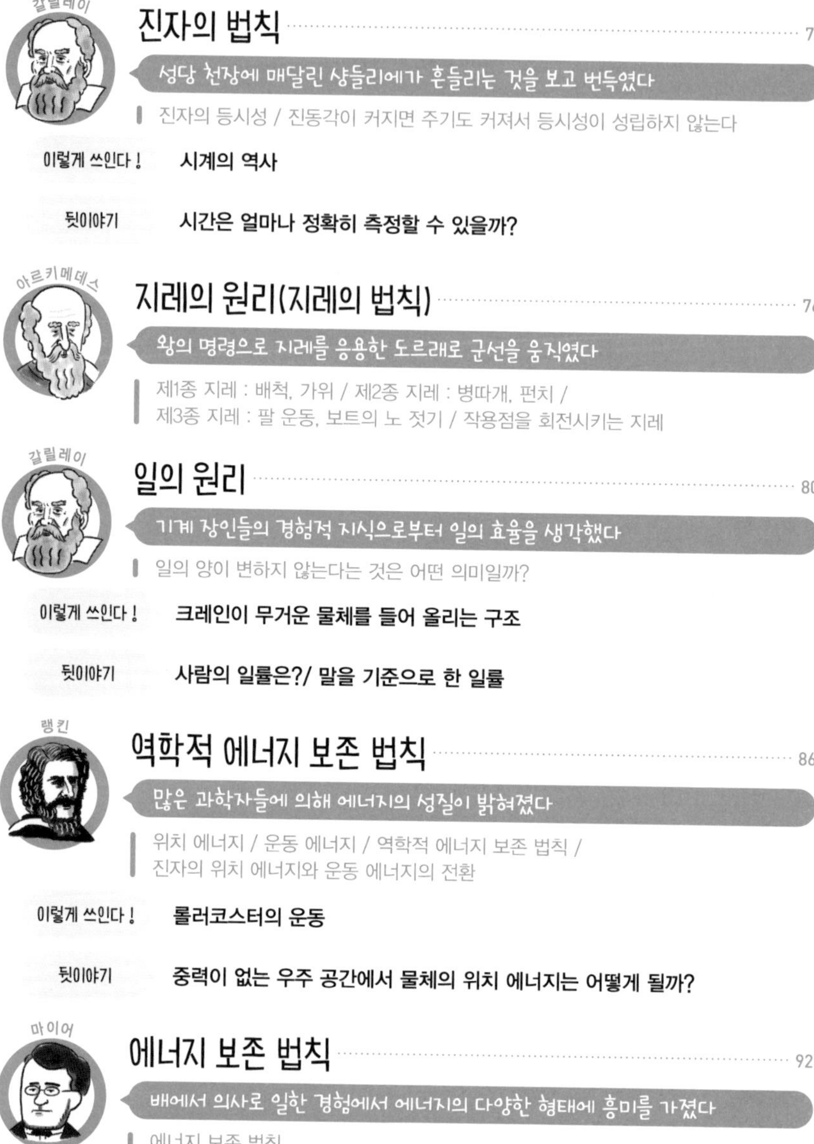

갈릴레이
아르키메데스
갈릴레이
랭킨
마이어

전자기

눈에 보이지 않는 전기로 가득 차 있다

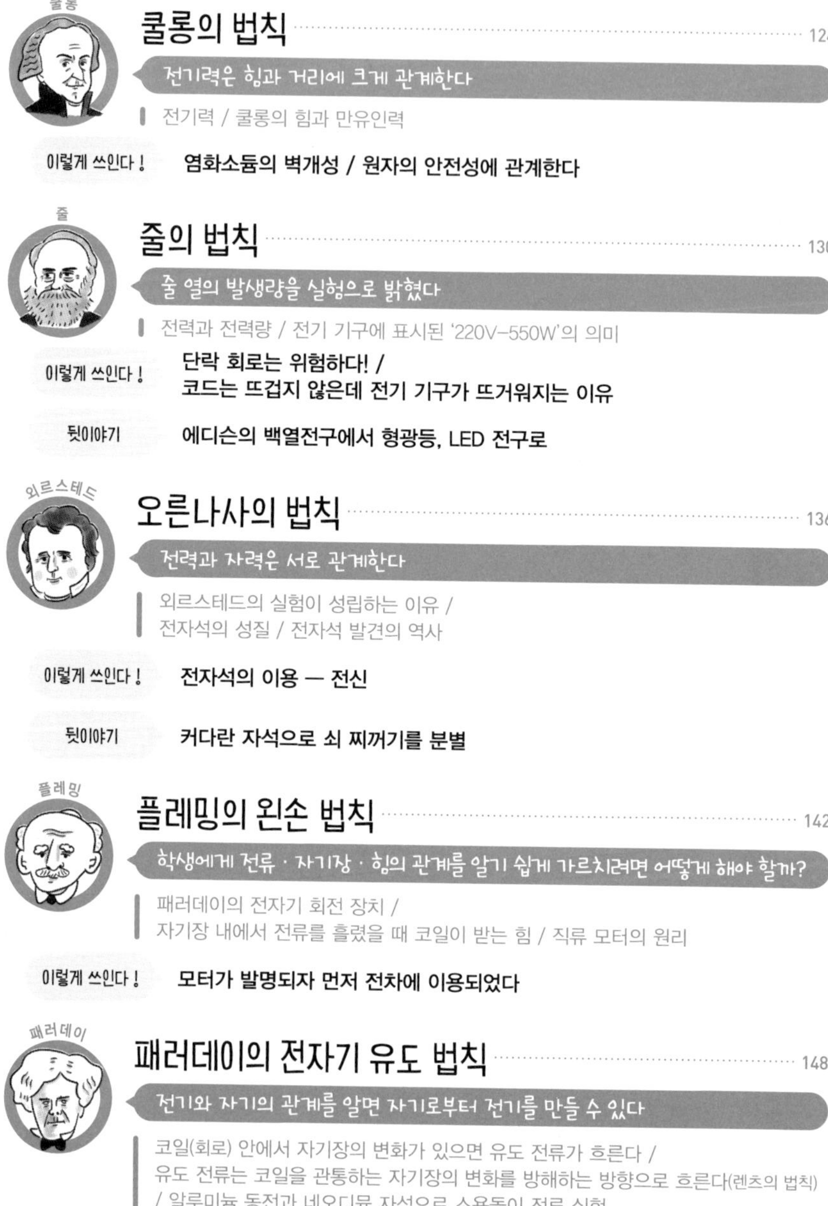
쿨롱
줄
외르스테드
플레밍
패러데이

파 동

모든 물질이 전달되는 구조

유체

기체와 액체는 어떻게 움직일까?

힘과 에너지

물체는 어떻게 움직일까?

훅의 법칙

힘을 가하면 얼마나 변형될까?
유리와 금속에도 사용할 수 있는 놀라운 법칙

발견의 계기!

'훅의 법칙'은 17세기 영국의 과학자 로버트 훅 선생님이 발견했어요.

안녕하세요, 훅입니다. 나는 어릴 적부터 그림 그리기를 좋아하고 기계를 다루는 데 소질이 있었어요. 그래서 보일 법칙을 발견한 보일 선생의 조수로 있다가 런던왕립협회라는 과학자 모임의 실험 관리자가 되었죠. 훅의 법칙은 실험 관리자로서 과학에 관한 여러 실험을 하던 중 발견했습니다. 주로 용수철로 설명을 하는데, 더 넓은 내용을 가진 법칙입니다.

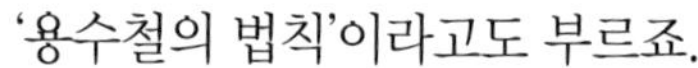
'용수철의 법칙'이라고도 부르죠.

용수철뿐만 아니라 모든 고체에 성립한다는 것이 중요해요. 나는 다양한 물체에 힘을 가하면 '인장(늘어남)'과 '압축(줄어듦)' '찌그러짐' '휨' '뒤틀림' 등의 변형이 일어나며, 힘의 크기와 변형량이 비례한다는 사실을 금속, 나무, 돌, 도자기, 털, 뿔, 비단실, 뼈, 힘줄, 유리 등으로 확인했어요. 그 결과를 단어의 철자를 바꾼 일종의 암호인 애너그램을 이용해 발표했지요.

모든 고체가 힘을 받으면 변형하고, 힘을 제거하면 원래로 돌아가는 탄성체, 즉 용수철이라는 거군요.

그래요, 건축물과 기계 등의 재료에 힘을 가하면 어떻게 될지 알기 위해서는 매우 중요한 법칙이죠.

원리를 알자!

- 변형의 크기는 변형을 일으키는 힘의 크기에 비례한다.
- 힘 [F]와 변형 [x]는 비례하고, 비례상수를 [k]라 하면 이런 관계가 성립한다.

$$F = -kx$$

k는 '용수철 상수'라 불리는 비례상수로, 용수철의 힘 또는 유연한 정도를 나타낸다. 방정식에 마이너스 부호가 있는 것은, 힘은 벡터(vector : 크기와 방향을 가지는 양)이므로 방향에 따라 플러스(+)나 마이너스(−)가 되기 때문이다.

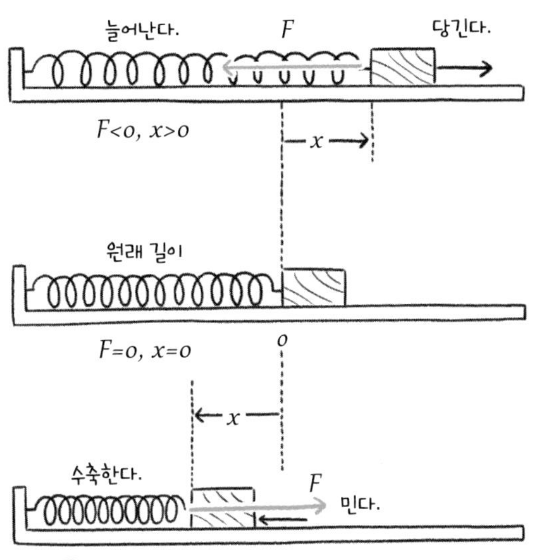

오른쪽 방향을 플러스(+), 왼쪽 방향을 마이너스(−)라고 하면, 용수철을 늘리면 변형 x는 (+)가 되고, 힘 F의 방향은 왼쪽, 즉 (−)가 된다.

용수철을 압축시키면 변형 x는 (−)가 되고, 힘 F의 방향은 오른쪽, 즉 (+)가 된다.

선의 기울기가 작은 용수철 B가 늘어나기 쉽다!

용수철 상수 [k] = 용수철의 힘 또는 유연한 정도

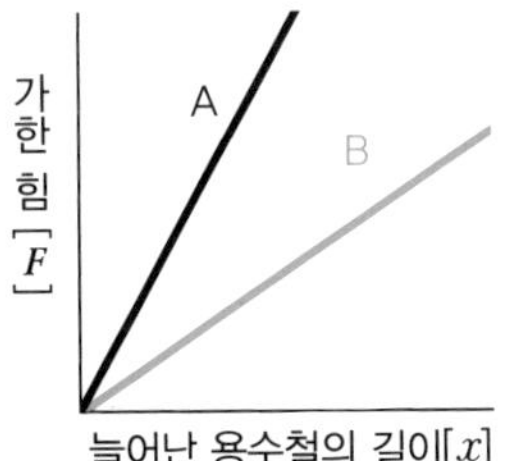

상수 k(기울기)의 값이 클수록 변형시키는 데 큰 힘이 필요하다.

훅의 법칙은 모든 고체에서 성립한다

고체에 힘을 가하면 변형하고 힘을 제거하면 원래로 돌아가는 성질을 '탄성'이라 한다. 훅의 법칙은 용수철뿐 아니라 탄성을 가진 모든 고체(탄성체)에 성립한다. 어떤 고체든 힘이 가해져 변형이 작을 때는 탄성을 나타내지만, 힘이 커서 변형이 커지면 원래대로 돌아가지 못하고 결국 파괴된다. 변형이 원래로 돌아가는 범위의 성질을 '탄성(彈性)'이라 하고, 돌아가지 않는 범위의 성질을 '소성(塑性)'이라 한다.

[그림 1] **가하는 힘과 비례 한계, 탄성 한계, 파괴점**

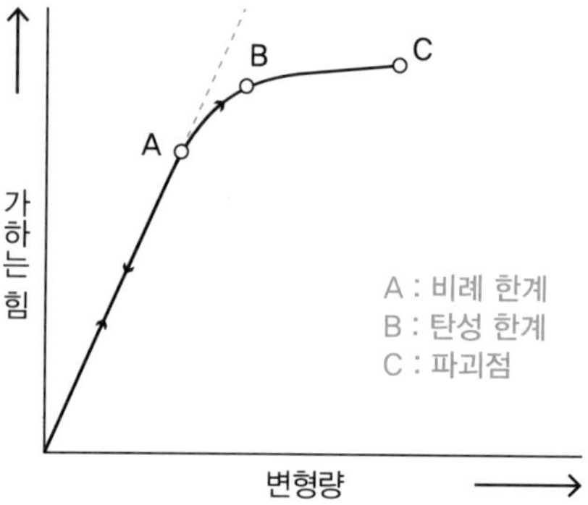

훅은 이런 고체까지 조사했다

실제로 훅은 법칙을 정리할 때 금속, 나무, 돌, 도자기, 털, 뿔, 비단실, 뼈, 힘줄, 유리 등 탄성체라면 어느 것에서도 법칙이 성립한다는 사실을 확인한다.

필자는 과학 수업에서 유리 막대의 탄성 실험을 했다. 유리 막대는 힘을 가하면 쉽게 부러진다고 여긴다. 그러나 유리 막대의 양 끝을 수평으로 유지하고 중앙에 추를 달아 힘을 가하면 살짝 휘어지지만 부러지지는 않는다. 힘을 가하는 것을 멈추면 유리 막대는 원래대로 돌아간다. 추의 무게를 늘려 가면 어느 지점에서 유리 막대는 부러져 버린다. 유리 막대도 다른 고체와 마찬가지로 탄성 한계를 넘어 파괴점에 이르기 때문이다.

강철로 만든 책상은 손가락으로 눌러도 책상이 압축되는 것처럼 보이지 않는다. 그러나 사실은 1㎡당 1N(뉴턴)의 힘이 가해지면 20만 분의 1 정도 압축된다.

탄성의 원인을 미시 세계의 눈으로 보다

고체에서는 일부 원자와 분자, 이온의 결함을 볼 수도 있지만, 기본적으로는 원자, 분자, 이온이 규칙적으로 나열돼 있다. 이들 원자와 분자, 이온은 각각의 장소에서 부들부들 떨고 있다. 고체에 힘을 가하면 힘을 받은 곳은 그 간격이 줄어들고, 힘을 제거하면 다시 원래로 돌아간다. 원자와 분자, 이온은 강한 용수철로 연결된 것처럼 이어져 있기 때문이다.

[그림 2] **물체를 만드는 입자들이 용수철로 이어져 있다.**

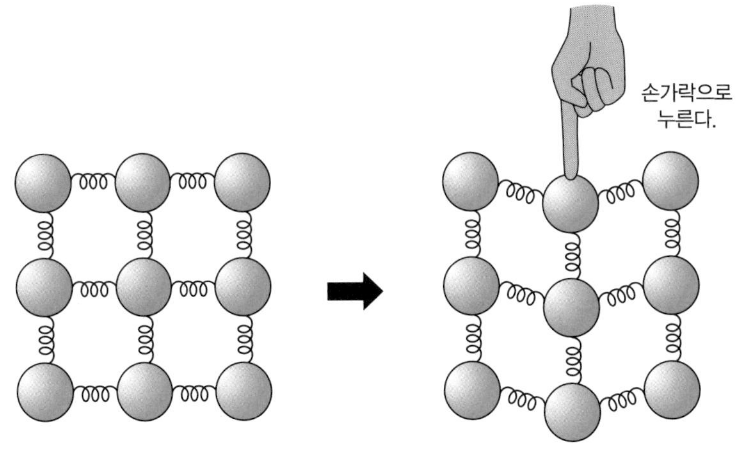

이렇게 쓰인다!

용수철저울부터 집, 비행기, 댐의 안전 설계까지

훅의 법칙을 이용해 힘의 크기를 측정하는 도구가 용수철저울이다.

가령, 0.1N의 힘으로 용수철을 당겨 10㎝의 용수철 길이가 12㎝가 되었다면 용수철이 늘어난 길이는 2㎝가 된다. 반대로 이 용수철이 2㎝ 늘어났다면 용수철은 0.1N의 힘으로 당겨진 것이다. 그래서 물체가 받는 힘을 측정하는 도구로 용수철저울을 이용할 수 있고, 다양한 물체의 무게를 측정하는 기구로도 활용하고 있다.

건축 설계 현장에서는 어떤 재료를 어떤 모양과 길이로 사용하면 좋을지 탄성체로서 재료의 성질에 대한 지식이 필요하다. 이 경우, 용수철 상수 k는 영률(Young's modulus)이 된다. 재료에는 부드러운 재료와 딱딱한 재료가 있는데, 그 정도를 나타내는 것이 영률이다. 집, 건물, 다리, 차체, 배, 비행기, 제방과 댐의 강도 등 훅의 법칙은 안전 설계에 없어서는 안 되는 법칙이다.

[그림 3] **접시저울**

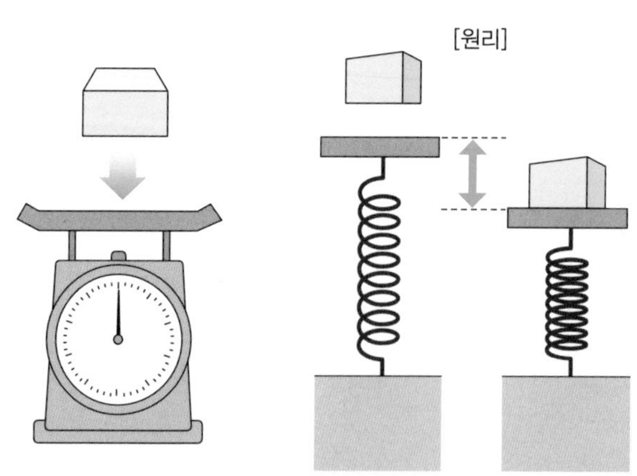

용수철저울은 용수철의 힘과 늘어나고 줄어드는 관계를 사용한다. 전자저울은 용수철 대신 힘 센서를 사용해 힘을 받았을 때의 변형을 전기적으로 측정한다. 힘 센서에는 힘이 가해지면 압축하는 탄성체가 들어 있어 접시저울의 용수철과 같은 역할을 한다.

 '세포'란 이름을 붙였다

훅은 훅의 법칙만 발견한 것이 아니다. 훅은 배율이 수십 배 정도인 현미경으로 다양한 것들을 관찰하여 놀라울 만큼 세밀한 스케치를 남겼다.

와인 뚜껑으로 이용하는 코르크에 대해서 훅은 '코르크가 물에 뜨는 이유는 눈에 보이지 않을 만큼 작은 틈이 많이 있기 때문이 아닐까? 하지만 틈이 있으면 물이 들어갈 텐데 물이 들어가지 않는 특별한 구조가 있는 걸까?' 하고 생각했다. 훅은 현미경으로 코르크를 관찰하여 작은 그물코 상태의 방을 발견해 세포(cell)라고 이름 붙였다.

사실 훅이 발견한 것은 현재 우리가 말하는 세포가 아니라 세포벽의 흔적이었는데, 아무튼 훅은 생물의 최소 단위인 '세포'의 이름을 붙였다.

 뉴턴에 의해 지워진 남자?

훅은 뛰어난 실험 기술로 런던왕립협회의 실험 관리자가 되었고, 광범위한 분야에서 업적을 쌓았다. 그러나 그 후 뉴턴이 왕립협회회장이 되자 훅의 다양한 실험 장치와 초상화가 왕립협회에서 전부 사라졌다. 훅은 광학 이론과 만유인력의 법칙을 발견한 사람이 자신이라고 주장해 뉴턴과 갈등을 겪고 뉴턴의 미움을 샀다. 그래서 뉴턴이 왕립협회에서 훅의 흔적을 없앤 것이 아닐까 추측된다. 즉, 훅은 뉴턴에 의해 지워진 과학자였는데 최근 훅에 대한 재평가가 이루어지고 있다.

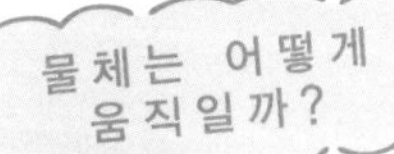

힘의 평행사변형 법칙

다리와 인체에서도 볼 수 있다!
균형을 이루는 세 힘 사이에 성립하는 법칙

발견의 계기!

—— '정지한 물체에 작용하는 힘의 균형은, 힘의 평행사변형 법칙에 따른다.' 이 주장을 펼친 네덜란드 수학자 시몬 스테빈 선생님을 모십니다.

이 법칙은 고대의 대발명가 아르키메데스의 연구를 발전시킨 겁니다. 1586년에 쓴 『균형의 원리』에서 다음과 같은 기계를 생각했죠. 일단, 길이가 1 : 2인 두 변을 가진 삼각형 위에 일정한 간격으로 무게가 같은 구를 14개 배치한 다음 각각의 구를 끈으로 이어 사슬을 만듭니다. 이때 사슬은 균형을 이루어 정지하죠. (27쪽)

—— 삼각형의 꼭짓점에서 힘이 균형을 이루면 '힘의 평행사변형 법칙'이 성립한다는 거군요.

그 뒤, 운동하는 물체에서도 힘이 균형을 이루면 힘의 평행사변형 법칙이 성립한다는 사실을 알게 되었죠.

—— 스테빈 선생님의 이름은 무게가 열 배 다른 두 개의 물체를 낙하시키면 거의 동시에 낙하한다는 실험을 통해 처음 알게 되었어요.

이 실험, 역시 후세에도 유명한가요? 기분 좋네요!

—— 사실은 갈릴레이의 제자가 스승을 존경한 나머지 "갈릴레이 선생이 피사의 사탑에서 실험했다"고 해서 알려졌는데……(중얼중얼).

앗, 충격인데…….

원리를 알자!

▸ 힘은 크기와 방향을 가진 양(벡터)이므로 화살표로 표시한다. 두 개의 힘이 주어졌을 때 평행사변형을 만들어 두 힘을 더한다. 이렇게 두 개의 힘을 하나로 합친 힘을 합력(合力)이라 한다.

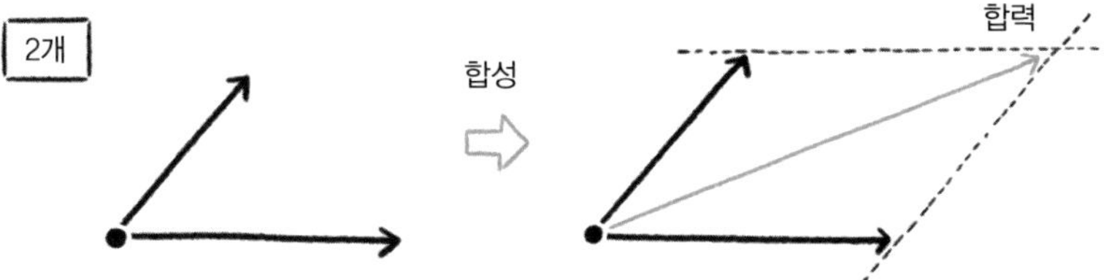

▸ 서로 균형을 이루는 세 힘이 있을 때 그중 두 개의 힘이 만드는 합력도 나머지 한 개의 힘과 균형을 이룬다.

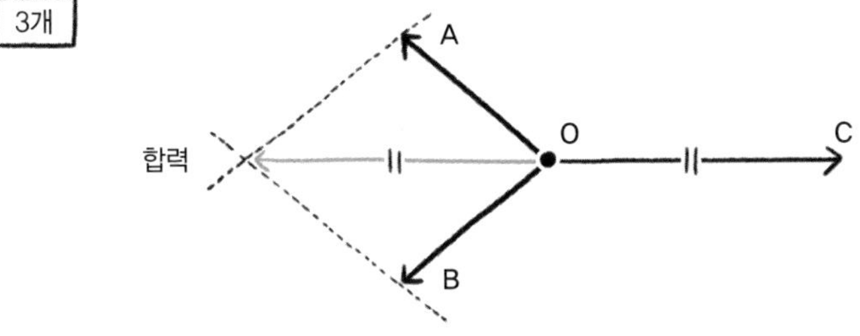

두 힘(화살표 OA와 화살표 OB)과 균형을 이루는 힘(화살표 OC)은 OA와 OB의 합력과 힘의 방향(화살표 방향)은 반대이고, 크기(화살표 길이)는 같다.

힘의 덧셈은 1+1=2처럼 되지 않는다. 크기와 방향을 가진 벡터의 덧셈이다.

두 힘의 균형

정지한 물체가 힘을 받아도 움직이지 않을 때는 반대 방향으로 크기가 같은 두 개의 힘이 작용하는 경우이다. 이때 두 힘은 균형을 이룬다. 만약 정지한 물체가 힘을 받아 움직이기 시작했다면 다음과 같은 경우를 생각할 수 있다.

- 하나의 힘만 작용하는 경우.
- 두 힘이 작용하는 경우(물체가 움직이기 시작한 방향으로 작용하는 힘이 크다).

끈이나 스프링에 매달려 정지한 물체는 물체가 끈이나 스프링에서 당겨지는 힘과 중력이 서로 균형을 이루고 있다.

[그림 1] **끈에 매단 물체와 책상 위의 물체**

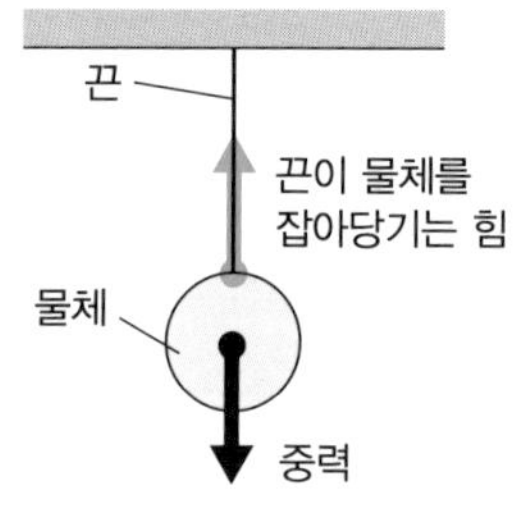

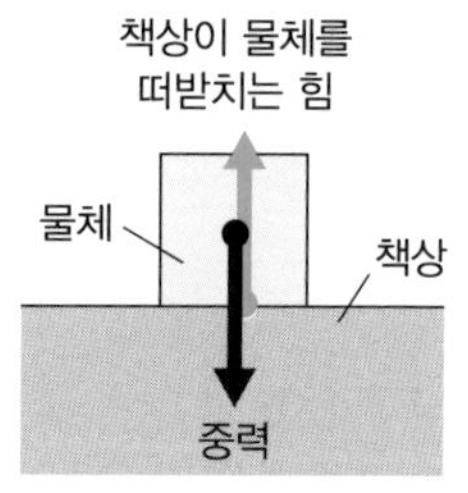

세 힘의 균형

서로 다른 위치에 있는 두 개의 끈으로 공 하나를 매다는 경우를 생각해 보자. 각각의 끈이 당기는 힘을 F_1, F_2라고 한다.

이처럼 물체를 어느 높이로 들어 올려 정지시킬 때 물체에 작용하는 힘은 균형을 이룬다. 이때 힘의 평행사변형의 법칙을 사용해서 얻은 F_1, F_2의 합력은 물체의 중력과 크기가 같고 방향은 반대가 된다.

[그림 2] **세 힘의 균형**

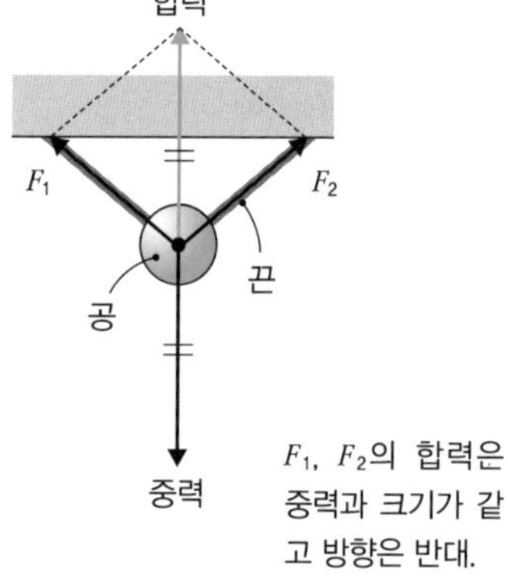

물체에 작용하는 세 힘이 어떤 방향을 향하든 그 힘이 균형을 이루면 그중 두 개의 힘의 합력은 나머지 한 개의 힘과 크기가 같고 방향은 반대다.

 하나의 힘을 두 개의 힘으로 나눈다

하나의 힘을 두 개의 힘으로 나눌 수 있다. 이것을 힘의 분해라 하고, 분해해서 만들어진 두 개의 힘을 분력(分力)이라고 한다.

힘의 분해는 힘의 합성의 반대다. 힘의 합성과 힘의 분해의 차이는, 힘의 합성에서는 두 개의 힘의 합력은 하나지만, 힘의 분해에서는 분해하는 방향에 따라 무수히 많은 분력을 구할 수 있다.

[그림 3] **힘F의 분력 구하기**

① 분력의 방향을 정한다.

O

F

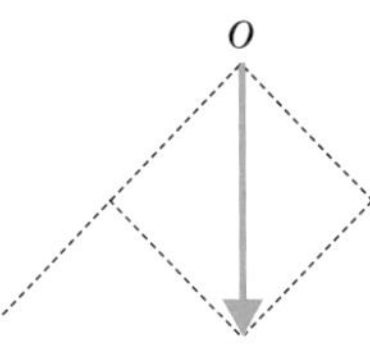

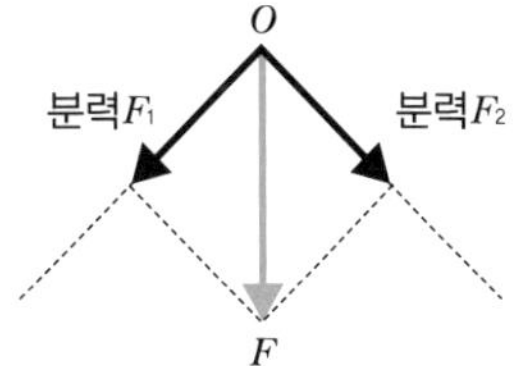

이렇게 쓰인다!

 송전선이 처져 있는 이유는?

전신주와 전신주 사이의 송전선을 보면 팽팽한 직선이 아니라, 완만한 곡선을 그리며 처져 있다. 빨래를 너는 긴 빨랫줄도 마찬가지다. 일부러 처지게 만든 것이 아니라 그렇게 될 수밖에 없다.

[그림 4] **송전선에 작용하는 힘**

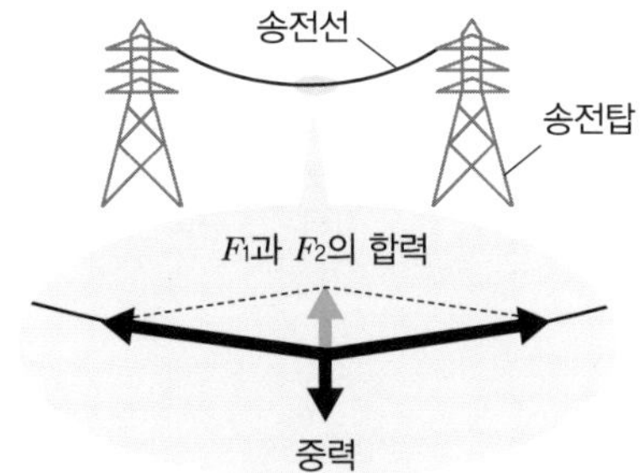

F_1, F_2의 합력은 매단 물체가 받는 중

력과 같아야 균형이 잡힌다. 각도가 벌어질수록 F_1과 F_2의 힘은 커지는데, 수평일 때는 F_1과 F_2가 아무리 커도 합력이 0이 되므로 중력에 의해 수평이 될 수 없다.

건축에서 대활약하는 아치 구조

벽돌이나 돌을 아치 모양으로 쌓아 올린 것을 아치 구조라고 한다. 다리 등의 건축에 자주 사용되기 때문에 어렵지 않게 볼 수 있다. 아치 구조를 만들 때는 가장자리 부분부터 차례로 돌을 쌓고, 마지막에 키스톤(쐐기돌)을 끼워 넣는다. 키스톤을 끼우면 아치 구조가 안정적으로 유지된다. 이때 양옆의 돌이 미는 힘과 키스톤에 가해지는 중력이 균형을 이룬다.

아치 구조는 위에서 누르는 힘에 강한 구조이므로 다리를 만드는 데에도 적합하다. 단, 키스톤을 빼거나 부수면 균형이 깨져 붕괴한다. 요즘은 다리 이외에도 터널과 댐 건설 등 다양한 장소에 아치 구조를 활용하고 있다.

사람의 몸에도 아치 구조가 있다. 바로 발이다. 한쪽 발에만 아치 구조가 세 곳이나 있는데, 각각 앞뒤, 좌우, 옆으로 몸을 틀 때 자세를 쉽게 바꿀 수 있도록 한다. 그중에서도 두 발로 서서 걸을 때 체중을 지탱하는 발바닥 중앙의 오목하게 들어간 부분의 아치 구조는 발에 가해지는 충격을 덜어 주는 것으로 유명하다.

[그림 5] **건축에 이용되는 아치 구조**

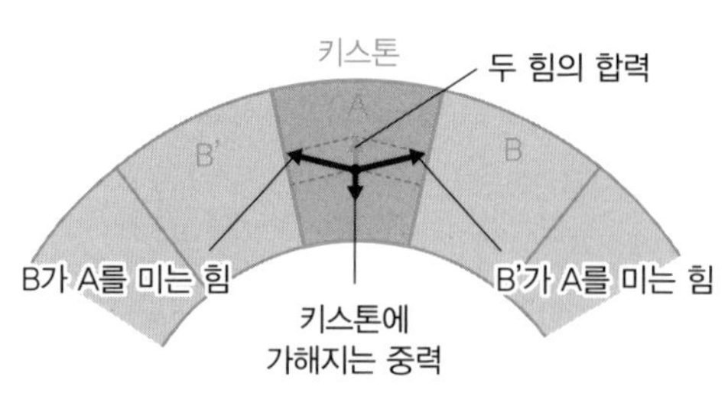

[그림 6] **발의 아치 구조**

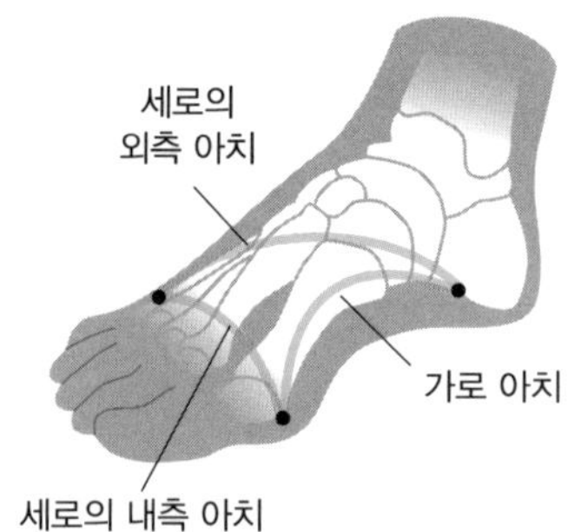

스테빈의 기계

스테빈이 『균형의 원리』에서 생각한 기계는 '길이가 1 : 2인 두 변을 가진 삼각형 위에 일정한 간격으로 무게가 똑같은 구를 14개 배치하여 각각의 구를 끈으로 연결해 사슬을 만든다'는 것이었다. 14개의 구를 연결한 사슬을 긴 변 위에 4개, 짧은 변 위에 2개의 구가 올라가도록 놓으면 삼각형 아래에는 8개의 구가 매달린다. 이때 '사슬은 균형을 이루기 때문에 이 기계는 움직이지 않는다'고 했는데, 실제론 어떻게 될까?

아래에 매달린 8개의 구는 좌우대칭으로 4개씩 있으므로 균형을 이룬다. 따라서 사슬에서 이 부분을 제거해도 영향은 없다. 그럼 긴 변 위의 4개의 구와 짧은 변 위의 2개의 구만을 생각해 보면, 이 구들도 움직이지 않고 정지한 상태다. 즉, 균형을 이룬다.

긴 변은 짧은 변보다 두 배 길고, 또 사슬의 무게도 두 배다. 이 두 힘이 균형을 이룬다는 것은 '변의 길이의 비= 그 변 위에 있는 무게의 비'로, 그림 7-b가 성립하는 것을 알 수 있다.

[그림 7] **스테빈의 기계**

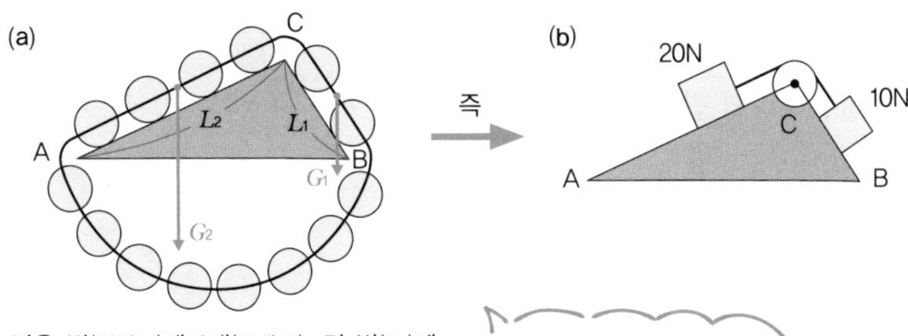

짧은 변(길이L_1)에 2개(무게G_1), 긴 변(L_2)에 4개(G_2)의 구를 올리면 나머지 8개는 삼각형 아래에 매달린다.

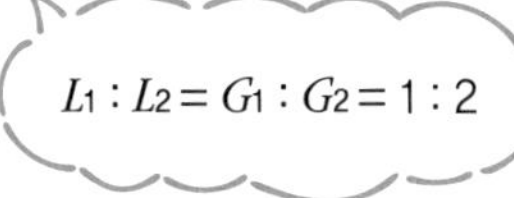

만유인력의 법칙

물체는 서로 끌어당기고 있다.
지상에서도 우주에서도 성립하는 법칙

발견의 계기!

'만유인력의 법칙'은 아이작 뉴턴 선생님이 발견해 1687년에 출판된 『자연철학의 수학적 원리』에 발표하셨습니다.

나의 발견은 선배들의 노력이 있었기에 가능했습니다. 아직 망원경이 발명되지 않았던 시대에 30년 동안 높은 정밀도의 행성 관찰 데이터를 만든 티코 브라헤(Tycho Brahe, 1546~1601), 그 데이터를 토대로 별이 타원 궤도를 그린다는 사실을 알고 케플러의 세 가지 법칙을 정리한 요하네스 케플러(Johannes Kepler,1571~1630, 64쪽) 그분들 덕분입니다.

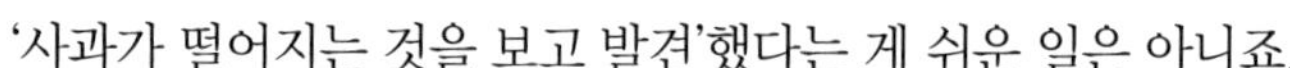

'사과가 떨어지는 것을 보고 발견'했다는 게 쉬운 일은 아니죠.

당시에는 힘은 접촉한 물체끼리 작용하는 '근접력'만 생각했어요. 그래서 만유인력처럼 멀리 떨어진 물체 사이에도 어떤 힘이 작용한다는 '원격력'은 '초자연적'이라고 비난받았죠.

만유인력의 법칙을 실험실에서 실증하고 만유인력 상수를 구해 지구의 질량을 계산한 사람까지 나왔습니다.

지상에 있는 두 물체 사이에 작용하는 인력은 매우 작기 때문에 내가 살았던 시대에는 그 힘을 실제로 구하는 것은 무리라고 생각했어요. 지식이 릴레이처럼 이어져 발전하다니 정말 대단해요!

원리를 알자!

- 만유인력은 모든 물체 사이에 작용하는, 서로 끌어당기는 힘(인력)이다.
- 두 물체가 서로 끌어당기는 힘은 물체의 질량에 비례하고 두 물체 사이의 거리의 제곱에 반비례한다.

$$F = G\frac{Mm}{r^2}$$

F는 만유인력, G는 만유인력 상수, M은 물체 1의 질량, m은 물체 2의 질량, r은 물체 사이의 거리.
만유인력 상수 $G = 6.67 \times 10^{-11} m^3/kg \cdot s^2$

- 만유인력은 질량이 큰 물체와 관련될 때만 중요하다. 천체를 잡아두는 힘이고, 지표 부근에서는 물체를 낙하시키는 힘(중력)이다.

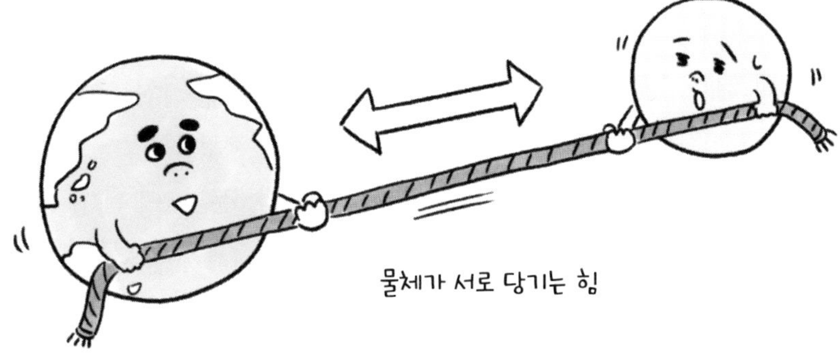

물체를 이루는 물질의
종류와 성질과는 관계없다.
사이에 제3의 물체가 있어도
방해받지 않는다.

만유인력은 질량을 가진 모든 물체 사이에 작용하는 힘이다.

천체에도 작용하는 만유인력

17세기에 아이작 뉴턴이 발견한 '만유인력'은 질량을 가진 모든 물체 사이에 작용하는 힘이다.

가령, 우리도 가까이 있는 사람과 인력이 작용한다. 그러나 우리는 그 힘을 느끼지 못한다. 인력이 너무 약하기 때문이다. 만유인력은 질량이 클수록 크기 때문에, 지구와 사람 사이에서는 크게 느껴지지만 사람끼리는 너무 약해 느끼지 못한다.

지상에서는, 지구와 물체 사이의 만유인력 때문에 지구는 물체를 전부 지구의 중심 방향으로 끌어당긴다. 그래서 물체를 떠받치는 것이 없으면 아래로 떨어져 버린다. '지구가 물체를 지구의 중심 방향으로 끌어당기는 힘'이 중력이다. 중력은 지구의 만유인력과 같은 힘일까?

정확히 말하면, 중력은 '지구상에 정지해 있는 물체가 받는 힘'으로, 지구의 만유인력과 지구의 자전에 의한 원심력을 합한 힘이다. 원심력은 적도에서 최대가 되는데, 인력의 약 290분의 1이다. 보통은 원심력을 무시해도 되는 경우가 많기 때문에 지구의 중력≒지구의 만유인력으로 생각해도 문제없다.

달에 가면 우리의 체중은 지구에서 측정했을 때의 약 6분의 1이 된다. 달의 중력이 지구에 비해 약 6분의 1에 불과하기 때문이다. 그래서 달에서는 크고 무거운 우주복을 입어도 가볍게 점프할 수 있다. 반면에 우주에서는 지구와 달, 태양과 지구처럼, 천체끼리도 서로 끌어당기고 있다.

[그림 1] **지구와 달 사이에 작용하는 만유인력의 크기**

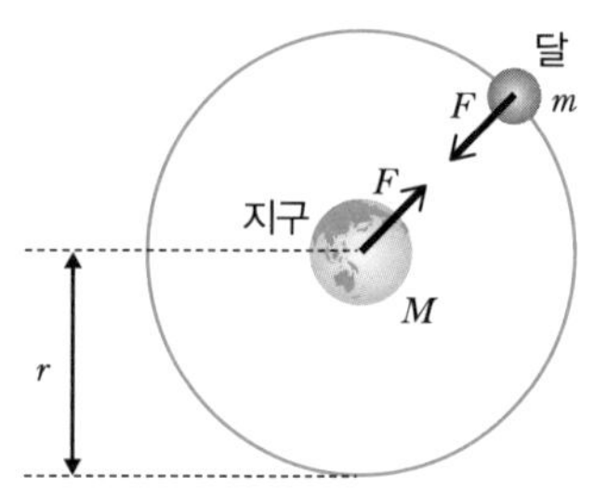

$$F = G\frac{Mm}{r^2}$$

r : 지구와 달의 평균 거리 3.84×10^{8}m
M : 지구의 질량 5.97×10^{24}kg
m : 달의 질량 7.35×10^{22}kg
G : 만유인력 상수 6.67×10^{-11} N·m²/kg²
F : 만유인력의 크기 1.98×10^{20} N

이렇게 쓰인다!

지구의 질량을 알 수 있다!

뉴턴은 실험실에서 만유인력을 측정해 만유인력 상수를 구할 수 있을 거라 생각했다. 그러나 뉴턴 시대에는 아주 작은 만유인력을 정밀하게 측정하기 어려웠다.

만유인력을 처음으로 측정한 사람은 영국의 물리학자 헨리 캐번디시(Henry Cavendish, 1731~1810)다. 캐번디시는 뉴턴이 사망하고 4년 뒤에 태어났다. 아버지의 막대한 유산으로 잉글랜드 은행의 최대 주주가 되는 등 부유했지만, 돈에는 전혀 관심이 없고 과학 연구를 자유롭게 할 수 있는 것에 기쁨을 느꼈다.

캐번디시는 만유인력의 크기를 측정하기 위해 1797년부터 1798년에 걸쳐 실험실에서 대규모 실험을 했다. 양쪽에 730g의 둥근 납공을 꽂은 나무로 된 길이 183㎝의 막대를 끈으로 매단 다음, 158㎏의 큰 납공과의 거리 22.9㎝에서 작용하는 인력을 비틀림 저울로 측정하는 데 도전했다. 아주 작은 인력을 측정하는 것이므로 세심한 주의를 기울이며 1년여에 걸쳐 실험했다. 기계를 설치한 방에서는 작은 소리도 실험에 지장을 주기 때문에 캐번디시는 옆방에서 구멍으로 망원경을 통해 물체의 위치가 바뀌면서 나타나는 비틀림 저울의 변위를 확인했다. 납공 사이의 인력은 매우 약해, 작은 납공이 느끼는 중력의 약 5000만 분의 1의 수치였다.

이미 지구의 반지름은 알고 있었기 때문에 캐번디시는 실험 결과로부터 지구의 질량 60해 톤(60조 톤의 1억 배)과 지구의 평균 밀도 5.448g/㎤를 얻었고, 이것을 1798년에 보고했다. 지구의 질량은 이런 실험실 안에서 구해졌다.

[그림 2] **캐번디시의 실험**

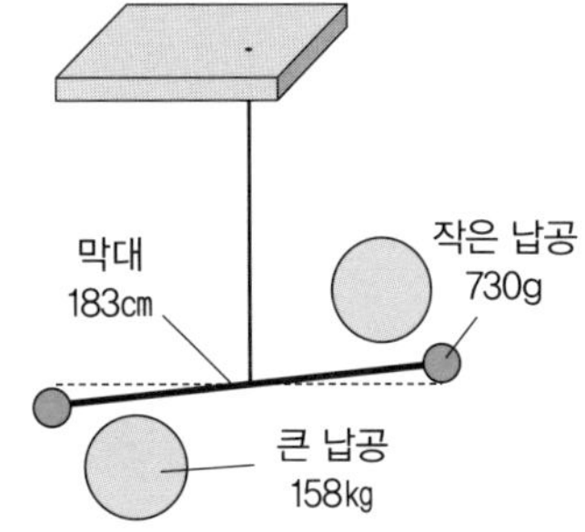

초상화를 그리기도 어렵다?

캐번디시는 매우 특이한 인물로, 평생 독신으로 살았다. 신경질적이고 내성적이며 여성 기피증이 있었고, 구식 복장을 고집해 '그의 인생의 목적은 사람의 주의를 끌지 않는 것'이라는 소문이 날 정도였다. 캐번디시는 여성 기피증이 심해서 눈이 마주친 하녀는 해고하고, 오다가다 하녀와 계단에서 마주치자 즉시 집 뒤쪽에 여성 전용 계단을 만들게 했다.

캐번디시의 초상화는 딱 한 장, 런던의 대영박물관에 있다. 화가 알렉산더는 그가 왕립협회의 점심 식사 모임에 참가한다는 사실을 알고 왕립협회 회장 뱅크스에게 "나를 점심 식사 모임에 초대해 주십시오. 자리는 캐번디시 씨가 잘 보이는 곳으로 해 주세요." 하고 부탁했다. 이렇게 해서 알렉산더는 캐번디시의 모습과 얼굴을 스케치할 수 있었다.

뉴턴의 사과나무

만유인력의 법칙은 태양과 행성의 운동에 대한 케플러 법칙에서 영감을 얻어 발견하였다.

만유인력의 법칙에 관해 '뉴턴은 사과나무에서 사과가 떨어지는 모습을 보고 만유인력을 떠올렸다'는 이야기가 있다. 뉴턴이 만유인력을 발견한 당시의 문서 기록이나 증언에는 이 이야기가 없다.

이후에 로버트 훅과 만유인력의 발견에 관한 선취권 다툼을 벌였을 때 그런 이야기를 뉴턴이 지인과 친척에게 했다고 한다. 뉴턴이 사망한 해에 프랑스의 문학자 베르테르는 자신의 에세이(1727년)에 뉴턴의 조카딸로부터 들은 이야기라며 '뉴턴은 정원을 가꿀 때 사과나무에서 사과가 떨어지는 장면을 보고 중력에 관한 첫 영감을 얻었다.'는 우화를 소개했다.

안타깝게도 뉴턴의 생가에 있었던 원래 사과나무는 폭풍에 쓰러졌고, 지금 있는 나무는 쓰러진 나무의 그루터기에서 새싹이 나와 자란 것이다. 뉴턴의 사과나무는 접목을 통해 세계 각국에 나뉘어 심어졌다. 우리나라에도 한국 표준과학연구원에 뉴턴의 사과나무가 심어졌다. 또, 각지의 학교와 과학과 관련된 시설에 종자 나무로 분양되어 우리나라 곳곳에서 자라고 있다.

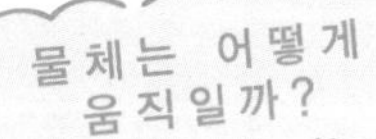

운동의 제1 법칙(관성의 법칙)

달리는 자동차는 갑자기 멈출 수 없다!
물체가 그 상태를 유지하려는 법칙

발견의 계기!

'운동의 제1 법칙'(관성의 법칙)을 발견한 사람은 이탈리아의 과학자 갈릴레오 갈릴레이 선생님입니다.

이 법칙은 내가 주장한 지동설과도 깊은 관계가 있습니다.

당시 주류는 천동설(지구 중심설)로, '지구가 우주의 중심으로, 매일 태양이 지구 주위를 한 바퀴 돌고, 다른 천체는 활발히 운동하고 있다'고 생각했죠.

'천상계의 천체는 신으로부터 〈완전한 구체〉로서의 성질을 부여받아 지상계와 달리 태양, 그 외의 천체는 영원히 운동을 계속하는 성질이 있다'고 했어요……. 하아.

갈릴레이 선생님이 망원경을 발명해 달 표면이 울퉁불퉁하다는 것과 태양에 흑점이 있다는 것, 목성 주위에 달과 같은 별이 네 개 돌고 있다는 사실을 발견했죠. 이 발견들은 천동설을 주장한 사람들에게 큰 타격을 주었어요.

음. '천체의 운동이 영원히 계속된다'는 사실은 관성의 법칙의 가장 좋은 증거가 되니까!

지동설이 나왔을 때 '지구가 서쪽에서 동쪽으로 돈다면 높은 곳에서 떨어진 돌은 곧장 아래로 떨어지지 않고 서쪽으로 비껴서 떨어질 것이다' 하는 강한 반론이 있었죠.

물론 실제로는 비껴서 떨어지거나 하진 않죠. 이것은 관성의 법칙으로 설명할 수 있어요. 그래서 관성의 법칙은 지동설 비판에 대한 반론이기도 합니다.

원리를 알자!

- 물체는 외부로부터 물리적인 힘이 작용하지 않거나 균형을 이루면, 정지해 있는 물체는 계속 정지하고, 움직이던 물체는 등속 직선 운동을 하려 한다는 것을 관성의 법칙이라고 한다.
- 뉴턴의 운동법칙 제1 법칙이다.

힘이 작용하지 않는 한 물체는 계속 정지해 있다.

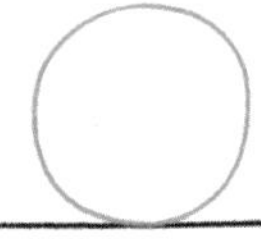

힘이 작용하지 않는 한 운동하는 물체는 계속 같은 속도로 운동한다.

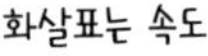

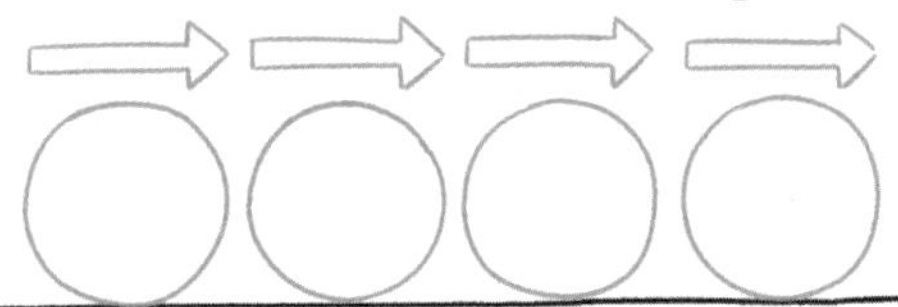

모든 물체는 관성을 가지는데,
마찰과 공기 저항 때문에
이런 장면을 직접 경험하지는 못한다.

물체는 본래 갖는 관성에 의해
계속 정지하거나 등속 직선 운동을 한다.

물체가 갖는 관성과 관성의 법칙이란?

우리가 생활하는 장소에서는 마찰력이 있기 때문에, 힘을 받지 않아도 계속 등속 직선 운동을 하는 모습을 볼 수 있는 경우는 거의 없다. 그러나 모든 물체는 관성을 가지고, 관성의 법칙은 성립한다. 마찰력과 공기의 저항력 때문에 그렇게 보이지 않을 뿐이다.

관성의 법칙은, 당연히 그 반대도 성립한다. 만일 등속 직선 운동을 하는 물체가 있으면 그 물체에 작용하는 모든 힘은 완전히 균형을 이뤄서 전체 합력은 0이 된다.

가령 등속 직선 운동하는 비행기에 작용하는 '중력과 양력(비행기의 기체를 떠받치듯이 위쪽으로 작용하는 힘)', '추력(비행기를 앞쪽으로 미는 힘)과 저항력'은 각각 균형을 이룬다.

[그림 1] **비행기에 작용하는 힘**

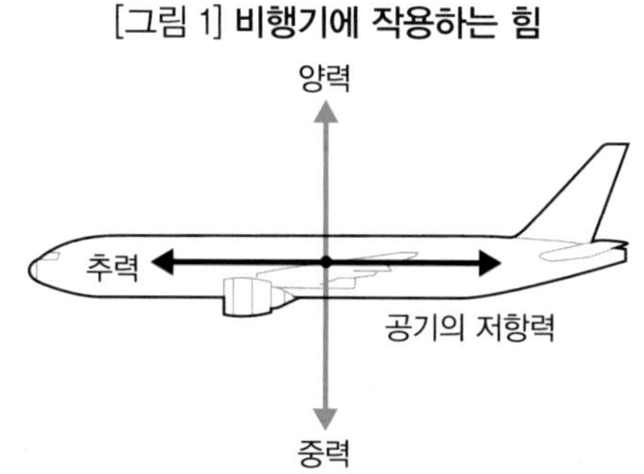

움직이는 지하철 안에서 점프해도 같은 장소에 착지하는 이유

지면에서 위쪽으로 점프하면 같은 장소에 착지한다. 달리는 지하철 안에서 점프했을 때도 마찬가지다. 왜 그럴까?

지구는 자전한다. 그로 인해, 서울에서는 동쪽을 향해 시속 1400㎞로 움직인다. '시속 1400㎞'는 다음과 같이 산출했다.

지구의 자전으로 지구는 동쪽으로 돈다. 서울이 원래 장소로 돌아오기까지 걸리는 시간은 1일이고, 움직인 거리는 약 3만 3000㎞다. 1일은 24시간이니까 속도는 33000㎞÷24≒1400㎞/h가 된다. 서울 부근의 사람들은 지구호 승무원으로서 시속 1400㎞를 지금 체험하고 있는 것이다.

그럼 지면에서 위로 점프하면 착지 장소는 어떻게 될까?

공기 저항을 무시하면 4.9m 낙하하는 데 1초가 걸린다. 시속 1400㎞는 초속 약 400m 정도니까 30㎝를 낙하하는 동안 서쪽으로 200m 정도 이동할 수 있다. 그러나 여러 번 반복해서 점프해도 우리는 원래 장소에 착지한다.

그 이유는, 점프를 했을 때나 최고점에 도달한 뒤 착지할 때나 우리는 지구와 같이 지구의 자전 속도인 시속 1400㎞로 움직이기 때문이다. 점프하기 전에 지구와 같이 움직였던 속도를 점프를 하고 나서도 유지하는 것이다.

[그림 2] **지면에서 점프**

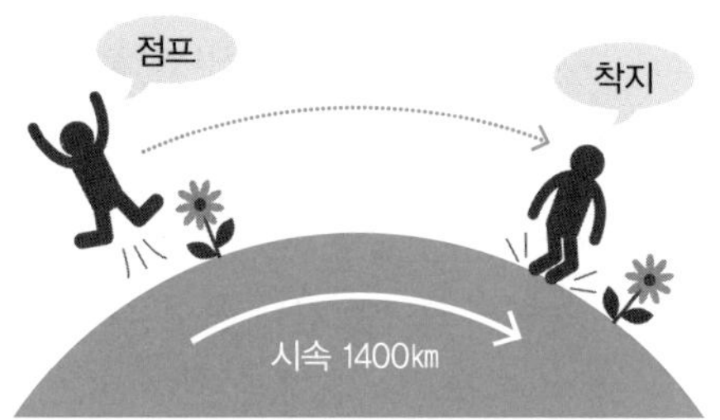

이렇게 쓰인다!

교통사고와 관성의 법칙

'뛰어나오지 말 것, 차는 갑자기 멈출 수 없음'이라는 교통안전 표어는 자동차의 관성을 잘 말해 준다.

자동차나 지하철이 급발진하면 승객의 몸은 뒤로 쏠린다. 승객은 관성에 의해 일정한 속도로 계속 있으려 하는데 자동차나 지하철이 일정 속도에서 벗어나 앞으로 움직이기 때문이다.

반대로, 자동차나 지하철이 급정거하면 승객의 몸은 앞쪽으로 쏠린다. 자동차와 지하철은 감속해 멈추려 하는데 승객은 원래의 일정한 속도로 있으려 하기 때문이다.

자동차가 급정차할 경우 안전벨트를 매지 않으면 몸이 핸들이나 앞 유리에 충돌하거나 차 밖으로 튕겨 나가기도 한다. 안전벨트가 보급되기 전에는 교통사고로 핸들과 앞 유리에 얼굴을 세게 부딪힌 피해자들이 봉합 수술을 받는 일이 빈번하게 일어났다.

갈릴레이의 관성의 법칙 증명 실험

갈릴레이는 『새로운 두 과학*Dialogues Concerning Two New Sciences*』에서 다음과 같은 실험을 하며 관성의 법칙을 생각해냈다고 기술했다.

금속 구를 실에 매달아 C에서 흔들어 주면 구슬은 B를 지나 C와 같은 높이의 D까지 갔다 돌아온다. 그런데 E에 못을 박아 두면 거기에 실이 걸려 구슬은 B에서 다른 원주를 그려 G까지 갔다 돌아온다. 못이 F에 있으면 구슬은 I까지 갔다 돌아온다. 반대로 진자를 D, G, I에서 움직이면 C까지 간다. 즉, 같은 높이에서 떨어진 물체는 경로에 상관없이 같은 높이까지 올라갔다 떨어진다.

이 실험으로 갈릴레이는 '물체가 어느 높이에서 떨어졌을 때 얻은 〈힘〉은 그 물체를 같은 높이까지 올라가게 할 수 있다'는 점에서 '물체가 갖는 〈힘〉은 높이에 저항해 일하는 능력이 있고, 저절로 사라지지 않는다'는 것을 증명했다.

또, 경사면을 굴러가는 구슬 실험도 있다. 경사면을 굴러떨어지는 구슬은 저항력을 무시하면 원래 높이까지 올라간다. 구슬이 올라가는 경

[그림 3] **진자에 못을 박으면……**

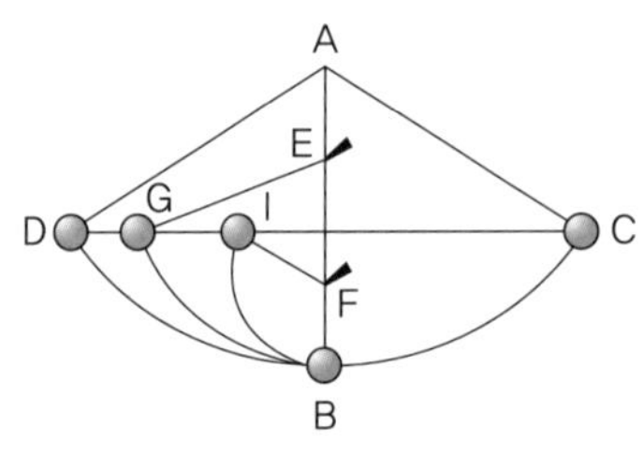

사면의 기울기를 점점 작게 해 기울기를 0, 즉 수평으로 하면 구슬은 무한히 운동을 계속한다고 생각했다.

[그림 4] **갈릴레이의 경사 실험**

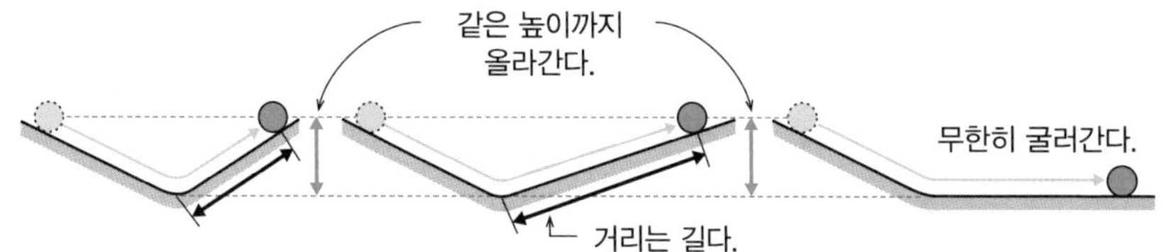

우주 공간에서는 어떻게 될까?

지구 밖으로 눈을 돌리면, 마찰력과 공기 저항력이 없는 세계가 있다. 바로 우주 공간이다. 마찰과 공기 저항이 없는 우주 공간에서는 움직이는 것은 멈추지 않고 계속 움직인다.

우주 탐사기는 지구의 중력권을 탈출하기 위해 연료를 사용하는데, 일단 탈출하면 관성으로 등속 직선 운동을 계속한다.

태양계는 약 46억 년 전쯤 지구나 다른 행성 등을 거느리게 된 이후, 은하계 내의 공간을 계속 움직이게 되었다.

유인 우주선에서 우주선 밖으로 소변을 버리면 어떻게 될까? 소변은 순간적으로 동결해 무수한 작은 얼음 알갱이가 되어 흩어진다. 그 얼음 알갱이들은 태양 빛을 받으면 무지갯빛을 반사하여 아름답게 반짝이며 끝없이 멀리 흩어져간다.

스페이스셔틀의 외부 활동에서 우주 비행사가 수리 도구를 놓쳐 이 물품을 회수하지 못하는 사고가 실제로 있었다고 한다.

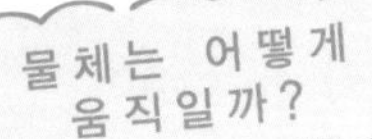

운동의 제2 법칙(운동의 법칙)

라이플총에서부터 고속 열차까지,
물체의 운동에 대한 기본적인 법칙

발견의 계기!

'운동의 제2 법칙'(운동의 법칙)은 아이작 뉴턴 선생님이 발견해 1687년에 출판된 『자연철학의 수학적 원리』에 발표하셨죠.

원고를 준비하고 발행까지 하는데 7년이나 걸렸어요. 거참.

세 권으로 이루어진 이 책을 정리하는 작업이 정말 힘드셨을 거예요. 이 책은 갈릴레이 이후의 운동역학의 집대성이라고 합니다.

내가 생각해도 대단해요. 참고로 만유인력의 법칙(28쪽)도 이 책에서 발표했습니다.

현대에는 '국제단위계'라 해서 국제적으로 표준화된 단위계가 있습니다. 길이(미터 : m), 질량(킬로그램 : kg), 시간(초 : s)을 기본으로 구성되었어요. 이 국제단위계에서는 뉴턴 선생님께 경의를 담아 힘의 단위로 '뉴턴(N)'이라는 단위를 사용합니다. '질량 1kg의 물체를 1m/s의 가속도로 가속하는 힘'을 1N의 힘으로 정의하고 있습니다.

오, 그거 영광입니다! 나 말고도 위대한 과학자가 있었을 텐데, 왜 내가 뽑힌 거죠?

그건 뉴턴 선생님이 광학, 미적분학, 만유인력의 법칙, 운동의 역학 등 획기적인 발견을 하셨으니까요. 특히 운동의 제2 법칙이 힘에 대한 기본이 되는 '운동방정식'을 나타내기 때문입니다.

원리를 알자!

▸ 물체가 힘을 받았을 때 생기는 가속도의 크기는 힘의 크기에 비례하고, 질량에 반비례한다. 이것을 운동의 제2 법칙이라고 한다.

▸ 질량 m[kg], 가속도 a[m/s²], 힘 F[N]이라 해서, 운동의 제2 법칙을 식으로 나타내면 다음과 같다.

$$F = ma \text{ 또는 } a = \frac{F}{m}$$

영어로 '가속도'를 의미하는 'acceleration'의 머리글자를 따서 가속도를 a로 표시한다.

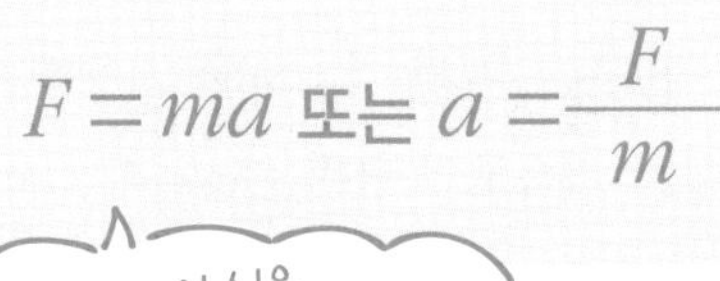

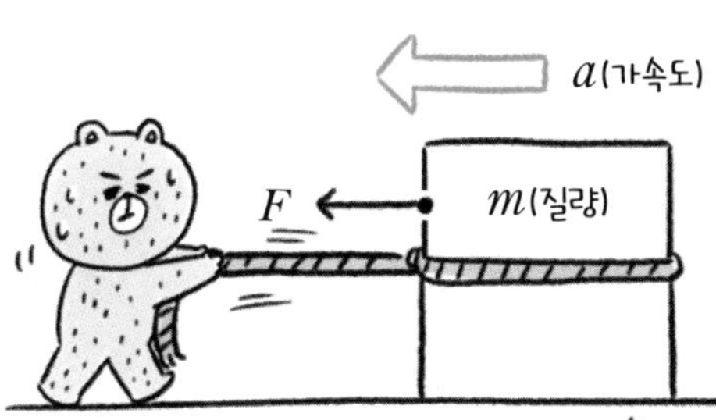

물체를 힘 F로 계속 당기면 가속도 a로 등가속 운동을 한다.

물체와 바닥 사이에 마찰은 없는 것으로 한다.

물체는 힘을 받으면 그 방향으로 가속도를 만든다.

가속도란?

속도는 느끼기 쉬운데, 가속도는 실감하기 어려운 양이다. 자동차에서 가속 장치(액셀러레이터)를 밟아 속도를 높일 때 시트 쪽으로 몸이 쏠리거나, 감속 장치(브레이크)를 밟아 속도를 늦출 때 몸이 앞으로 고꾸라지는 체험을 하는 경우가 있다. 이것이 가속도다.

가속도는 가속과 감속을 할 때 단위 시간(1초)에 얼마나 속도가 변화하나를 나타낸다. 가속도를 구하는 식은, 가속도=속도의 변화량÷시간이다. 어느 구간(1→2)을 이동할 때의 가속도는 속도의 차(v_2-v_1), 시간 차(t_2-t_1)를 사용해 구한다. 시간의 단위는 s, 속도의 단위는 m/s이므로 가속도의 단위는 m/s^2(미터 퍼 세크제곱)이 된다.

운동 제2 법칙의 의미

운동의 제1 법칙에 따라, 어떤 힘도 받지 않는(여러 힘을 받아도 전체를 합하면 힘이 0인) 물체는 정지 혹은 일정한 속도로 운동을 계속한다.

그럼 물체가 힘을 받으면 어떻게 될까? 이것에 대한 답이 운동의 제2 법칙이다. 식으로 표시하면 $F=ma$(힘=질량×가속도)다. 이 식을 변형하면 $a=F\div m$ 즉, 외부로부터 물체에 작용하는 힘 F(단위는 $N=kg\cdot m/s^2$)를 물체의 질량 m(단위는 kg)으로 나누면 가속도 a(단위는 m/s^2)가 생긴다.

빨대 안에 성냥개비를 넣고 불면 성냥개비가 튀어나온다. 빨대를 한 개 사용할 경우와 빨대를 두 개 이어서 길게 만든 경우, 빨대를 불었을 때 어느 쪽의 성냥개비가 더 멀리 날아갈까? 실제로 해 보면, 빨대 두 개를 이어서 길게 만든 쪽의 성냥개비가 멀리 날아간다. 빨대의 길이가 길면 성냥개비가 부는 힘을 받는 시간이 길어지므로 그만큼 가속되어 빨대에서 나올 때의 속도가 커진다.

이것은 권총(피스톨)과 라이플총(총신 속에 나사 모양의 홈을 판 총)의 차이로도 나타낼 수 있다. 단총인 권총보다 라이플총이 탄환의 가속이 커서 멀리까지 날아간다. 총과 탄환에 따라 다르지만 권총의 초속도(물체가 운동할 때 시작점에서의 속도)는 초속 250~400m, 라이플총은 800~1000m다. 권총보다 라이플총이 힘 → 가속, 힘 → 가속……이 계속되기 때문이다.

같은 질량의 물체가 받는 힘과 가속도에서는, 물체의 가속도는 받는 힘의 크기에 비례한다.

[그림 1] **성냥개비에 작용하는 가속도**

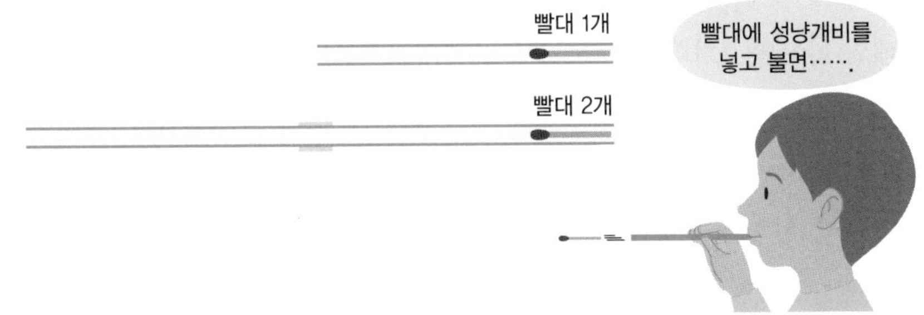

물체의 질량과 가속도 사이의 관계는?

낙하 운동은 '지구 중력의 작용으로 속도가 증가하는 운동'(가속도 운동)이다. 특히 공기의 저항이 없고, 시작 속도(초속도라고 한다)가 0인 상태의 낙하 운동을 자유 낙하라고 한다.

공기의 저항력을 무시할 수 있는 경우에는 물체는 동시에 낙하한다. 학교 과학 실험에서 다음과 같은 실험을 해 본 적이 있을 것이다. 유리관 안에 쇠구슬과 깃털이 들어 있다. 유리관을 거꾸로 하면 쇠구슬은 바로 떨어지지만, 깃털은 나풀거리며 천천히 떨어진다. 그러나 진공 펌프에 연결해 유리관 안의 공기를 뺀 다음 같은 실험을 하면 쇠구슬도 깃털도 툭 하고 동시에 떨어진다.

마찬가지로 질량 100g의 물체와 이보다 10배인 질량 1㎏의 물체도 동시에 낙하한다. 동시에 낙하한다는 의미는 가속도가 같다는 뜻이다. 각각의 물체가 받는 중력은 10배나 차이가 나기 때문에 중력만 생각한 경우, 100g의 물체보다 1㎏의 물체가 가속도는 10배 클 것이다. 그런데도 가속도가 같다는 것은 1㎏의 물체쪽에서는 가속도가 증가하는 것을 10배 방해하는 '무언가'가 있다는 의미다. 가속을 방해하는 것이 '질량'이다. 100g의 물체보다 1kg의 물체가 가속을 10배 방해하므로 동시 낙하가 된다. 가속도의 크기는 질량의 크기에 반비례한다.

무중량 상태(무중량 상태를 흔히 무중력 상태라고 하는데, 우주선은 지구의 중력을 받는 거리에 있기 때문에 중력은 작용한다. 그래서 표면적으로 무게가 없는 무중량 상태라고 한다.)가 된 우주선 안에서는 100g의 물체도 1kg의 물체도 모두 공중에 뜬다. 그러나 그 물체들을 움직이려고 하면, 똑같이 움직이기 위해서는 1kg의 물체는 10배의 힘이 필요하다. 질량은 가속을 방해하는 성질, 움직이기 어려운 정도를 나타낸다.

그래서 무중량 상태의 우주선 안에서 체중(질량)을 측정하려면 움직이기 어려운 정도를 사용해 측정한다. 구체적으로, 압축된 용수철이 되돌아올 때의 세기를 체중으로 환산한다.

이렇게 쓰인다!

운동의 제2 법칙으로 생각한다 ① 고속 열차

멈춰 있는 고속 열차가 최고 속도로 달리기까지 얼마의 시간이 걸리고, 어느 정도의 거리를 달려갈까?

일본의 신칸센은 시속 300km 이상 속도를 낼 수 있지만, 실제는 시속 200km대로 달리는 경우가 많으므로 시속 288km로 달린다고 생각한다. 시속 288km는 초속 80m(80m/s)다. 신칸센이 출발할 때의 가속도는 0.5m/s² 정도이므로 정지 상태에서 80m/s가 되기까지는, 시간=속도÷가속도=80m/s÷0.5m/s²=160s, 즉 160초(=2분 40초)가 걸린다. 이 사이를 평균 속도 40m/s로 달리므로 초속 80m가 될 때까지의 주행거리는, 거리=속도×시간=40m/s×160s=6400m, 즉 6.4km다. 신칸센에 승차한 후 수분 내에 신칸센은 최고 속도가 되는 것이다.

운동의 제2 법칙으로 생각한다 ② 놀이 기구 프리폴

놀이공원에는 자유 낙하에 가까운 속도로 급강하하는 프리폴이라는 놀이 기구가 있다. 프리폴(free fall)은 자유 낙하(물체가 중력의 작용만으로 낙하하는 현상)라는 의미로, 놀이 기구도 이름 그대로 자유 낙하를 한다.

이 놀이 기구는 사람이 탄 캡슐을 11층 정도 높이인 약 40m로 끌어올린 다음 지지대를 풀어 캡슐을 단번에 낙하시킨다. 계산은 생략하는데, 40m 높이에서 자유 낙하하면 떨어질 때까지 걸리는 시간은 약 2.9초이므로 계산상 초속 28m, 즉 시속은 약 101㎞인데, 실제는 공기의 저항도 있고 마지막 단계에서 감속하기 때문에 최고 시속은 약 90㎞다.

자유 낙하 중에는 무중량 상태를 체험할 수 있다. 중력과 반대 방향의 관성력이 생기기 때문이다. 마지막 감속 때 몸이 짓눌리는 듯한 힘을 받는 이유는 중력과 같은 방향으로 관성력이 생기기 때문이다. 이때 힘은, 보통 중력 가속도 g의 몇 배인가로 나타낸다. 가령 5배의 중력 가속도가 가해졌다면 그것을 '5G'로 나타낸다.

[그림 2] **프리폴에서 떨어질 때는……**

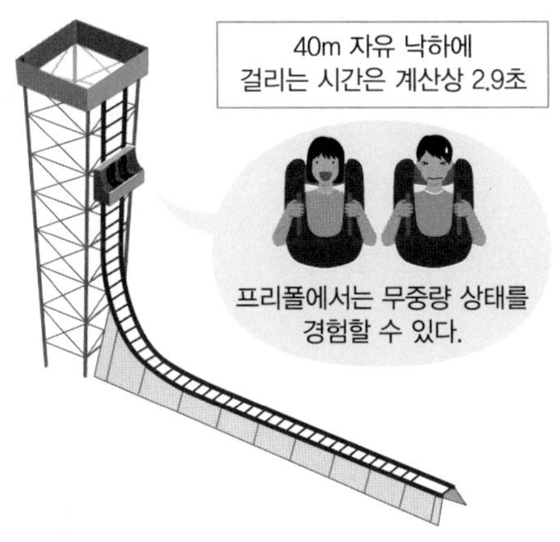

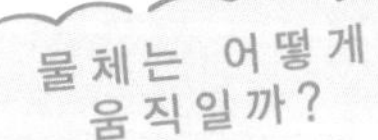

운동의 제3 법칙 (작용 반작용의 법칙)

물체와 물체는 반드시 서로에게 힘을 미친다,
모든 물체에 작용하는 법칙

발견의 계기!

—— '운동의 제3 법칙'(작용 반작용의 법칙)도 뉴턴 선생님이 발견한 운동 법칙 중 하나입니다. 이 법칙은 '물체와 물체가 서로 작용을 미친다. 그 상호 작용을 힘이라 하고, 힘은 쌍으로 존재한다'라는, 힘 자체의 특징을 나타내고 있다고 생각합니다.• 어떻게 그런 착상을 했나요?

가령 손바닥에 사과를 올리면 손바닥이 사과를 떠받치는 동시에 손바닥이 살짝 우묵하게 들어가서 사과가 손바닥을 누르는 느낌이 들죠. 이런 경험을 통해 '손이 물체에 미치는 힘을 작용, 물체가 손에 미치는 힘을 반작용이라고 했을 때 작용이 있으면 반드시 반작용이 생기는데 그 크기는 같고 방향은 반대'라고 생각한 겁니다.

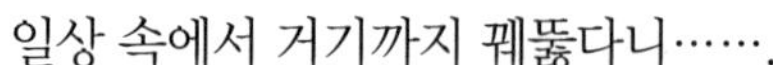

—— 일상 속에서 거기까지 꿰뚫다니…….

나는 물체가 원자로 이루어져 있다고 생각했어요. 그래서 원자의 집합체인 물체에 성립하는 법칙은, 물체를 만드는 원자 하나하나에도 틀림없이 성립할 거라고 생각한 거죠.

—— 전체로 생각하든 부분으로 생각하든 결론에 모순이 없다. 그렇게 하기 위해서는 '부분 부분에 서로 같은 크기의 힘이 미치고 있다'라는 생각이

• 예외적으로 원심력과 지하철이 급정차할 때 사람의 몸이 앞으로 쏠리게 하는 관성 등 상호작용이 아닌 힘도 존재한다.

머릿속에서 번뜩였다는 거군요.

이 법칙은 물리에서는 하나의 물체를 부분으로 나눠 생각하는 것, 역학으로 말하면 '모든 물체를 '질점'(물체의 질량이 모여 있다고 보는 점)의 집합으로 생각해, 운동의 법칙을 적용해도 된다'는 것을 보증합니다.

원리를 알자!

- 물체와 물체는 서로 힘을 미친다. 한쪽을 작용이라 하면 다른 한쪽은 반작용이라고 한다. 상호작용이므로 상대로부터 힘을 받지 않고 일방적으로 힘을 가할 수는 없다.
- 작용과 반작용은 같은 직선상에서 반대 방향으로, 그 크기는 항상 같다.
- 작용과 반작용은 물체가 운동해도 성립한다.

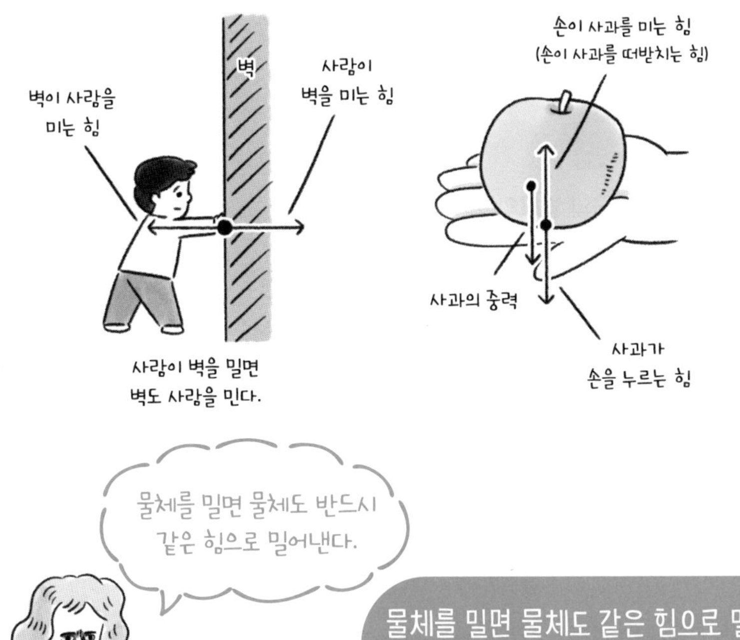

물체를 밀면 물체도 같은 힘으로 밀어낸다.
힘은 항상 쌍으로 작용한다.

물체에 작용하는 힘을 찾다

어느 물체에 작용하는 힘을 찾을 때 작용 반작용의 법칙은 도움이 된다.

- 지상에서는 반드시 물체에 중력이 작용한다.

그 외에 그 물체에 접촉하는 물체에 주목하자. 어느 물체에 힘이 작용할 때 반드시 그 물체에 힘을 가해 밀거나 당기는 다른 물체가 있다. '힘을 받는 물체 A'가 있으면 반드시 '상대 물체 B'가 있다.

- 책상이나 바닥 위에 있는 물체에는 책상과 바닥으로부터 물체의 접촉면에 수직 방향으로 작용하는 힘인 수직 항력이 작용한다.
- 용수철에 매달린 물체에는 용수철로부터 용수철이 물체를 압축하거나 당기는 힘인 탄성력이 작용한다.
- 실이나 끈에 매달린 물체에는 실과 끈으로부터 실(끈)이 끌어당기는 힘인 장력이 작용한다.
- 바닥 위를 등속으로 운동하는 물체에는 바닥으로부터 마찰력이 작용한다.
- 공기 중을 운동하는 물체에는 공기 저항력이 작용한다.

[그림 1] **작용 반작용의 법칙의 예**

(a) **책상과 그 위의 물체**

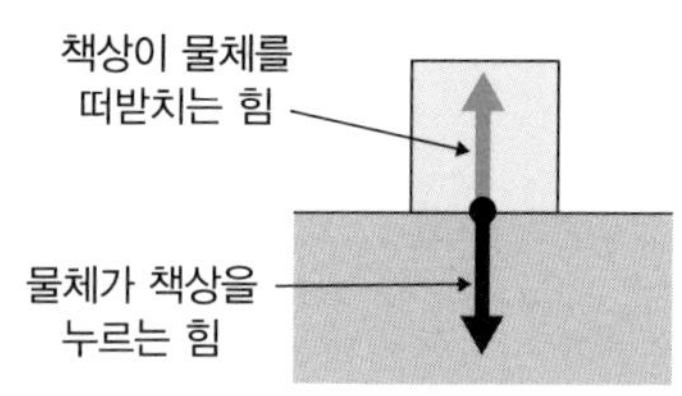

(b) **용수철과 추**

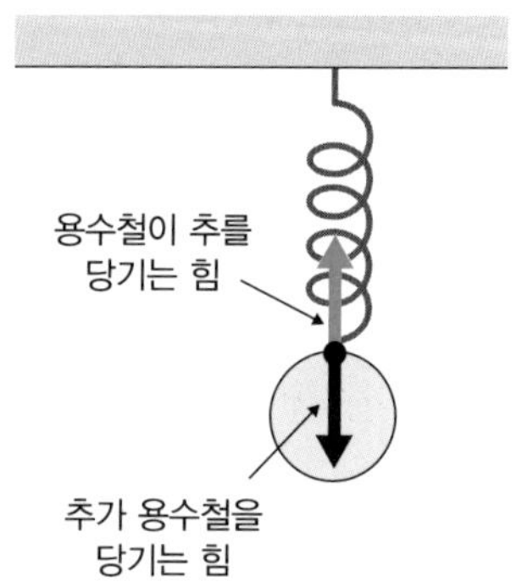

작용 반작용과 균형의 차이는?

'작용 반작용'과 '힘의 평형'은 '방향은 반대이고 힘의 크기가 같다'는 부분에만 주의를 빼앗기면 혼란스러울 수 있다. 중요한 것은 힘이 가해지는 대상의 차이다.

'작용과 반작용'의 경우, 쌍으로 나타나는 힘은 '두 개의 대상 물체'에 작용한다. '힘의 균형'에서는 '한 개의 주목 물체'에 두 힘이 가해진다.

여기서, '책상 위에 놓인 사과에 작용하는 중력의 반작용은?'이라는 문제를 생각해 보자. '책상으로부터의 수직 항력'과 '책상이 사과를 받치는 힘'이라고 생각하지 않을까? (이 두 힘은 표현은 다르지만 같은 힘이다.) 그것은 사과에 작용하는 중력의 반작용이 아니라 사과가 책상을 누르는 힘의 반작용이다.

사과에 작용하는 힘은 '중력'과 '책상이 사과를 받치는 수직 항력'이다. 이 두 힘은 균형 관계에 있지만, 작용 반작용의 관계는 아니다. 사과에 작용하는 중력은 '지구가 사과를 지구의 중심 방향으로 당기는 힘'이다. 즉, '사과와 지구 사이의 만유인력'이다. 중력은 '지구가 사과를 당기는 힘'이므로 그 반작용은 '사과가 지구를 당기는 힘'이 정답이다.

[그림 2] **책상 위에 놓인 사과에 작용하는 중력의 반작용은?**

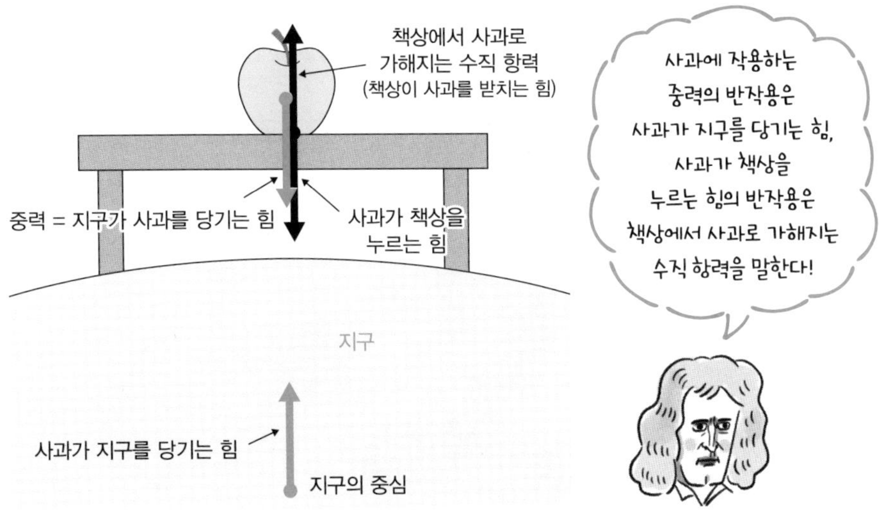

이렇게 쓰인다!

생활 속 작용 반작용

우리가 길을 걸을 때는 발이 지면을 뒤쪽으로 밀고, 동시에 지면도 발을 밀어 앞으로 나간다. 자동차도 바퀴가 도로를 밀면 도로도 같은 크기의 힘으로 바퀴를 민다. 이 힘으로 자동차는 앞으로 나간다.

누군가와 싸워서 상대의 머리를 손으로 때리면, 머리가 손으로부터 받는 힘과 손이 머리로부터 받는 힘의 크기는 같다. 때린 쪽도 아플 것이다. 권투 경기에서

[그림 3] **사람이 걸을 때 발과 지면 사이의 작용 반작용의 힘**

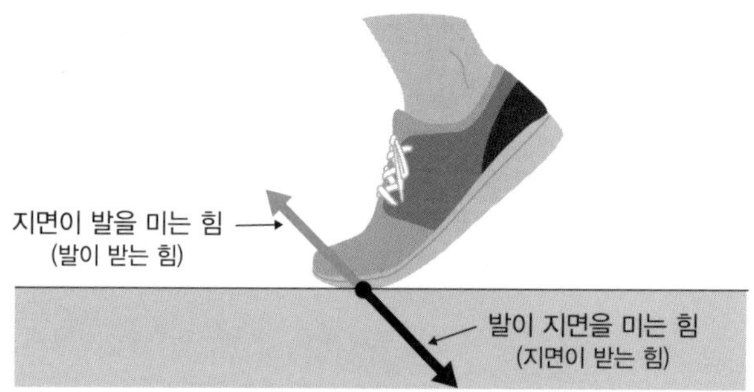

[그림 4] **때린 사람의 주먹에도 때린 힘과 같은 힘이 가해진다.**

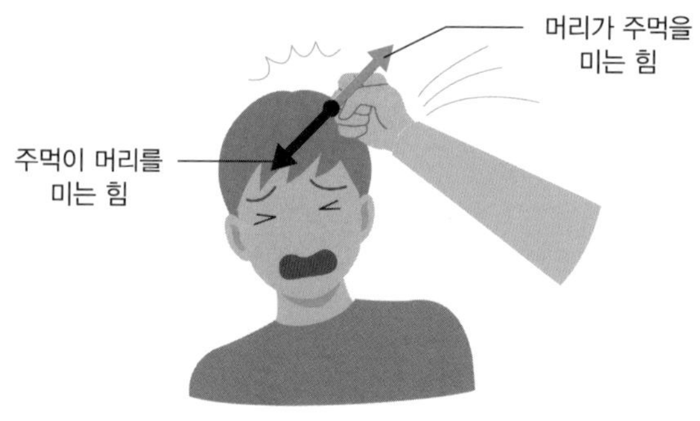

는 손에 글러브를 끼는데, 이것은 상대에게 주는 충격을 덜기 위해서만은 아니다. 상대에게 받는 힘으로부터 손을 보호하려는 이유도 있다.

스케이트보드를 타고 손으로 벽을 밀면 벽이 손을 미는 힘 때문에 스케이트보드는 뒤쪽으로 밀린다. 바람을 넣은 풍선에서 손을 떼면 공기가 빠지면서 풍선이 날아간다. 풍선은 안의 공기를 분사해 그 반동으로 움직인다.

로켓도 마찬가지다. 로켓은 연료와 산화제를 반응시켜 대량의 연소 가스를 고속으로 분사해 그 반동으로 날아간다. 연소 가스는 로켓을 진행 방향으로 밀고, 로켓은 연소 가스를 뒤쪽으로 민다. 로켓의 추진에는 공기가 필요 없으므로 공기 중에서도, 진공 중에서도 로켓은 날 수 있다. 권총으로 탄환을 발사하면 총도 반동으로 뒤로 밀리기 때문에 단단히 잡아 그 반동을 몸으로 받아야 한다.

작용 반작용의 법칙은 물체가 정지하든 움직이든 성립한다. 가령, 대형 덤프트럭과 소형 승용차가 정면으로 충동했을 때도 성립한다. 충돌했을 때 대형 덤프트럭이 소형 자동차로부터 받는 힘과 소형 자동차가 덤프트럭으로부터 받는 힘은 크기가 같다. 힘이 같은 크기여도 그 힘으로 대형 덤프트럭은 거의 영향을 받지 않고, 소형 자동차는 크게 부서진다.

[그림 5] **스케이트보드를 탄 사람이 벽을 밀면 뒤로 밀린다.**

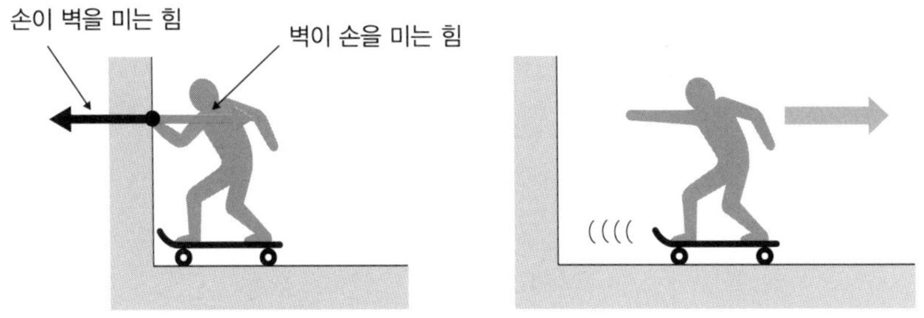

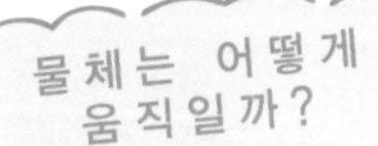

관성력

원심력과 코리올리의 힘,
일상에서 볼 수 있는 '겉보기 힘'의 법칙

발견의 계기!

—— 지구의 자전을 '푸코의 진자' 실험(57쪽)으로 증명해 보인 레옹 푸코 선생님입니다. 실험은 어떤 계기로 하셨나요?

우연히 떠오른 겁니다. 우연히 기계의 회전축에 달린 가늘고 긴 금속 막대가 흔들렸는데, 회전축을 돌려도 흔들리는 방향이 바뀌지 않는 것을 보고 진자 실험을 떠올렸습니다. '축의 회전을 지구의 자전이라 생각하면, 진자는 우주 공간에서 보면 진동의 방향을 바꾸지 않을 것이다'라고요. 일단 천장에 가는 줄을 달고 그 끝에 5kg의 추를 매달아 예비 실험을 했죠.

—— 그것으로 지구의 자전을 증명하려 했군요.

내가 살았던 시대에는 지동설이 과학계의 상식이었기 때문에 지구의 자전을 의심하는 사람은 없었지만, 물리적으로 알기 쉬운 실연을 하고 싶었어요. 첫 단계로, 주요 과학자들을 초대해 파리 천문대에서 11m 길이의 진자를 매달아 공개 실험을 했죠. 그게 1851년 2월 3일이었습니다.

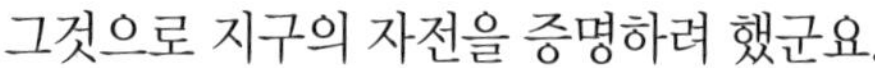

—— 실험을 이벤트처럼 한 거군요. 결과는 어땠나요?

다행히 순조롭게 진행되어 호평을 받았어요. 그 소식이 루이 나폴레옹 대통령의 귀에 들어가 규모를 더 키워 시민에게 보이라고 한 거죠. 불과 2개월도 안 되는 시간에.

원리를 알자!

- 가속도 운동을 하는 사람에게는 물체에는 겉보기 힘이 작용하는 것처럼 보인다. 이 힘을 관성력이라고 한다.

- 회전 운동하는 사람에게는 물체에는 겉보기 힘이 중심에서 멀어지는 방향으로 작용하는 것처럼 보인다. 이 힘을 원심력이라고 한다.

- 회전 운동하는 사람에게는, 운동하는 물체에 회전축과 속도에 직각을 이루는 힘이 작용하는 것처럼 보인다. 이 힘을 코리올리의 힘(전향력)이라고 한다.

관성력은 가속도 운동과 회전 운동하는 사람이 느끼는 힘이다.

관성력

직선인 선로 위를 달리는 지하철이 출발 뒤 속도를 높일 때 승객의 몸은 뒤에서 당기는 것처럼 뒤쪽으로 쏠려서 다리에 힘을 주게 된다. 급정거하면 앞쪽으로 쏠린다. 실제로 누군가 밀거나 당기지 않는데도 승객이 느끼는 이런 힘을 '관성력'이라고 한다.

관성력은 지하철의 승객이 차체를 기준으로 하여 생각하기 때문에 느끼는 힘으로, 지면에 서서 정지해 있는 사람이 보면 '지하철은 급정차로 멈췄는데, 승객은 계속 전진하려 했다'고 설명할 수 있다. 즉, 관성력은 운동하는 사람은 느낄 수 있지만, 정지해서 보고 있는 사람에게는 느껴지지 않는 '겉보기 힘'이다. 관성력은 물체에 미치는 주체가 없기 때문에, 그 반작용은 생각할 수 없다.

[그림 1] **급정차하면 차내 승객은?**

승객은 앞으로 쏠리는 관성력을 느끼지만, 정지해 있는 사람은 '승객의 몸은 그 속도로 전진을 계속했다'고 본다.

원심력

이런 사정은, 관성계에 대해 회전하는 회전 좌표계에서도 생긴다.

커브 길을 도는 버스나 택시를 상상해 보자. 승객의 몸은 커브 길의 바깥쪽으로 쏠리는데, 이때 느끼는 힘이 '원심력'이다. 중심에서 멀어지는 방향으로 작용하는 힘이라는 의미인데, 이것도 누군가가 미는 것은 아니기 때문에 '겉보기 힘'으로, 관성력의 일종이다. 원심력의 공식을 발견한 사람은 하위헌스(58쪽, 178쪽)다.

[그림 2] **회전하는 선수가 느끼는 힘은?**

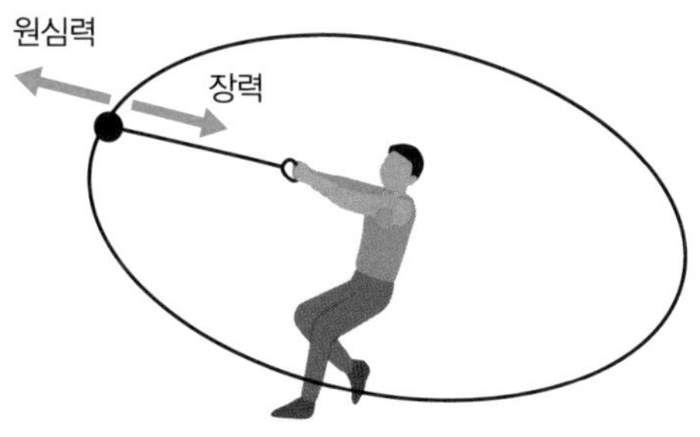

코리올리의 힘(전향력)

'코리올리의 힘'은 회전 좌표계에서 운동하는 물체에 그 속도와 회전축에 대해 직각인 방향으로 작용하는 것처럼 보이는 힘이다. 속도에 직각으로 작용하기 때문에, 속도의 크기는 변하지 않고 방향만 달라져서 '속도의 방향을 돌리는 힘'이라는 의미에서 '전향력'이라고도 한다. 처음 발견한 사람은 프랑스의 물리학자 코리올리(Gaspard-Gustave de Coriolis, 1792~1843)다.

지구는 자전하므로 원심력과 코리올리의 힘이 작용한다. 우리가 느끼는 중력은 지구로부터 받는 만유인력과 자전에 의한 원심력의 합력이다. 남극점과 북극점에서는 원심력이 작용하지 않는데 적도에서는 수직 방향으로 원심력이 작용해, $\frac{1}{290}$정도 체중이 줄어든다.

코리올리의 힘은 규모가 큰 바람의 흐름에 영향을 미친다. 바람이 지표를 스쳐 가는 동안에도 지구가 회전하기 때문에, 바람의 진로가 반대 방향으로 휘어진 것처럼 보이는 것이 코리올리의 힘의 효과다. 그래서 북반구에서는 태풍 등 저기압성 소용돌이가 왼쪽으로 돈다.

[그림 3] **코리올리의 힘**

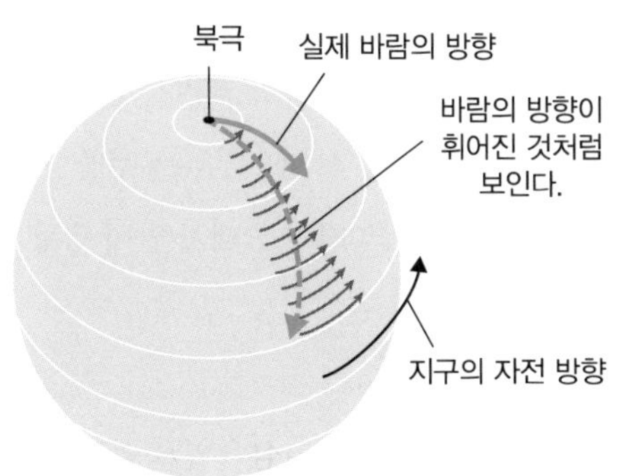

적도에서 하는 소용돌이 역전 실연은 가짜

적도 지방을 여행하면 "북반구에서 세면대의 물을 빼면 왼쪽으로 소용돌이치며 빠지는데 적도를 넘으면, 보세요, 오른쪽으로 소용돌이치며 빠집니다!" 하는 실험을 보여 주는 거리 공연이 있는데 그것은 가짜다.

지구는 아주 천천히 회전하기 때문에 코리올리의 힘은 매우 약해서 세면기의 물처럼 소규모인 현상으로는 뚜렷하게 관찰할 수 없다. '남반구에서는 욕조 마개를 빼면 물이 오른쪽으로 소용돌이치며 빠진다'는 것도 과장된 이야기다.

이렇게 쓰인다!

무중량 실험을 지구에서 할 수 있는 이유

일상에서 가장 도움이 되는 관성력은 원심력일 것이다. 세탁기의 탈수 기능, 채소 탈수기, 생물과 화학 연구에 사용되는 원심분리기 등은 회전에 의해 밖으로 향하는 힘을 만들어내어 물이나 물질의 분리에 이용한다.

놀이공원에서 탑승객들의 비명이 끊이지 않는 놀이 기구도 관성력을 이용해 탑승객에게 이상한 중력 환경을 체험시킨다. 특히 프리폴은 이름 그대로 '자유낙하'에 가까운 상태를 만들어 위로 향하는 관성력 때문에 승객들은 거의 중력이 없는 것처럼 느낀다(무중량 상태, 45쪽). 포물선 비행을 하는 제트기 안에서 무중량 실험과 우주 비행사의 훈련을 하는 것도 이와 같은 원리다.

우주에 있으면 우주선 내부는 무중량 상태이다. 그러나 중력이 작용하지 않는 것은 아니다. 관성력이 중력과 반대 방향으로 작용해서 균형을 이루는 상태다.

 푸코의 진자 실험

루이 나폴레옹 대통령은 파리 천문대에서 이루어진 푸코의 실험에 대한 평판을 듣고, 파리 팡테옹에서 공개 실험을 하라고 명령했다. 1851년 3월 27일, 대통령의 참석 하에 파리 시민 앞에서 공개 실험이 이루어졌다.

이때의 실험 장치는, 팡테옹의 돔 천장에서 내려뜨린 67m의 줄에 납으로 만든 지름 38㎝, 무게 28㎏의 추를 매단, 대규모 장치였다. 관중들이 지켜보는 가운데 진자의 진동면은 회전하기 시작했고, 시간이 지나면서 시계 방향으로 눈에 보일 만큼 회전했다. 푸코는 대통령의 칭찬과 함께 명성을 얻었다.

현재, 파리의 팡테옹에는 당시 모습을 복원한 진자가 매달려 있다. 우리나라에서는 국립대구과학관에서 푸코의 진자를 볼 수 있고, 일본의 놀이공원인 디즈니 씨의 어트랙션 '포트레스 익스플러레이션(Fortress Explorations)'에서도 볼 수 있다.

[그림 4] **푸코의 진자**

운동량 보존의 법칙

우주에서 미시 세계까지,
이 세상을 지배하는 가장 근본적인 법칙

발견의 계기!

안녕하세요, 네덜란드의 물리학자 하위헌스입니다.

—— **이 법칙은 데카르트의 저서 『철학 원리』에 최초로 언급되었죠. 단, 데카르트는 운동량을 '힘'이라 불렀고, 나중에 '활력'이라는 말로 바뀌었어요.**

당시는 아직 단어의 정의가 정확하지 않았어요. 게다가 이 활력을, 데카르트는 '질량×빠르기'라 하고, 독일의 라이프니츠는 '질량×빠르기^2'이라 하여 심하게 논쟁을 펼쳤죠.

—— **두 파에 의한 '활력 논쟁'은 50년 넘게 지속되었다고 합니다. 결국, 어느 쪽이 옳았나요?**

음. 두 사람의 주장은 모두 옳아요. 데카르트는 운동량에 대해서, 라이프니츠는 운동 에너지(88쪽)에 대해서 말한 겁니다. 단, 운동량을 생각하면 데카르트의 이론으로는 법칙이 성립하지 않는 경우가 있어요. 내가 운동량은 '질량×속도'라고 발견한 거죠.

—— **빠르기와 속도는 다른 건가요?**

속도는 방향과 크기를 갖는 벡터양으로, 나는 운동량도 방향과 크기를 갖고 있다고 생각했어요. 데카르트의 이론은 빠르기(크기를 나타내는 스칼라양)를 이용한 것으로, 운동의 방향은 생각에 넣지 않았죠.

—— **그렇군요, 많은 과학자의 지식 릴레이로 완성된 법칙이네요.**

원리를 알자!

▸ 물체가 서로에게 힘을 미치고, 외부의 힘을 받지 않을 때 전체 운동량의 총합은 일정하다.

운동량 P = 질량 m × 속도 V < 단위는 kg · m/s

▸ 물체 A, B, C의 운동량을 P_A, P_B, P_C, 질량을 m_A, m_B, m_C, 속도를 V_A, V_B, V_C라고 하면 다음의 관계가 성립한다.

$$P_A + P_B + P_C + \cdots\cdots$$
$$= m_A V_A + m_B V_B + m_C V_C + \cdots\cdots = \text{일정}$$

두 물체가 충돌한 경우의 운동량

일반적으로 물체를 운동하는 방향으로 밀면 물체는 빨라지고 운동량이 증가한다. 반대로, 운동 방향과 반대 방향으로 밀면 물체는 느려지고 운동량은 감소한다. 이 점을 염두에 두고 물체가 충돌했을 때의 운동량 변화에 대해 생각해 보자.

움직이는 물체 A가 움직이는 물체 B에 충돌해 같은 직선 위를 움직인다고 하자(그림 1). 충돌했을 때 A는 힘 F_{BA}에 의해 왼쪽 방향으로 밀려서 운동량을 잃는데, 동시에 B는 F_{AB}에 의해 오른쪽 방향으로 밀려 운동량을 얻는다. F는 서로에게 힘을 미치는 작용 반작용의 힘을 나타낸다.

이때 A, B가 서로에게 미치는 힘 F_{BA}와 F_{AB}는 반드시 같은 직선 위에서 방향은 반대이고, 크기가 같다(작용 반작용의 법칙, 46쪽). 그로 인해 충돌로 A가 잃은 운동량과 B가 얻은 운동량의 크기는 반드시 같아진다. 즉, A가 잃은 운동량은 B가 얻은 운동량이 되므로 A와 B의 운동량의 합은 충돌 전과 후가 같다.

[그림 1] **운동량의 합은 충돌 전후가 같다**

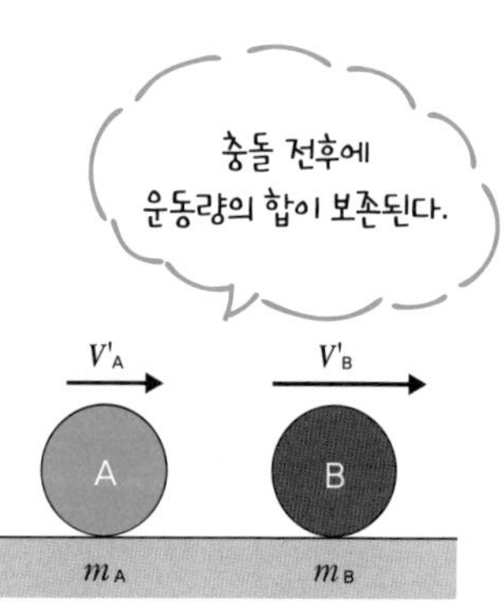

물체 A : 질량 m_A, 충돌 전의 속도 V_A, 충돌 뒤의 속도 V'_A
물체 B : 질량 m_B, 충돌 전의 속도 V_B, 충돌 뒤의 속도 V'_B
라고 하면……

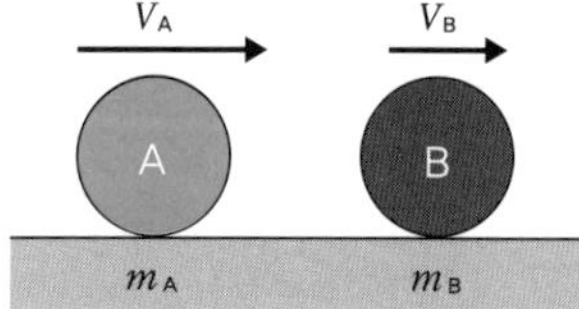

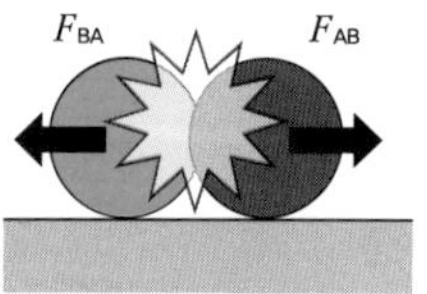

V'_A V'_B A B m_A m_B

충돌 전 운동량의 합 = 충돌 뒤 운동량의 합 : $m_AV_A + m_BV_B = m_AV'_A + m_BV'_B$

어떤 식으로 부딪쳐도 성립한다

물체의 재질에 따라 다양한 충돌 형태가 있다. 가령 점토라면 부딪친 뒤에 정지하고, 작은 쇠구슬이라면 튕기며 밀려난다. 어떤 식으로 부딪쳐도 이 법칙은 성립한다.

여기서는 알기 쉽게 같은 재질, 같은 크기의 물체가 일직선상에서 충돌했을 때를 생각한다. 오른쪽 방향을 속도의 (+) 방향으로 한다.

살짝 부딪쳐 정지한 경우를 생각해 보자(그림 2-a). 물체 A, B의 질량을 m, 빠르기를 V라고 하면, A의 운동량은 mV, B의 운동량은 $-mV$이고, 충돌 전 운동량의 합은 0이다. 정지했으므로 충돌 뒤 운동량의 합은 당연히 0으로 충돌 전후의 운동량의 합은 같다.

다음으로, 세게 부딪쳐 튕겨 밀려난 경우를 생각해 보자(그림 2-b). 크기와 질량이 같은 경우, 반대 방향으로 같은 속도로 밀려나므로 밀려난 속도를 V'라고 하자. 충돌 전 운동량의 합은 (a)의 경우와 마찬가지니까 0이다. 충돌 뒤 A의 운동량은 $-mV'$, B의 운동량은 mV'이므로 충돌 뒤 운동량의 합도 역시 0으로, 충돌 전후의 운동량의 합은 같다.

즉, 어떤 식으로 부딪쳐도 운동량의 합은 보존된다.

[그림 2] **다양한 충돌의 형태**

물체 A : 질량 m, 충돌 전의 속도 V, 충돌 뒤의 속도 $-V'$
물체 B : 질량 m, 충돌 전의 속도 $-V$, 충돌 뒤의 속도 V'라고 하면……

(a) **살짝 부딪쳐 정지한 경우**

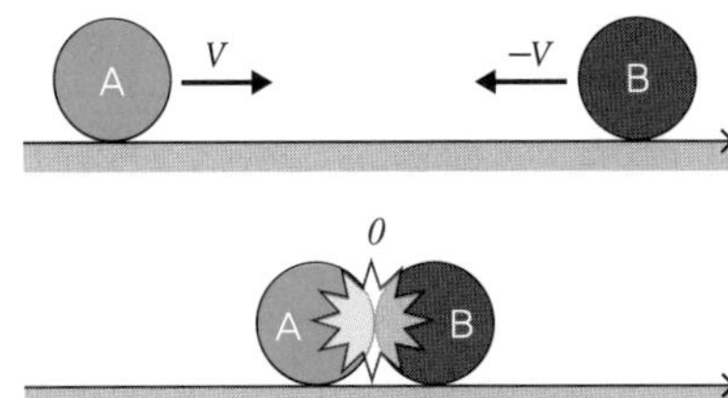

충돌 전의 운동량의 합 : $mV + (-mV) = 0$
충돌 뒤의 운동량의 합 : 0 (정지)

(b) **세게 부딪쳐 튕긴 경우**

충돌 전의 운동량의 합: $mV + (-mV) = 0$
충돌 뒤의 운동량의 합: $-mV' + mV' = 0$

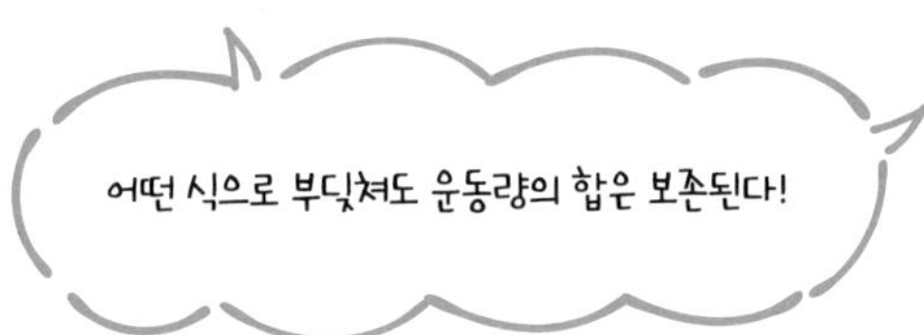

이렇게 쓰인다!

운동량 보존의 법칙은 야구 공을 칠 때부터 원자의 세계까지 모든 자연계의 현상에서 성립된다.

우주 로켓의 개발

20세기, 세계의 관심은 우주로 향했다. 그러나 우주는 진공 상태라서(당연히 공기가 없다) 공기의 흐름을 이용하는 비행기는 사용할 수 없다. 대체 어떻게 해야 우주에 갈 수 있을까? 과학자들은 논의를 거듭했다.

그러던 중에 러시아의 과학자 치올콥스키(Konstantin Tsiolkovskii, 1857~1935)는 우주 공간에서도 운동량 보존의 법칙을 응용하면 비행할 수 있다는 아이디어를 발표했다. 로켓 엔진에서 로켓 뒤쪽으로 가스를 고속 분사하면 그 반동으로 우주로 날아갈 수 있다는 것이다. 이 아이디어로 우주 로켓의 개발이 이루어졌고, 인류가 우주에 가는 꿈이 한 걸음 앞으로 나갈 수 있었다.

중성미자의 발견

일반적으로 반응이나 운동에서는 운동량 보존 법칙과 에너지 보존 법칙(92쪽)이 반드시 성립한다. 그것은 미시 세계에서도 마찬가지다.

원자 세계에서 중성자가 붕괴해 양성자와 전자가 생겨나는 베타 붕괴 현상이 발견되었다. 그런데 반응 전후에 운동량과 에너지가 보존되지 않고 감소한다는 사실을 알고 과학계에는 큰 소동이 일었다. 지금까지의 대전제가 뒤집혔기 때문이다.

원자역학의 아버지, 덴마크의 물리학자 닐스 보어(Niels Bohr 1885~1962)는 '미시 세계에서 거시 세계의 법칙이 성립하지 않아도 이상하지 않다'고 생각했다. 그러나 기본 법칙이 성립할 거라 믿었던 과학자들은 법칙이 성립하도록 '감소한 만큼의 운동량과 에너지를 미지의 입자가 갖고 간 것이 아닐까?' 생각했다. 이것이 미지의 입자 '중성미자'를 발견하는 계기가 되었다.

우주선으로 돌아오는 방법

당신이 우주비행사에 선발되었다고 하자. 그런데 우주 스테이션에서 작업 도중 가장 중요한 생명줄인 안전 로프가 끊어져 버렸다. 우주선은 손이 닿지 않는 곳에 있고 운 나쁘게 주위에는 동료가 없다. 어떻게 해야 우주선으로 돌아갈 수 있을까?

팔다리를 움직여 헤엄쳐서 돌아간다? 아니, 공기가 없는 우주 공간에서는 헤엄은커녕 그 자리에서 움직일 수도 없다. 아무리 발버둥 쳐도 돌아갈 수 없다.

절체절명의 위기인데, 딱 하나 방법이 있다. 그렇다, 운동량 보존의 법칙을 응용하는 것이다. 예컨대 당신이 공구나 뭔가 던질 수 있는 것이 있다고 하자. 그것을 우주선 반대 방향으로 힘껏 던진다. 그럼 운동량 보존의 법칙에 의해 로켓과 같은 원리로 조금이라도 우주선에 가까워질 수 있다. 진공 상태라 마찰이 없기 때문에 한 번만 던지면 이론적으로는 우주선으로 돌아갈 수 있다.

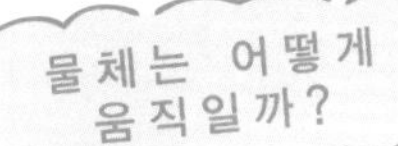

각운동량 보존 법칙

천체의 운행부터 피겨스케이트의 스핀까지,
회전을 설명하는 법칙

발견의 계기!

——— 각운동량 보존 법칙은 천체 운행의 관찰을 계기로 발견되었습니다. 첫 발견자로는 요하네스 케플러 선생님을 들 수 있죠.

천체 운행에 관해서는 코페르니쿠스(Nicolaus Copernicus, 1473~1543)의 지동설이 주장되긴 했어요. 그러나 종교적인 영향도 커서 '지구가 우주의 중심이고, 그 주위를 다른 행성과 태양이 회전한다'는 천동설이 아직 뿌리 깊게 남아 있었죠.

——— 당시는 지동설이 쉽게 침투하지 못했군요.

오랜 시간에 걸친 정밀한 행성 관측의 결과를 토대로 마침내 천동설에 종지부를 찍었죠. 나의 주장은 천체의 운행을 아주 잘 설명할 수 있었어요.

——— 케플러의 법칙은 어떤 건가요?

제1 법칙은 '모든 행성은 태양을 한 초점으로 하는 타원 궤도를 그리며 운동한다'는 겁니다. 제2 법칙은 '태양과 행성을 연결하는 선분이 같은 시간 동안 그리는 면적은 항상 일정하다'입니다. 이것을 '면적 속도 일정의 법칙'이라 하는데, '각운동량 보존의 법칙' 자체죠. 제3 법칙은 회전 주기와 회전 반지름에 관한 겁니다.

——— 그 뒤로 뉴턴이 케플러의 법칙으로부터 각운동량 보존 법칙을 이론적으로 확립했죠.

원리를 알자!

- 회전의 힘을 나타내는 양을 각운동량이라고 한다.
- 물체가 회전 운동할 때 물체의 운동 방향과 회전 중심으로부터 물체에 그은 선이 이루는 각도를 θ라고 한다. 운동하는 물체의 질량을 m, 속도를 v, 원의 반지름을 r이라고 하면 각운동량은 $mrvsin\theta$로 나타낼 수 있다.
- 중심으로 향하는 힘 이외의 힘을 받지 않을 때, 각운동량은 일정하게 유지된다.

각운동량 $= mrvsin\,\theta =$ 일정

- 회전 궤도가 원인 경우는 $\theta = 90°$이므로 $sin\theta = 1(sin90° = 1)$이 된다. 따라서 각운동량 보존의 법칙은 $mrv \times 1 =$ 일정.

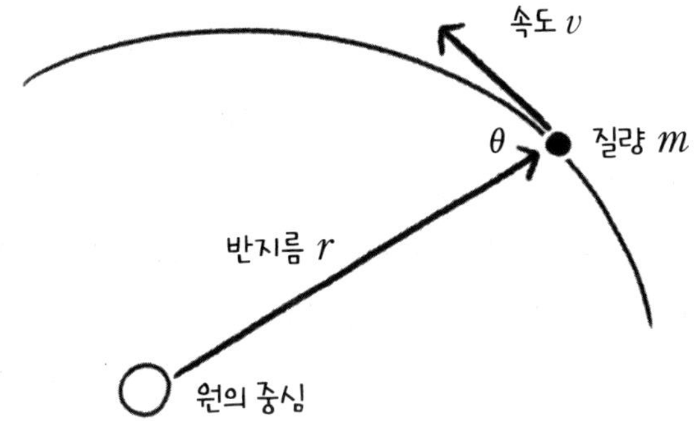

회전하는 물체의 반지름을 바꾸면 회전 속도가 변한다.

면적 속도 일정의 법칙이란

케플러의 제2 법칙인 '면적 속도 일정의 법칙'은 태양과 지구(행성)를 연결하는 선분이 같은 시간 동안 그리는 면적은 항상 일정하다는 것이다.

태양 주위를 도는 지구는 타원 궤도를 그린다(태양은 타원의 초점의 한쪽에 있다). 그림 1의 파란색으로 표시된 부채꼴 모양의 면적은 지구가 태양 주위를 회전할 때의, 지구와 태양을 연결한 선분이 일정 시간 동안 통과하는 면적을 나타낸다. 면적 속도 일정의 법칙은 이들 면적이 항상 같다는 것이다. 따라서 지구와 태양이 가까울 때 지구는 빠르게 운행하고 멀 때는 느려진다.

이것을 식으로 나타내면 '$\frac{1}{2}rv\sin\theta$=일정'이 된다. 이때, 질량 m이 변화하지 않으면 이 식의 양변에 질량 m을 곱하고 거기에 2를 곱하면 각운동량 보존의 법칙($mrv\sin\theta$)과 같아진다.

케플러는 천체의 운행 기록을 해석해 이러한 면적 속도 일정의 법칙을 발견했는데, 이것은 각운동량 보존 법칙과 같다.

[그림 1] **태양 주위를 도는 지구의 면적 속도는 일정하다**

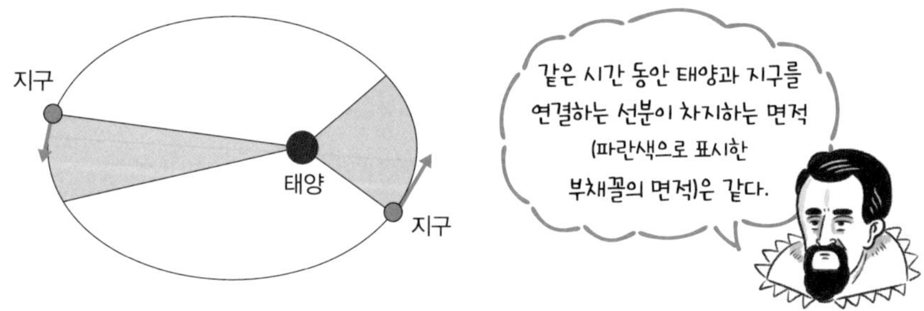

일상에서 볼 수 있는 각운동량 보존 법칙

각운동량 보존 법칙은, 회전하는 물체의 반지름을 바꾸면 회전하는 물체의 속도가 느려지거나 빨라진다는 것이다. 운동하는 물체의 질량이 변하지 않으면 각운동량 보존 법칙은 '반지름×속도=일정'으로 나타낼 수 있다. 이 현상은 일상생활에서도 보거나 체험할 수 있다.

[막대에 실을 감을 때]

굵은 막대에 실을 묶은 다음 실 끝에 추를 매달아 회전시키면 실이 막대에 휘감긴다. 회전할수록 실은 점점 짧아지는데, 각운동량은 보존되므로 실이 짧아질수록 회전 속도는 점점 빨라진다.

[그림 2] **막대에 실을 감으면……**

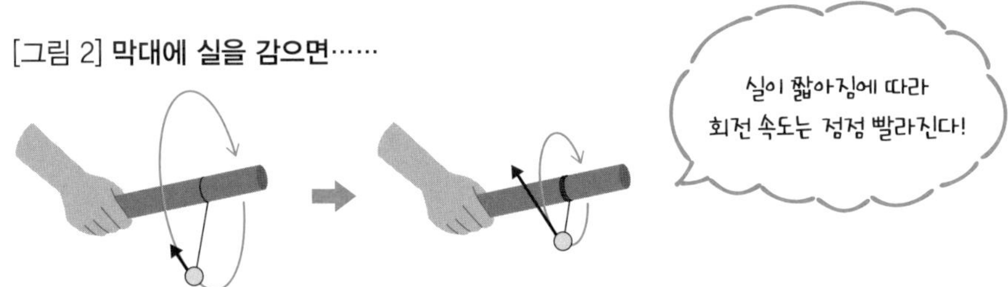

[회전의자에 앉아서 회전할 때]

회전의자에 앉아 의자를 세게 회전시키면서 팔과 다리를 크게 벌려 본다. 그러면 회전 속도가 떨어지는 것을 체험할 수 있다.

그다음, 뻗은 팔과 다리를 몸 쪽으로 오므려 보자. 이번에는 점점 회전 속도가 빨라지는 것을 알 수 있다. 이 경우 각운동량 보존 법칙은 반지름×속도=일정이므로, 다음과 같이 설명할 수 있다.

팔과 다리가 몸에 가깝다 → 회전 반지름이 작다 → 회전이 빨라진다.

팔과 다리가 몸에서 멀다 → 회전 반지름이 크다 → 회전이 느려진다.

피겨 스케이팅에서는 화려한 스핀을 볼 수 있는데, 이것도 같은 원리다. 회전 도중에 펼쳤던 팔을 오므리면 회전 속도가 증가하고, 다시 팔을 펼치면 회전 속도가 느려진다.

[그림 3] **회전의자로 돌면서 팔 다리를 펴면……**

이렇게 쓰인다!

체조 경기는 몸이 작으면 유리하다?

체조 경기에서는 일반적으로 '몸이 큰 선수가 불리한 경우가 많다'고 한다. 이것은 어떤 의미일까?

체조에서 공중 회전할 경우, 몸이 크다는 것은 무게가 나가는 머리나 다리의 회전 반지름이 커지는 것을 의미한다. 따라서 각운동량 보존 법칙에 따라 필연적·물리적으로 회전하기 어려워진다. 즉, 몸이 크면 각운동량 보존 법칙에 의해 회전 속도가 떨어진다는 물리적인 제약이 있다.

체조의 회전 기술에서도 키에 따른 차이를 현저히 볼 수 있다. 가령 '스완' 기술은 몸을 곧게 펴고 공중 회전하는 기술로, 비교적 천천히 우아하게 회전하는 인상을 준다. 그것과는 대조적으로 3회전 공중돌기처럼 빠른 회전 속도가 필요한 기술은 양팔로 다리를 껴안아 회전 반지름을 작게 해 회전 속도를 높인다.

[그림 4] **몸을 펴는 정도로 회전 속도를 바꾼다**

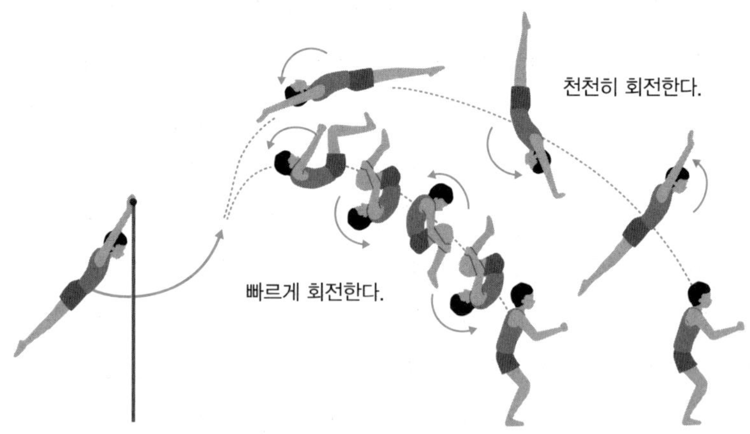

고양이의 낙법(정위 반사)

고양이의 다리를 잡고 등부터 떨어뜨리면 몸을 회전시켜 착지한다.

고양이는 공중에서도 다른 도움을 빌리지 않고 몸을 회전시킬 수 있다. 이것은 직감적으로는 상당히 신기한 일이다. 처음에 고양이가 정지해 있었다면 각운동량은 0일 테니까 낙하 중인 고양이의 각운동량은 0 그대로다. 따라서 방향을 바꿀 수 없을 것처럼 생각된다.

고양이는 공중에서 등을 구부린 상태로 몸을 회전시키거나 다리를 뻗거나 오므려서 전체 각운동량을 0으로 유지한 채 방향을 바꿀 수 있다.

고양이 낙법의 자세한 운동 구조는 복잡해서 많은 사람의 머리를 아프게 하였고, 고양이 낙법에 관한 논문은 1969년에나 발표되었다. 또, 로봇을 이용한 실험도 이루어졌다.

하지만 고양이가 다치면 안 되니까 실제로 해 보는 것은 절대 금지다.

[그림 5] **고양이 낙법**

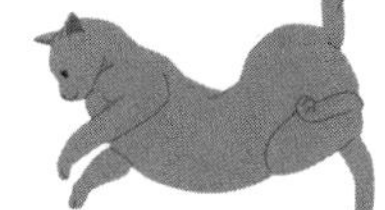

진자의 법칙

대항해 시대부터 현대까지,
시간을 새기는 법칙

발견의 계기!

—— 가벼운 실에 추를 매달아 옆으로 살짝 당겼다 놓으면 추는 흔들리며 왕복 운동을 합니다. 이것을 진자라고 하죠. 갈릴레이 선생님, 이번에는 '진자의 법칙'에 대해 이야기를 들려 주세요.

계기는, 젊을 때 성당 천장에 매달린 샹들리에가 흔들리는 장면을 본 거예요. 진자가 1회 왕복하는 시간인 주기는 진폭(진자가 움직이는 좌우 최대치의 거리)의 차이에 상관없이 변하지 않고 일정하다는 것을 깨달았어요.

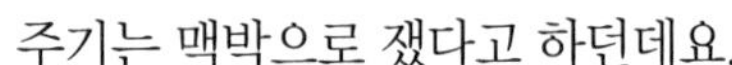

—— 주기는 맥박으로 쟀다고 하던데요.

그 당시 의학에서는 일반적인 방법이었어요. 그 외에도 용기 안의 물이 전부 흐를 때까지 진자가 몇 번 왕복하는지 조사한 적도 있어요. 실험 결과 진자의 주기는 진폭이나 추의 질량에 관계없이 진자의 길이로 결정된다는 사실을 알았죠.

—— 현재, 우리는 이것을 '진자의 등시성'이라고 합니다.

그런데 꼭 알아둘 게 있어요. 실험해 보면 알겠지만, 추를 옆으로 당겼을 때 실과 수직선 사이의 각도가 커지면 진자의 법칙은 성립하지 않아요.

—— 진자의 법칙은 진폭이 작을 때만 성립하는 근사적(수학이나 물리학에서 복잡한 대상의 해석을 쉽게 할 수 있도록 세부를 무시하고 대상을 단순화하는 방법) 법칙이군요.

원리를 알자!

- 진자의 운동은 주기적이다. 같은 운동이 일정 시간마다 반복된다. 이것을 진자의 등시성이라고 한다.
- 진자의 주기는 추의 질량, 진폭에 거의 무관하며 진자의 길이로 결정된다.

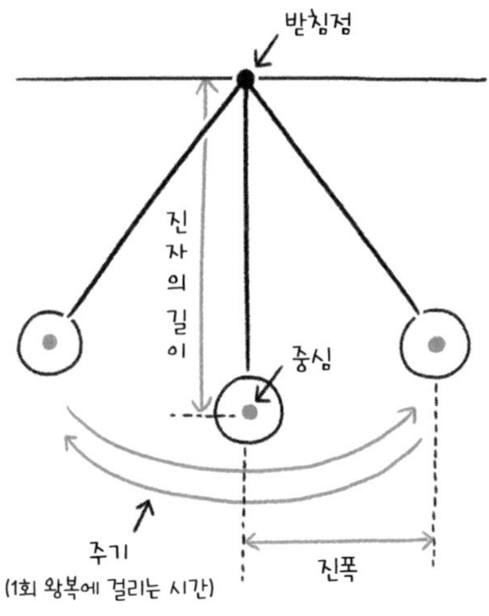

진폭은 수직으로 매달린 위치와
진동의 좌우 최대치와의 차이
즉, 진자가 흔들리는 폭이다.

진자의 주기는 추의 질량과 무관하다.
진자의 길이가 길수록 주기는 길어진다.

진자의 등시성

진자의 주기는 진자 길이의 제곱근에 비례한다.

주기 T, 진자의 길이 l , 중력 가속도 g라고 하면, 다음의 관계가 성립한다.

$$T = 2\pi\sqrt{\frac{l}{g}} \cdots\cdots ①$$

같은 길이의 진자가 1회 흔들리는 데 걸리는 시간(주기)은 진자의 무게와 진폭에 관계없이 일정하다. 이것을 진자의 등시성이라고 한다.

갈릴레이는 성당 천장에 매달린 샹들리에가 좌우로 천천히 흔들리는 것을 보고 시계 대신 자신의 맥박으로 샹들리에가 1회 왕복하는 데 걸리는 시간(주기)을 측정해 보았다. 그러자 샹들리에의 진폭이 작아져도 주기가 변하지 않는다는 사실을 깨달았다.

갈릴레이는 집에 돌아와 즉시 같은 길이의 진자를 두 개 준비해, 한쪽은 크게 다른 한쪽은 작게 흔들어 보았다. 두 개의 진자는 동시에 진동했고 자신이 성당에서 한 관찰이 정확했음을 확인했다. 진자의 등시성의 발견이다.

[그림 1] **진자의 운동**

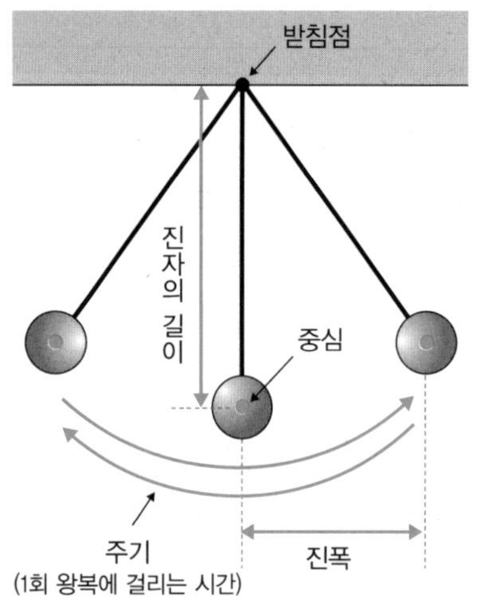

진 동 : 물체가 하나의 상태를 중심으로 왔다 갔다 하는 주기적인 운동.

주 기 : 1회 진동하는 데 걸리는 시간. 단위는 [s](초). 기호를 T로 표시하는 까닭은 시간(time)에서 유래한다.

진 폭 : 수직으로 매달린 위치(진동의 중심)와 진동의 좌우 최대치와의 차이, 즉 흔들리는 폭. 최대치와 진동의 중심이 이루는 각도(진동각 θ)가 작으면 진폭이 작다.

진동수 : 1초 동안 진동하는 횟수(전기 등의 분야에서는 주파수라고 한다). 단위는 [Hz](헤르츠).

진동각이 커지면 주기도 커져서 등시성이 성립하지 않는다

식 ①은 '진동각 θ가 작다'는 조건에서 이끌어낸 것이다. 진동각 θ가 커지면 식은 성립하지 않는다. 즉, 진자의 등시성은 진동각이 작은 조건 하에서 성립하는 근사적인 법칙이다.

그럼 진동각 θ가 커지면 어느 정도 벗어날까? 그림 2는 '진동각 θ가 작다'는 조건을 뺀 계산 결과를, 0°~90°까지 주기의 상대치(차이)로 표시한 그래프다. 45°까지 흔들면 주기는 4% 차이가 나고, 90°일 때는 18% 차이가 난다.

'진자'에 대해서는 초등학교 5학년 때 배운다. 진동각 60°와 90°처럼 '진자의 등시성'이 크게 깨지는 각도로 실험을 하는 경우도 있다고 한다. 그때 '진자의 진폭이 커지면 주기는 길어진다'는 결과가 나오면, 선생님이 학생들에게 '제대로 하면 교과서처럼 주기는 변하지 않는다'고 지도한다는 이야기가 화제가 되었다. 현재, 교과서는 진자의 등시성이 근사적인 법칙이란 사실을 말하지 않고 진폭을 20°로 실험하는 내용을 다룬다. 진동각은 40° 이하, 가능하면 20° 이하로 해야 한다.

[그림 2] **진동각 θ가 커지면……**

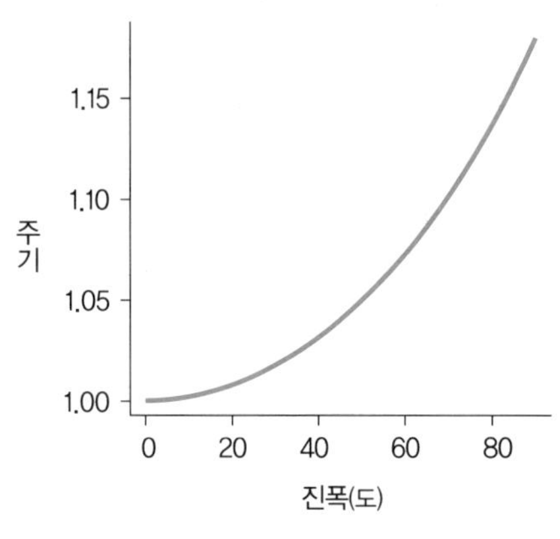

이렇게 쓰인다!

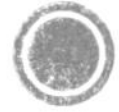

시계의 역사

진자의 법칙은 시간을 재는 시계에 응용되었다.

갈릴레이는 진자시계를 만들려 했으나 완성하지는 못했다. 갈릴레이가 사망한 뒤에 네덜란드의 하위헌스가 최초로 진자시계를 완성했다(1656년). 진자시계는 그 뒤, 천체 관측과 항해에도 이용되는 등 과학 기술 발전에 공헌했다.

시계 제조업자는 진동각이 한 자리 숫자인 진자만이 등시성을 보인다는 사실을 발견하고 진폭을 4~6°로 제한할 수 있는 탈진기(속도 조절 기구)를 발명했다. 진폭이 좁아져서 필요로 하는 동력(태엽)은 작아졌고 마모도 적어졌다.

1회 진동하는 데 2초가 걸리는 진자의 길이는 약 1미터로, 이것을 이용한 가늘고 긴 진자시계(추시계)가 널리 사용되었다. 미국의 대중가요 '할아버지의 시계(My Grandfather's Clock)'에 나오는 시계도 이 종류다.

탈진기를 개량하고 온도에 의한 금속의 신축 변화를 줄이면서 18세기 중반에는 일주일 동안 수초의 오차만을 보이는 정밀한 진자시계를 만들 수 있었다. 진자시계는 1927년 쿼츠시계(태엽이 아닌 수정 진동자를 이용하여 전지로 작동하는 시계)가 발명되기까지 270년간 정확한 시계를 위한 세계 표준이었고, 제2차 세계대전 동안에도 표준으로 사용되었다.

기계식 손목시계와 탁상시계는 밸런스 휠과 밸런스 스프링의 진동을 이용한다. 밸런스 휠은 진자의 구조를 휴대가 가능하도록 소형화한 것이라고 할 수 있다.

쿼츠시계는 쿼츠(수정)에 전압을 걸면 일정한 주기로 진동하는 성질을 이용한다. 20세기에는 쿼츠시계의 오차가 1초를 넘기지 않게 되었고, 저렴하고 정확해서 쿼츠시계가 널리 보급되었다.

시간은 얼마나 정확히 측정할 수 있을까?

옛날에는 지구의 자전을 근거로 '1초'를 정했다. 하루의 길이는 일정하다고 생각했기 때문이다. 그러나 높은 정밀도로 측정해 보니 조석력(밀물과 썰물의 흐름을 일으키는 힘)과 계절에 따라 변하는 것을 알았다.

그래서 1967년 이후 세슘의 진동 주기가 시간의 기준이 되었다. 1967년 제13회 국제도량형총회에서 1초의 길이는 '외부로부터 소외되지 않은 바닥 상태의 세슘133 원자가 2개의 초미세 구조 사이에서 전이할 때 복사 또는 흡수되는 마이크로파의 91억 9263만 1770회 진동 주기에 해당하는 시간'으로 정의했다. 2019년에는 실질적으로 정의는 바뀌지 않았지만 계측의 실행 조건이 보다 정밀해졌다.

원자에 마이크로파를 쪼이면 특정한 주파수(진동수)일 때만 흡수해 에너지 상태가 약간 높아진다. 세슘 원자의 경우는 그것이 91억 9263만 1770Hz다. 그럼 이 마이크로파의 주기는 91억 9263만 1770분의 1초가 된다. 즉, 이 주기의 91억 9263만 1770배가 1초가 되는 것이다.

최신 세슘원자시계는 10^{15}분의 1이라는 정밀도를 갖는데, 이것은 공룡이 멸종한 6500만 년 전 이후의 시간부터 현재까지 약 2초라는 오차밖에 생기지 않는다는 의미다.

세슘원자시계는 GPS(위성 위치 확인 시스템)에도 이용된다(321쪽).

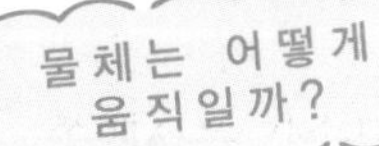

지레의 원리(지레의 법칙)

가위부터 지구까지,
작은 힘으로 큰 물체를 움직이는 법칙

발견의 계기!

고대 그리스의 과학자 아르키메데스 선생님은 당시 이미 여러 가지 일에 이용되는 '지레'에 주목해 '지레의 원리'를 발견했죠.

나는 시라쿠사에서 태어나, 이집트의 알렉산드리아에서 유학하며 기하학을 배웠어요. 지레의 경우 받침대의 위치는 경험적으로 알고 있었기 때문에, 시라쿠사에 돌아와 기하학을 이용해 이 원리를 증명한 겁니다.

아르키메데스 선생님은 "긴 막대와 받침대만 주면 지구도 들어 올릴 수 있다"라고 지레의 위력을 호기롭게 이야기하셨다죠. 시라쿠사 왕의 명령으로 세 개의 돛대가 달린 커다란 군선을 지레를 응용한 도르래를 사용해 움직여서 물에 띄웠다는 이야기가 전해집니다.

이론적으로는 지레로 지구를 움직일 수도 있을 겁니다. 그래요, 시라쿠사가 로마군에게 공격당했을 때 지레의 원리를 응용한 다양한 신병기를 개발해 로마군을 괴롭혔죠.

아르키메데스 선생님은 부력의 원리를 발견한 것으로도 유명하지만(216쪽), 지레의 원리를 확립한 것도 잊어서는 안 되죠. 묘비에는 '원기둥에 내접하는 구의 체적은 원기둥의 3분의 2다'라는 명제의 기하학 도형이 유언으로 새겨져 있다고요.

음, 나는 항상 기하학과 기술을 어떻게 연결할까 생각했기 때문이에요.

원리를 알자!

- 지레를 사용하면 작은 힘을 크게 하거나 큰 힘을 작게 할 수 있다.
- 손으로 힘을 가하는 점을 힘점, 받치는 점을 받침점, 힘이 작용하는 점을 작용점이라고 한다.
- 지레가 균형을 이루려면 다음 식이 성립해야 한다.

힘점에 가해지는 힘의 크기	×	받침점에서 힘점까지의 거리	=	작용점에 가해지는 힘의 크기	×	받침점에서 작용점까지의 거리

- '힘점에 가해지는 힘의 크기×받침점에서 힘점까지의 거리(또는 작용점에 가해지는 힘의 크기×받침점에서 작용점까지의 거리)'는 회전을 일으키는 회전 작용으로, 이 효과를 모멘트라고 한다. 오른쪽과 왼쪽의 모멘트가 같을 때 지레는 균형을 이룬다.

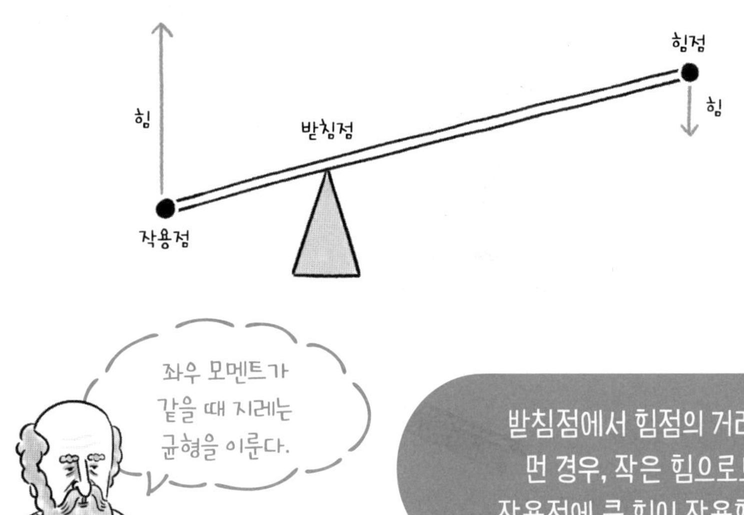

좌우 모멘트가 같을 때 지레는 균형을 이룬다.

받침점에서 힘점의 거리가 먼 경우, 작은 힘으로도 작용점에 큰 힘이 작용한다.

제1종 지레 : 배척, 가위

지레는 생활 속에 많이 있다.

배척, 가위처럼 힘점, 받침점, 작용점의 순서로 있는 것을 '제1종 지레'라고 한다. 배척의 경우, 받침점에서 힘점의 거리가 받침점에서 작용점까지 거리의 5배면 5분의 1의 힘으로 못을 뺄 수 있다.

※화살표는 힘이 작용하는 방향만 나타낸다.

[그림 1] **제1종 지레**

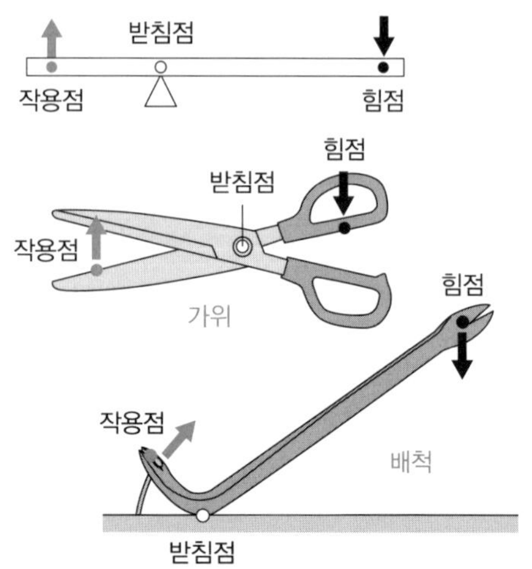

제2종 지레 : 병따개, 펀치

병따개, 펀치처럼 힘점, 작용점, 받침점 순서로 있는 지레를 '제2종 지레'라고 한다.

[그림 2] **제2종 지레**

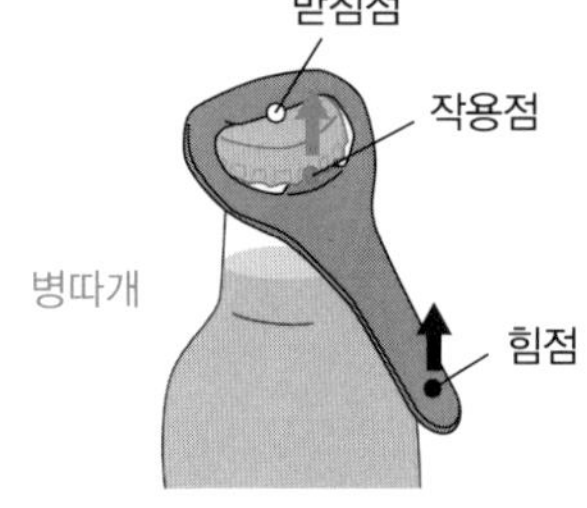

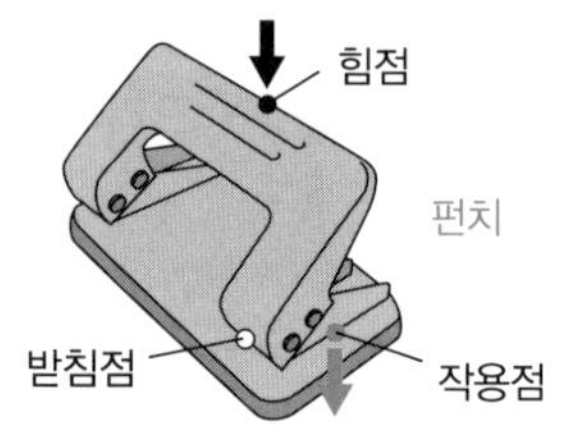

제3종 지레 : 팔 운동, 보트의 노 젓기

작용점, 힘점, 받침점 순서로 있는 지레를 '제3종 지레'라고 한다.

이 지레에서는 제1종, 제2종 지레와 달리 힘점에 가해진 힘보다 작용점에서 생기는 힘이 작아진다. 즉, 힘에서는 이득을 얻을 수 없다. 이득을 보는 것은 운동이다. 힘점에 가해진 작은 운동이 작용점에서 큰 운동이 된다. 작용점에서의 동작이 크고 빨라진다.

한 개의 노로 보트를 저을 때나 삽으로 땅을 팔 때 노 하부와 삽의 끝 쪽은 크고 빠르게 움직인다. 우리가 하는 팔 운동, 핀셋, 집게도 이 지레에 해당한다.

[그림 3] **제3종 지레**

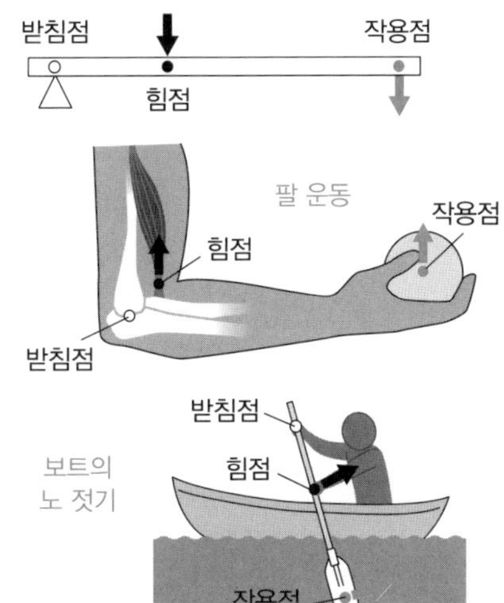

작용점을 회전시키는 지레

가령, 받침점에서 거리의 비율이 1:2인 지레를 생각해 보자. 짧은 쪽에 들어 올리고 싶은 물건을 얹고(접촉점이 작용점) 긴 쪽을 아래로 누른다. 이때, 아래로 누르는 힘은 물건 무게의 절반이면 된다.

힘점에 가하는 힘과 회전의 중심(받침점)에서 힘점까지의 거리(팔의 길이)를 곱한 양을 모멘트(물체를 회전시키려는 힘)라고 한다. 공학에서는 토크(torque)라고 한다.

힘점에 가해진 힘이 받침점을 중심으로 해서 작용점을 회전시키듯이 작용하는 지레가 있다. 가령 드라이버는 손잡이 부분이 힘점, 축의 중심이 받침점, 나사에 접촉하는 부분이 작용점이 된다.

[그림 4] **문손잡이, 드라이버, 자전거와 자동차의 핸들**

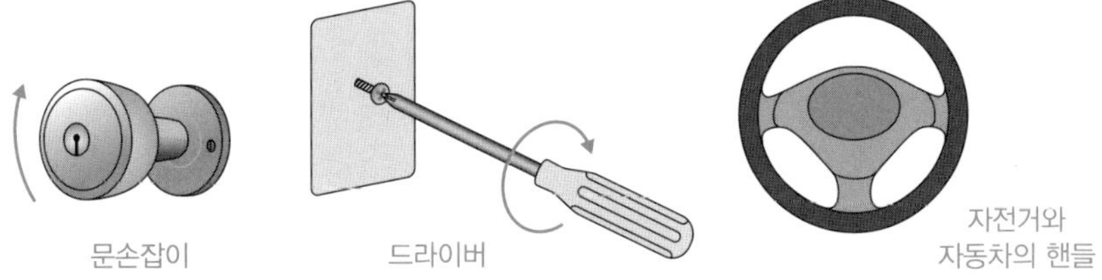

일의 원리

도구를 사용하든 사용하지 않든, 일의 양 자체는 달라지지 않는다

발견의 계기!

—— 갈릴레이 선생님이 발견한 '일의 원리'는 당시부터 경험적으로 알려졌던 것이라고 하는데, 이건 무슨 말인가요?

인간은 오랜 옛날부터 '어떻게 작은 힘으로 일할 수 있을까'를 생각해 왔어요. 무거운 물체를 들어 올리기 위해 경사를 이용하거나 지레와 도르래 같은 도구를 발명했죠.

—— 도구를 이용하면 직접 들어 올리는 것보다 작은 힘으로 일할 수 있죠.

그러나 그렇게 하면 힘은 이익을 얻지만 그만큼 거리에서 손해를 보기 때문에 결국 일의 양은 변하지 않아요. 이것을 '일의 원리'라고 합니다.

—— 이것에 관해 쓴 책이 갈릴레이 선생님의 『기계학*Le Meccaniche*』이죠?

예, 맞아요. 나는 기계 장인들 중에는 어느 경지에 이른 지식을 가진 사람이 있다는 사실을 알았어요. 그 장인들의 경험적, 기술적 지식을 근거로 기계학을 체계화하고 싶다고 생각했죠.

—— 갈릴레이 선생님은 대학 교수로 일하면서 집에서 기계학을 가르쳤다고 알고 있습니다. 그래서 '기계를 사용해도 일의 양은 달라지지 않는다'는 일의 원리를 분명히 할 수 있었군요.

그렇다고 도구나 기계를 사용하는 것이 의미가 없는 일은 아니에요. 도구를 사용하면 일의 능률이 높아지니까요.

원리를 알자!

▸ 물체에 힘을 가해 그 힘의 방향으로 움직였을 때, 힘이 물체에 한 일 W는 힘의 크기 F와 힘의 방향으로 움직인 거리 S를 곱한 양인 FS로 정의한다.

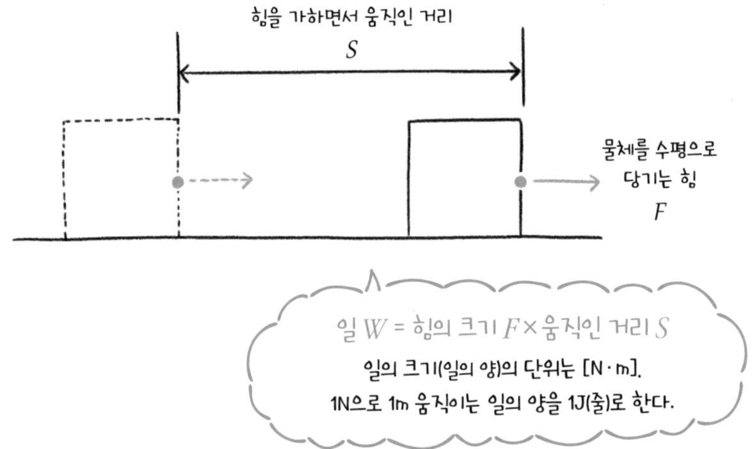

▸ 도구를 사용하면 힘을 작게 할 수 있지만, 거리에서는 손해이므로 일의 양은 변하지 않는다.

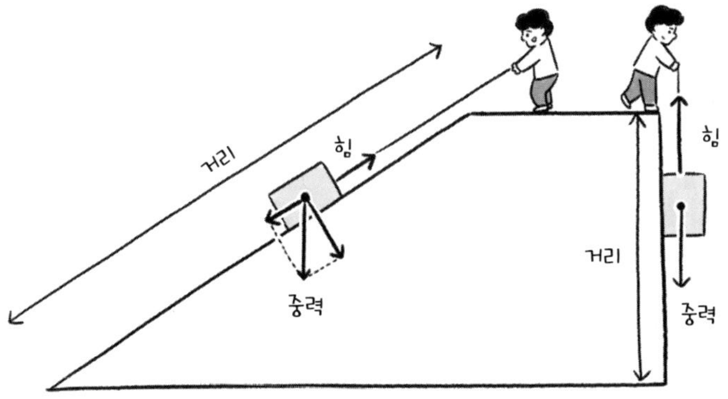

일의 양이 변하지 않는다는 것은 어떤 의미일까?

30° 경사면에서 물체를 끌어 올릴 때는 직접 들어 올릴 때보다 힘이 절반만 든다(그림 1). 그러나 손해를 보는 것도 있다. 30° 경사면의 경우, 움직이는 거리는 직접 들어 올릴 때보다 2배가 더 길다. 결국 직접 들어 올리든 경사면을 사용하든 일의 크기는 변하지 않는다.

[그림 1] **물체를 들어 올리는 데 필요한 힘**

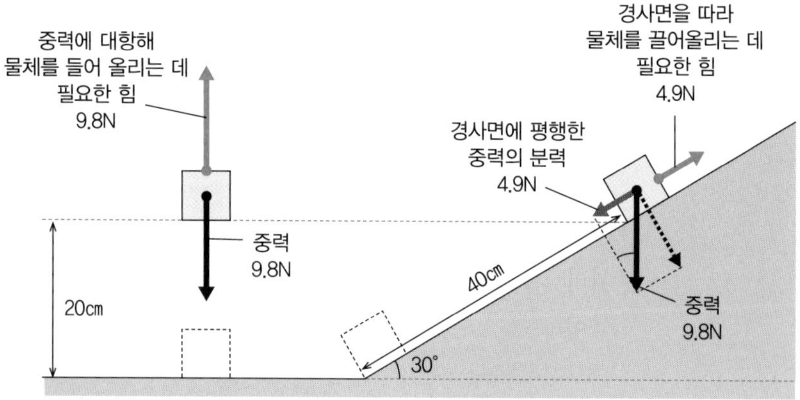

30° 직각삼각형의 변의 비율은 1 : 2 : √3

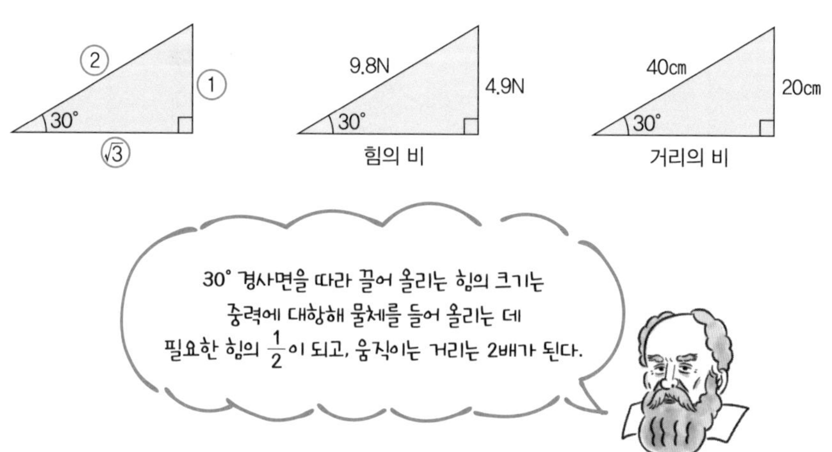

이렇게 쓰인다!

크레인이 무거운 물체를 들어 올리는 구조

일의 크기는 변하지 않는다. 이것은 지레를 사용했을 때도 마찬가지다.

도르래에는 고정도르래와 움직도르래가 있다(그림 2).

고정도르래는 천장에 고정해서 로프를 걸어 잡아당기는 것으로, 당기는 방향을 바꾸는 역할을 한다. 작은 힘을 크게 할 수는 없다.

움직도르래에서는 도르래의 질량을 무시할 수 있으면, 들어 올리는 힘은 2분의 1 크기가 된다. 움직도르래 1개로 힘은 2분의 1, 2개는 4분의 1, 3개는 8분의 1……처럼, 움직도르래의 수가 늘수록 힘은 적게 든다. 그러나 그때는 2배, 4배, 8배의 거리를 움직일 필요가 있다.

건설 현장에서 사용하는 크레인은 여러 개의 고정도르래와 움직도르래를 짜 맞춘 것으로, 로프도 여러 겹 감겨 있다. 그 도르래들 덕분에 무거운 물체를 작은 힘으로 끌어 올릴 수 있다.

[그림 2] **고정도르래와 움직도르래**

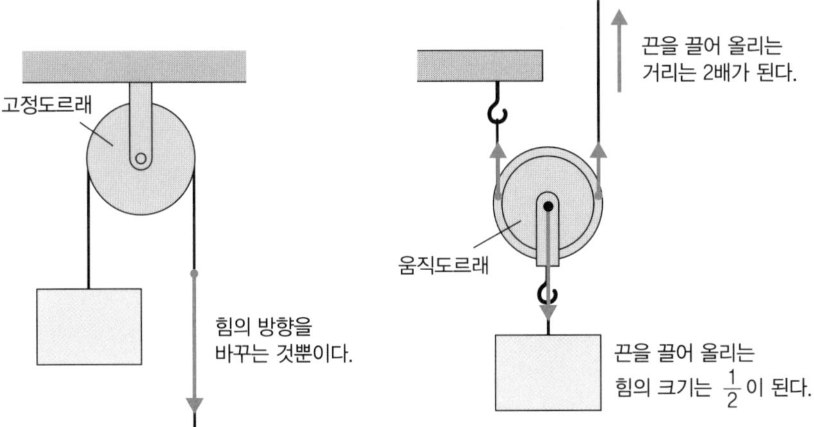

사람의 일률은?

일의 능률(1초 동안 한 일의 양)을 일률이라고 한다. 일률은 일의 크기 W를 일하는 데 걸리는 시간으로 나눠서 구한다. 일률의 단위는 와트[W]다.

일률의 단위 W는 가전제품에도 이용된다. 형광등이나 텔레비전 같은 가전제품을 구입할 때는 몇 와트인지 확인한다. 100W의 전구를 1초 동안 켜는 것과 같은 크기의 일이 어느 정도인지 상상할 수 있을까?

1W= 1J/s이므로, 1W는 '1초 동안에 1N(약 100g에 가해지는 중력의 크기에 가깝다)의 힘으로 거리 1m를 움직이는 일'을 한다. 100W면 1초 동안에 100N, 즉 약 10㎏의 물체를 1m 끌어올리는 일을 하는 경우가 된다. 이것이 100W의 전구를 1초 동안에 켜는 것과 같은 크기의 일이다.

일은 열로 바뀌므로 1초 동안에 발생하는 열량도 일률로 나타낼 수 있다. 가령 사람은 하루에 8400kJ(약 2000㎉)의 음식물을 섭취하고 그 에너지로 살아간다. 하루는 8만 6400초이므로, 대략 계산하면 사람이 발생하는 열은 매초 100J 정도다. 즉, 사람 한 명이 100W의 전구가 켜 있는 것과 거의 같다.

좁은 방에 사람이 북적대면 '사람의 열기'를 느끼는데, 한 명 한 명이 100W의 전구처럼 열을 낸다고 생각하면 이렇게 느끼는 것도 당연하다.

말을 기준으로 한 일률

일률의 단위에는 '마력'이 있다. 1765년 영국의 제임스 와트(James Watt)가 개량한 증기 기관차를 만들었을 때, 그 성능이 얼마나 뛰어난가를 '말을 기준으로 한 일률'로 나타냈다. 그것이 마력이다. 마력은 실제로 말에게 물을 퍼 올리는 등의 일을 시켜서 구했다.

현재 일률의 단위는 국제단위계의 와트(W)가 이용되는데, 자동차 카탈로그처럼 자동차의 최고 출력을 나타낼 때 마력이 아직 쓰이는 경우도 있다.

마력에는 영국 마력(HP)과 프랑스 마력(PS)이 있고, 그 크기는 1HP=약 745.5W, 1PS=약 735.5W다. 영국과 미국을 제외하면 대개 프랑스 마력을 사용한다.

[그림 3] **1마력이란?**

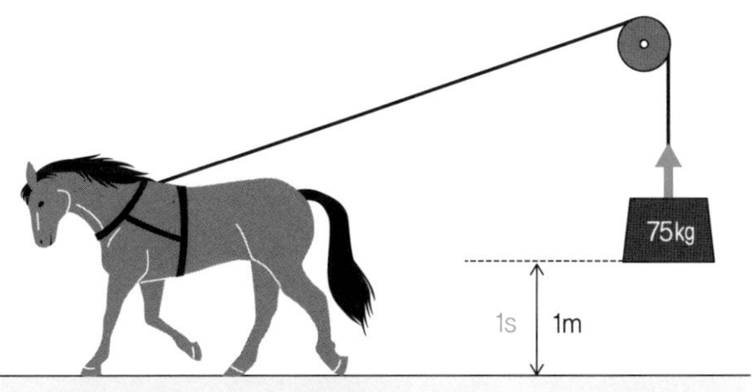

질량 75㎏의 물체를 1m 들어 올리는 데는 중력 가속도(9.80665m/s²)를 곱해 735.5N의 일량이 필요하다. 이 힘으로 1m를 1초 동안에 들어 올릴 때의 일률은 735.5W이다.

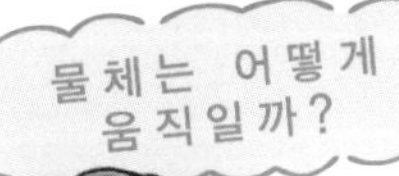

윌리엄 랭킨 (William John Macquorn Rankine, 1820~1872)

역학적 에너지 보존 법칙

롤러코스터 구조에 사용되는,
에너지 전환 법칙

발견의 계기!

역학적 에너지의 발전에 관해서는 많은 과학자가 관여하므로 그 가운데 윌리엄 랭킨 선생님을 모시겠습니다. 역학적 에너지의 중심은 운동 에너지와 위치 에너지죠.

네. 운동 에너지는 프랑스의 코리올리(55쪽)가 역학의 기초 원리에 대해 생각했어요.

코리올리 선생님은 저서에서 '운동 에너지'라는 용어를 만들고, 운동 에너지를 $\frac{1}{2}$×질량×속도^2($\frac{1}{2}mv^2$)이라고 했습니다.

바로, 상수 $\frac{1}{2}$이 포인트입니다. 그전까지 운동 에너지는 '활력'(힘이 작용하는 정도)이라고 해서 라이프니츠가 질량×속도^2(mv^2)로 나타냈죠. 위치 에너지는 1853년에 내가 최초로 도입했어요.

그전에는 어땠나요?

1842년부터 1847년에 걸쳐 독일의 마이어(92쪽), 영국의 줄(130쪽, 268쪽), 독일의 헬름홀츠(Hermann von Helmholtz, 1821~1894)가 에너지의 전환에 대해 각각 독립적으로 연구해 에너지 보존의 법칙이 결론을 맺게 되었죠.

그전까지 혼돈되던 에너지 개념이 정리된 거군요.

이렇게 해서 19세기에 열, 빛과 전기 등 여러 현상의 관련이 밝혀져 에너지 개념으로 통일되었습니다.

원리를 알자!

- 에너지는 일을 할 수 있는 능력을 말한다.
- 높은 위치에 있는 물체가 갖는 에너지를 위치 에너지라고 한다. 위치 에너지의 크기는 높이가 높을수록 크고, 중력이 클수록 커진다.
- 운동하는 물체가 가진 에너지를 운동 에너지라고 한다. 운동 에너지의 크기는 속도의 제곱과 질량에 비례한다.
- 위치 에너지와 운동 에너지는 서로 전환되는데(변환되는데), 그 역학적 에너지의 합은 일정하다. 이것을 역학적 에너지 보존 법칙이라고 한다.

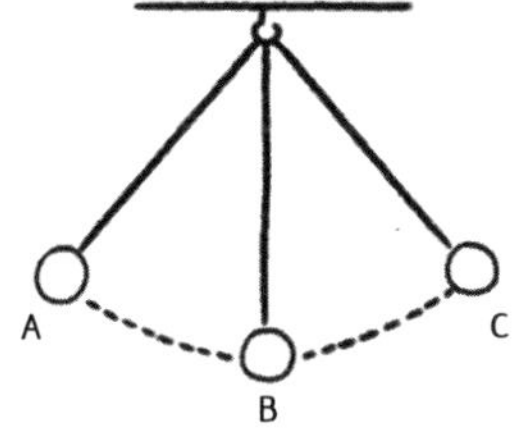

	A	B	C
위치 에너지	최대	최소	최대
운동 에너지	최소	최대	최소
에너지의 합		일정	

진자가 A, B, C 어느 위치에 있든
에너지의 합은 변하지 않는다.
에너지는 전환될 뿐이다.

위치 에너지

높은 곳에서 지면의 말뚝을 향해 추를 떨어뜨리면 그때마다 말뚝은 땅속에 박힌다. 말뚝에 주목하면, 아래로 향하는 힘(추에 작용하는 중력)을 받아 땅에 박히기 때문에 말뚝은 일을 받고 있다. 낙하한 추를 원래 높이(높이 h)로 들어 올리려면 추에 작용하는 중력 mg에 대항하는 힘으로 높이 h를 움직이므로 $mg \times h$만큼의 일을 할 필요가 있다. 높은 곳에 있는 물체는 기준면에 대해 mgh의 일을 할 수 있는 가능성, 즉 일을 하는 능력을 갖고 있다.

일반적으로 높은 위치에 있는 물체가 낙하해 아래에 있는 물체에 충돌하면 그 물체를 움직일 수 있다. 높은 위치에 있는 물체가 갖는 에너지를 위치 에너지라고 한다. 위치 에너지 E_p는 높이 h가 높을수록, 중력 mg가 클수록 커지고, 다음 식으로 나타낸다.

$$E_p = mgh$$

위치 에너지는 기준을 어느 곳으로 정하는지가 중요하다. 50층 빌딩의 50층 바닥에 놓인 물체는 지면에 놓인 물체에 비하면 높은 위치에 있다. 즉, 50층에 놓인 물체가 갖는 위치 에너지는 지면에 놓인 물체보다 크다고 할 수 있다. 그런데 50층의 바닥을 기준으로 하면 그 바닥 위에 있는 물체의 위치 에너지는 0이 된다. 이처럼 위치 에너지는 기준이 되는 면에 따라서 달라진다.

용수철도 위치 에너지를 갖는다. 용수철에는 원래 길이가 있어서 그보다 늘였을 때는 원래대로 돌아가려는 성질(탄성)이 있다. 용수철의 한쪽을 고정하고 반대편을 손으로 당겨 늘이면 탄성에 의해 원래 상태로 돌아가려고 한다. 용수철은 그만큼의 위치 에너지를 내부에 가지는 것이다.

운동 에너지

운동하는 물체는 다른 물체와 충돌해 그 물체를 변형시키거나 움직일 수 있다. 즉, 운동하는 물체는 일을 하는 능력이 있다고 할 수 있다. 따라서 운동하는 물체는 에너지를 가지며, 이것을 운동 에너지라고 한다.

운동 에너지 E_k는 속도 v의 제곱과 질량 m에 비례하고 다음의 식으로 나타낸다.

$$E_k = \frac{1}{2}mv^2$$

역학적 에너지 보존 법칙

위치 에너지와 운동 에너지를 합한 것을 역학적 에너지라고 한다. 위치 에너지와 운동 에너지는 서로 전환되는데(변환되는데), 그 합인 역학적 에너지는 일정하다. 이것을 역학적 에너지 보존 법칙이라고 한다.

위치 에너지 + 운동 에너지 = $E_p + E_k = mgh + \frac{1}{2}mv^2$ = 일정

진자의 위치 에너지와 운동 에너지의 전환

진자에서는 위치 에너지의 기준을 가장 낮은 장소로 한다. 어느 높이에서 추를 손으로 잡고 있을 때 추는 위치 에너지만을 가진다. 그러나 추를 놓으면 서서히 위치 에너지가 운동 에너지로 변해 가장 낮은 곳에서는 위치 에너지는 0으로 전부 운동 에너지가 되어 최대 속도가 된다. 또, 운동 에너지가 위치 에너지로 변해서 손을 떼었을 때의 높이까지 간다.

마찰과 발열 등의 작용을 무시할 수 있는 경우, 위치 에너지와 운동 에너지의 합인 역학적 에너지는 보존된다.

[그림 1] **진자의 운동과 역학적 에너지**

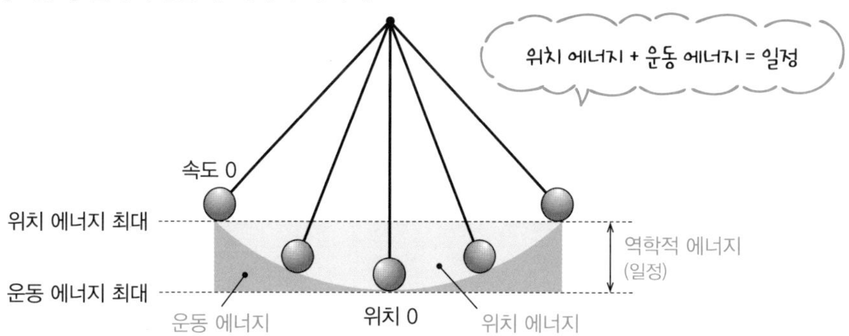

이렇게 쓰인다!

롤러코스터의 운동

놀이동산에 있는 롤러코스터는 한 번 높은 지점까지 올라가면 레일을 따라 오르고 내리기를 반복한다.

이때 진자처럼 위치 에너지와 운동 에너지가 번갈아 전환되면서 운동한다. 즉, 최초의 가장 높은 곳에서 갖는 위치 에너지보다 많은 에너지를 갖는 경우는 없다. 따라서 최초에 올라간 높이 이상으로 상승하는 롤러코스터는 없다.

롤러코스터가 올라가기 시작하면 속도가 감소한다. 즉, 운동 에너지가 위치 에너지로 변하는 것이다. 이 동안에 역학적 에너지 보존 법칙으로 운동 에너지와 위치 에너지의 합은 일정하다.

[그림 2] **롤러코스터의 위치 에너지와 운동 에너지**

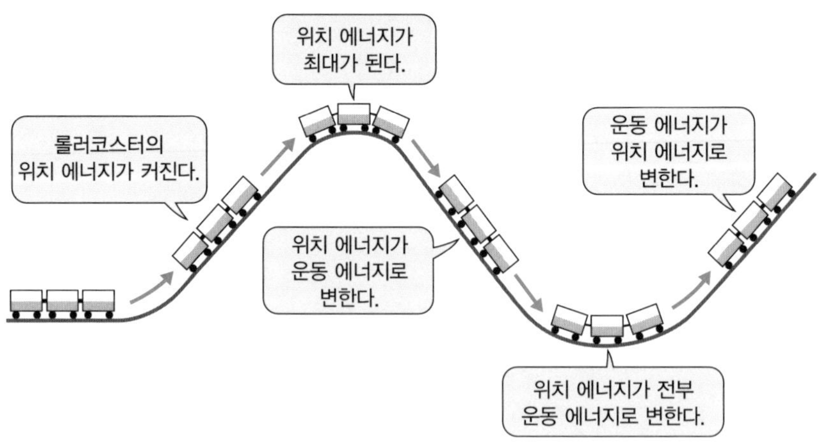

중력이 없는 우주 공간에서 물체의 위치 에너지는 어떻게 될까?

중력이 없으면 '위, 아래' '높다, 낮다'는 없다.

우주 공간에서 어느 속도로 등속 직선 운동하는 물체가 있다고 하자. 이것은 $\frac{1}{2}mv^2$ 크기의 운동 에너지를 갖고 있다. 외부에서 힘이 가해지지 않으면 그 운동 에너지는 사라지지 않는다. 따라서 끝없이 등속 직선 운동을 하게 된다.

지구상에서 운동하는 물체의 속도가 느려져 멈추는 이유는 물체가 갖는 운동 에너지가 열로 바뀌기 때문이다. 열로 바뀐 양만큼 운동 에너지는 감소해 속도가 줄어든다. 즉, 열로서 잃어버린 에너지의 양만큼 역학적 에너지는 감소하게 된다.

그럼, 열로 바뀐 에너지도 포함해서 생각해 보자. 열까지 포함하면 역학적 에너지와 열을 더한 합은 항상 변하지 않고 같다.

사실 역학적 에너지 보존 법칙은 마찰이 없다는 조건일 때 성립하는 법칙이다. 그에 반해 에너지 보존의 법칙은 마찰의 유무에 관계없이 항상 성립하는 법칙이다.

에너지 보존 법칙

에너지는 다양한 형태로 나타나고
늘거나 줄지 않는다

발견의 계기!

——— 이번에는 처음으로 '에너지 보존 법칙'을 설명한 독일의 마이어 선생님을 모셨습니다.

나는 의사였는데 넓은 세계를 보고 싶어서 배의 의사가 됐어요. 인도네시아 자바 섬에 체류할 때였는데 선원의 채혈을 했더니 검붉은 빛을 띠어야 할 정맥의 피가…… 선명한 붉은 색이었어요.

——— 피는 붉죠.

끝까지 들어 주세요. 나는 그걸 보고 생각했죠. 우리의 체온은 혈액과 산소가 결합한 결과예요. 동물은 음식을 통해 영양분을 섭취하여 열을 냅니다. 그리고 열의 일부는 체온으로, 나머지는 근육의 기계적인 일로 변환되죠. 즉, 열과 일은 '힘'을 나타내는 하나의 방법으로, 본래 똑같지 않을까?

——— 피를 보고 거기까지 생각하다니 대단하세요!

거기서 좀 더 생각했죠. 기계적인 힘, 열, 빛, 전기, 자기, 화학력 등 자연계의 다양한 '힘' 사이에는 서로 관계가 있고, 각각의 '힘'은 한 가지 '힘'의 특별한 형태가 아닐까?

——— '힘'은 오늘날 말하는 에너지군요. 마이어 선생님의 '힘은 없어지지 않고 형태를 바꾼다'는 생각(에너지 보존 법칙)이 19세기 중반에는 과학으로서

사실이 됩니다.

나의 생각이 평가받기까지 꽤 시간이 걸렸군요…….

원리를 알자!

▸ 에너지에는 다양한 형태가 있다.

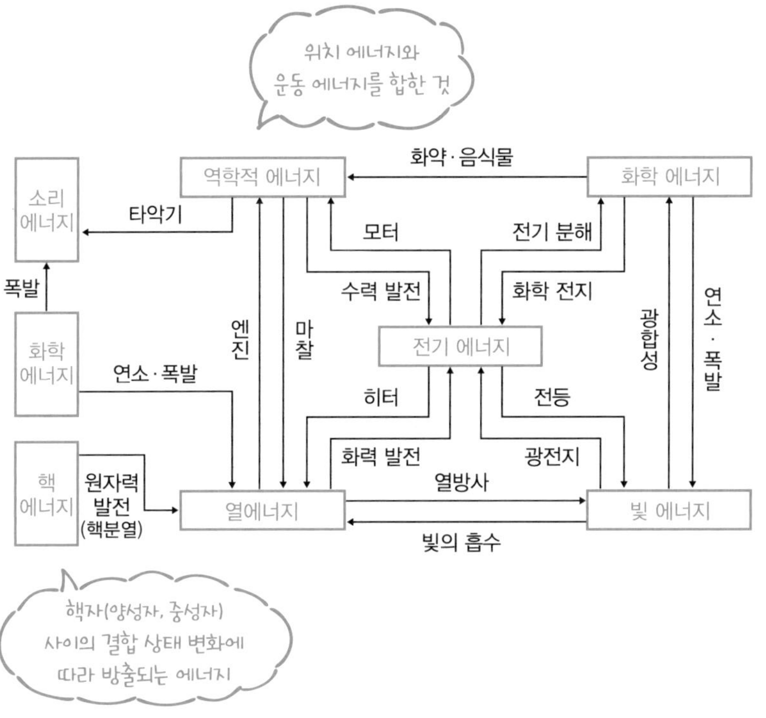

▸ 역학적 에너지와 다른 에너지를 더한 합은 항상 변하지 않고 같다. 즉, 에너지는 없어지지 않고, 다시 새롭게 발생하지도 않는다. 이것을 에너지 보존 법칙이라고 한다.

다양한 에너지를 전부 포함해, 에너지 보존 법칙은 성립한다.

에너지 보존 법칙

에너지 보존 법칙은 자연계를 지배하는 중요한 기본 법칙이다.

역학적 에너지 보존 법칙은 '마찰이 없고 소리가 나지 않는다'는 조건일 때 성립하는 법칙이다. 실제는 운동 에너지가 전부 위치 에너지로 변하지 않고, 운동 에너지의 일부가 열에너지와 소리(공기의 진동) 에너지로 변하는 경우가 많다. 열과 소리로 변한 양만큼 운동 에너지는 감소한다. 즉, 열에너지와 소리 에너지로 변한 양만큼 역학적 에너지는 감소한다.

그에 반해 에너지 보존 법칙은 마찰과 소리의 유무에 상관없이 항상 성립하는 법칙이다.

가령, 마찰과 공기 저항이 있는 물체의 운동에서는, 역학적 에너지는 보존되지 않는다. 열이 되어 물체 내외로 흩어져 버린 양이 있기 때문이다 그러나 열로 흩어져 버린 양도 원자·분자 에너지가 되어 보이지 않게 된 것일 뿐, 없어진 것은 아니다. 그래서 열이 되어 잃어버린 에너지의 양도 포함하면 에너지 보존 법칙은 성립한다고 생각할 수 있다. 충돌의 경우도 일단 소리 에너지가 되고, 결국은 열이 되어 버리므로 마찬가지로 생각할 수 있다.

에너지는 무(無)에서
생기지도, 없어지지도 않는다.
이 에너지 보존 법칙은
가장 기본적인 물리 법칙 중 하나다.

이렇게 쓰인다!

가솔린 엔진 자동차의 에너지 변환

자동차를 움직이기 위해서는 연료인 가솔린을 주입해야 한다. 석유를 정제한 가솔린은 화학 에너지를 가진 연료 중 하나다. 엔진 내부에서 가솔린과 공기가 혼합된 가스에 점화 플러그로 불꽃을 일으켜 가스를 폭발시킨다.

그 폭발로 피스톤이 위아래로 운동해서, 피스톤의 운동 에너지로 변환된다. 피스톤의 운동은 회전 에너지로 변환되어 타이어에 전달되어 지면과의 접지면에서 마찰력에 의해 앞으로 나갈 수 있는 운동 에너지로 변환된다. 이때 마찰에 의해 열에너지로도 변환되기 때문에 타이어가 뜨거워지거나 닳는다.

자동차 엔진에는 발전기가 연결되어 있어서 발전기를 돌리는 것으로 전기를 만들어낸다. 이 전기로 헤드라이트를 켜고, 라디오를 듣고, 에어컨을 켤 수 있다.

에너지 자원 중에서 전기 에너지의 이용 증가

산업이나 운송과 생활에 도움이 되는 에너지를 만들기 위해 이용되는 자원을 '에너지 자원'이라 한다. 자연에는 석유·석탄·천연가스 같은 화석 연료와 태양으로부터 얻는 빛 에너지 등 다양한 에너지 자원이 있다.

우리는 이들 에너지 자원으로부터 주로 화학 에너지와 전기 에너지를 추출해 산업, 운송과 생활에 활용한다.

특히 전기 에너지는 송전선을 사용해 멀리 떨어진 곳에도 공급할 수 있고, 빛과 열, 운동 에너지 등 다른 에너지로 쉽게 변환되기 때문에 가정용과 업무용을 중심으로 수요가 증가하고 있다. 현재, 석유와 석탄에서 얻은 에너지는 그 절반 가까이가 전기 에너지로 전환되어 이용된다.

지구에 도달하는 태양 에너지

태양은 엄청난 에너지를 생성해 사방으로 방사한다. 이 에너지의 근원은 태양의 핵반응(핵융합)에 의해 방출되는 핵에너지다.

지구상에서 이용되는 에너지는 원자력 발전소의 핵에너지와 (지열을 제외하면) 석유와 석탄 같은 화석 연료의 화학 에너지까지를 포함해 대부분 태양에서 방사된 에너지다.

지구 대기 바깥에서 태양 광선 방향에 대해 수직으로 놓은 단위 면적(1㎡)에 평균적으로 입사되는 태양 복사 에너지의 양은 1.37×10^3J로, 이것을 태양 상수라고 한다. 이 에너지를 지구 전 표면에 똑같이 뿌리면 약 3.42×10^2J이 된다. 이 가운데 30%가 반사되어 우주에 흩어지므로 지표까지 도달하는 것은 약 2.4×10^2J이 된다.

지표에 도달하는 태양 에너지는 막대한 양인데, 그 에너지를 100% 전기 에너지로 변환할 수 없고, 현재로서는 태양광 발전의 변환 효율은 15~20%다.

[그림 1] **태양 에너지**

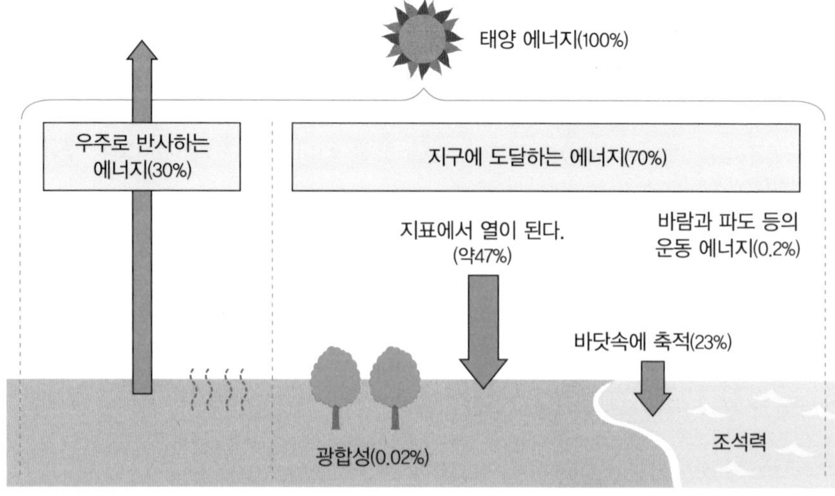

전자기

눈에 보이지 않는 전기로 가득 차 있다

전기와 전류 회로

정전기와 전기 제품, 전화까지,
주변에 넘쳐나는 전기 현상

발견의 계기!

—— 정전기 현상은 오래전부터 알려졌지만, 그 현상을 명확히 규명한 사람은 영국의 물리학자 윌리엄 길버트 선생님입니다. 길버트 선생님, 당시 알려졌던 정전기 현상은 어떤 건가요?

지금으로부터 약 2600년 전, 고대 그리스의 철학자 탈레스가 '호박을 닦으려고 문질렀더니 가벼운 물체를 끌어당긴다'는 사실을 확인했어요. 이 현상을 정전기 현상이라고 했죠.

—— 문손잡이를 잡을 때 찌릿하잖아요. 길버트 선생님은 자석학을 확립한 분으로도 유명한데, 왜 정전기에 흥미를 가졌나요?

자석의 성질을 연구하려 했을 때 정전기와 자석의 성질이 뒤섞여 있었어요. 그래서 둘을 정확히 구별하려 한 것이 계기가 되었죠. 여러 가지 물체로 실험해 보니, 많은 물질이 문지르면 가벼운 물체를 끌어당기는 성질을 갖고 있었어요. 가령, 유리, 유황, 수지 등이 그렇죠.

—— 길버트 선생님은 전기학의 기초도 확립했죠. 전기, 전류, 전기 에너지는 지금은 누구나 잘 아는 말입니다.

호박이 그리스어로 엘렉트론(elektron)이기 때문에 그 현상을 일렉트리시티(electricity, 전기)라고 이름 붙였어요. 허, 설마 이렇게 유명한 단어가 될 줄이야!

원리를 알자!

- 전기에는 (+)전기와 (-)전기가 있다. (+)전기와 (-)전기는 서로 끌어당기고, 같은 종류의 전기는 서로 밀어낸다.
- 물질끼리 문지르면 물질 표면 근처의 (-)전기가 한쪽 물질로 이동한다. 그로 인해 물체의 전기 균형이 깨져서 (+)와 (-)전기를 띤 상태가 된다. 이것을 대전이라 한다.
- 전류 회로는 전원, 전류가 흐르는 곳(도선), 전기를 이용하는 곳으로 이루어진다.

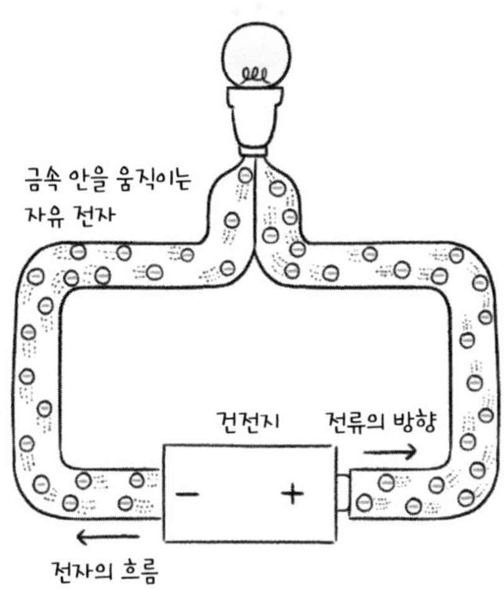

전압을 걸면 자유롭게 움직였던
자유 전자가 전원의 (-)에서 (+)로 이동한다.
전류는 반대 방향으로 흐른다.

우리에게 친숙한 정전기

옷을 입은 겨드랑이 사이에 플라스틱 책받침을 여러 번 문질러 머리 위에 대면 머리카락이 책받침에 끌려온다. 공기가 건조한 겨울날에 방문 손잡이를 잡으면 찌릿하거나 옷이 몸에 들러붙을 때가 있다. 어두운 곳에서는 불꽃이 보이기도 한다.

이런 현상은 전부 정전기(마찰 전기) 때문에 발생한다. 다른 종류의 물질을 서로 문지르면 정전기가 일어난다(이에 반해 전지와 가정용 콘센트의 전기는 동전기라고 한다).

형광판이 들어 있는 진공 방전관에서는 음극((-)극)에서 나온 전자의 흐름인 음극선 때문에 형광판에 지나간 길이 빛난다.

정전기에는 (+)전기와 (-)전기가 있다. 가령 폴리염화비닐로 만든 지우개로 빨대를 문지르면 빨대는 (+)전기를 띤다.

종류가 다른 전기 사이에는 인력, 같은 종류의 전기 사이에는 척력이 작용한다. 이 힘을 정전기력이라고 한다.

정전기가 일어나는 이유 — 비밀은 원자 안에 있다

모든 물질은 원자로 이루어져 있다. 원자는 중심의 (+)전기를 가진 원자핵과 그 주변의 (-)전기를 가진 전자로 이루어진다. 평상시에는 원자의 (+)전하량과 (-)전하량이 같아서 전기적으로 중성을 띤다. 원자핵은 원자의 중심에 있어서 떨어지기 어렵지만 바깥쪽의 전자는 떨어지기 쉽다.

[그림 1] **전정기가 생기는 구조**

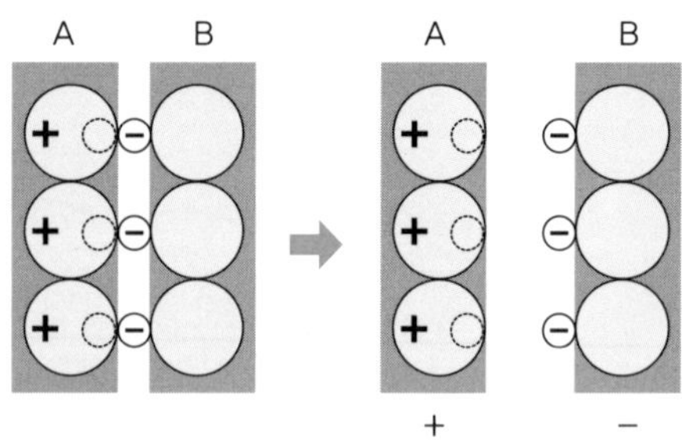

물체 A와 물체 B를 서로 문지르면 A의 원자가 가진 전자의 일부가 B로 이동한다. A는 (+)전기가 많아지고, B는 (-)전기가 많아진다.

원자는 전체적으로 중성을 띠기 때문에 물질의 전기도 중성이다. 그러나 두 종류의 물체를 서로 문지르면 전자가 떨어지기 쉬운 물체에서 떨어지기 어려운 물체로 이동한다. 그럼 전자를 얻은 쪽은 (-)전기가 많아져 (-)전기를 띠게 되고, 전자를 잃은 쪽은 그만큼 (+)전기를 띠게 된다.

 (+)나 (-)전기를 띤다?

고무풍선을 휴지로 문지르면 고무풍선은 (-)전기를 띤다. 실크와 모피를 서로 문지르면 실크가 (-), 모피가 (+)전기를 띤다. 이처럼 물체가 전기를 띠는 현상을 대전이라 한다.

물체에 생기는 전기의 종류와 크기는 마찰하는 상대 물체의 성질에 따라 달라진다. 물체에는 '(+)전기를 띠기 쉬운 것'과 '(-)전기를 띠기 쉬운 것'이 있다. 또, 그 대립에 따라서 (+)가 될지, (-)가 될지 결정된다.

다음 그림은 물체를 문질렀을 때 어느 쪽 전기로 대전하기 쉬운지를 순서대로 나열한 표이다.

[그림 2] **물체의 대전 순서**

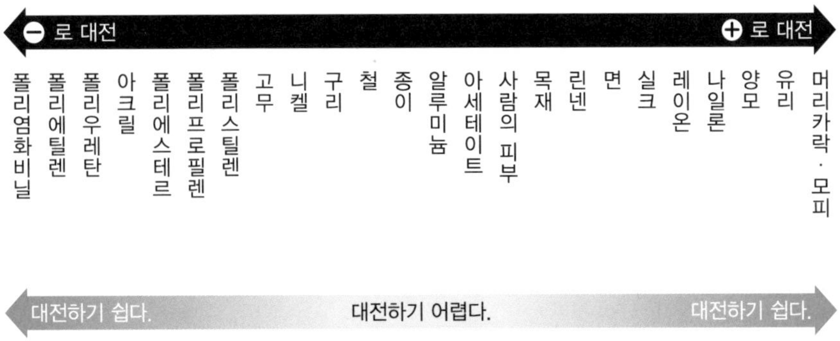

⊖ 로 대전 ⊕ 로 대전

폴리염화비닐 / 폴리에틸렌 / 폴리우레탄 / 아크릴 / 폴리에스테르 / 폴리프로필렌 / 폴리스틸렌 / 고무 / 니켈 / 구리 / 철 / 종이 / 알루미늄 / 아세테이트 / 사람의 피부 / 목재 / 린넨 / 면 / 실크 / 레이온 / 나일론 / 양모 / 유리 / 머리카락·모피

대전하기 쉽다. 대전하기 어렵다. 대전하기 쉽다.

음극선의 실체는 전자의 흐름이었다

1874년, 영국의 물리학자 윌리엄 크룩스(W. Crookes, 1832~1919)는 금속 전극을 부착한 유리관 안을 진공에 가까운 상태로 만들어서 전극에 높은 전압을 걸면 양극 부근의 유리관이 빛나는 진공 방전을 연구했다. 유리관 안에 십자형의 물체를 넣어두면 (+)극(양극) 쪽에 십자형 그림자가 생긴다. 크룩스는 (-)극(음극)의 금속에서 눈에 보이지 않는 광선이 방사되는 것이라고 생각해, 그 광선을 음극선이라고 명명했다.

[그림 3] **음극선 실험**

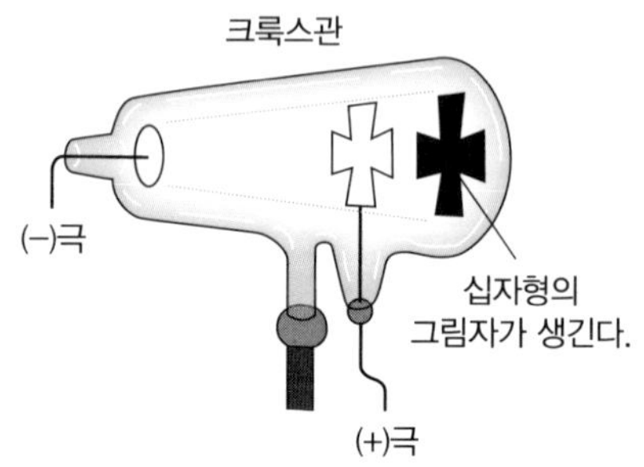

19세기 말에 영국 물리학자 조지프 존 톰슨(Joseph John Thomson, 1856~1940)은 진공 방전 때 음극에서 나온 음극선에 전압을 걸면 양극 쪽으로 휘어진다는 사실로부터 음극선은 (-)전하를 가진 전자의 흐름임을 발견했다. 회로의 금속 내부를 흐르는 전류의 실체는 전자의 흐름이라는 사실을 밝혔다.

전자는 전원의 (-)극에서 (+)극으로 흐른다

우리는 전류가 전지 같은 전원의 (+)극에서 나와 전선을 흘러 전구를 밝히거나 모터를 회전시키고 다시 전선을 흘러 전원의 (-)극으로 돌아간다고 알고 있으며, 이렇게 한 바퀴를 돌아서 전류가 흐르는 여정을 전류 회로(회로)라고 한다.

[그림 4] **전류의 방향과 전자의 방향**

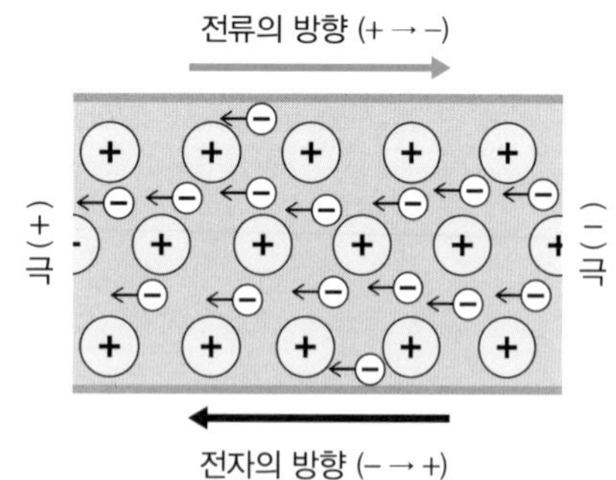

전류는 '전원의 (+)극에서 나와 (-)

극으로 흐른다'고 생각하는데, 실제로 금속 안에서는 자유 전자가 (-)극에서 나와 (+)극으로 들어가는 방향으로 흐른다. 전류의 정체가 전자의 흐름이라는 사실을 몰랐던 시대에 그렇게 정해 버렸기 때문에 지금도 전류는 '(+)극에서 (-)극'으로 흐른다고 한다.

전류의 크기를 나타내는 단위로는 암페어[A]를 사용한다.

전류 회로의 전압

전류를 흐르게 하는 능력의 대소 차이를 나타내는 것이 전압이다. 전압의 단위는 볼트[V]다. 전류를 물의 흐름에 비유하면, 전압은 수압과 펌프의 작용에 비유할 수 있다. 건전지의 전압은 약 1.5V, 가정용 콘센트는 220V다(110V도 있다).

도체에는 자유 전자가 많이 있는데, 절연체에는 자유 전자가 없다. 금속, 즉 도체 안에서는 (+)전기를 가진 원자들이 겹쳐 쌓여 있는 사이를 자유 전자가 움직인다. 전압을 걸지 않을 때는 자유롭게 움직이다가, 전압이 걸리면 자유 전자들이 (-)극에서 (+)극으로 줄지어 움직인다. (+)전기를 가진 원자는 제자리에서 진동할 뿐이다. 이것이 도체 안 전류의 정체다.

[그림 5] **전류 회로의 전류와 전압의 모델**

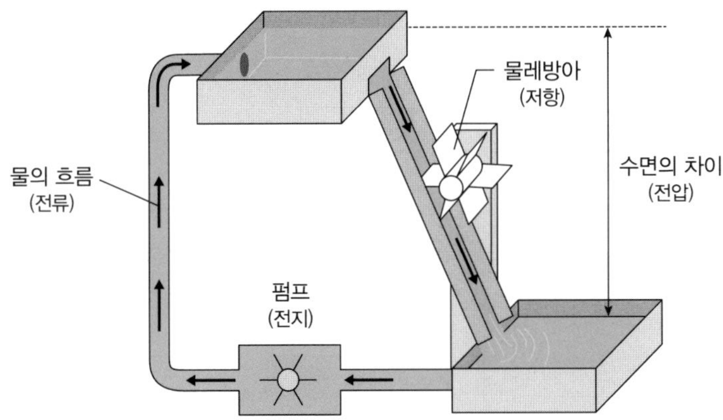

이렇게 쓰인다!

감전은 이렇게 무섭다!

전기에서 무서운 것이 감전이다.

6000V 전압의 송전선 전기는 당연히 무섭지만, 감전 사고는 가정용 콘센트인 220V에서 일어나는 경우가 많다. 가정에서 감전 사고가 많이 일어나는 이유는 만질 기회가 많기 때문이다.

감전에 의한 위험성은 몸을 흐르는 전류의 크기와 흐르는 시간에 따라 다르다. 전류로 말하면 1mA 이하일 경우 찌릿한 정도로 위험하지 않지만, 5mA 정도일 때는 상당히 아프다. 10~20mA에서는 견딜 수 없을 만큼 아프고 근육이 수축해서, 감전된 사람이 스스로는 도망칠 수 없을 만큼 상당히 위험하다. 50mA 정도가 되면 심박동이 정지할 가능성이 있어 짧은 시간이라도 매우 위험하다. 몸이 젖으면 저항이 작아져서 100V일 때도 77mA나 흐르기 때문에, 욕조나 세면대 등에서는 더욱 주의해야 한다.

전기 제품의 회로나 코드는 누전 방지를 위해 비닐이나 고무 등의 절연제로 덮여 있다. 그러나 노후되어 절연 부분이 찢어지면 그곳으로 전기가 흘러나와 감전될 수 있다.

세탁기나 냉장고 등 물기가 있는 주변에는 접지선을 접속해 두자.

또, 갓난아기나 어린이가 장난 중 머리핀 같은 금속을 콘센트에 꽂는 사고에도 주의가 필요하다.

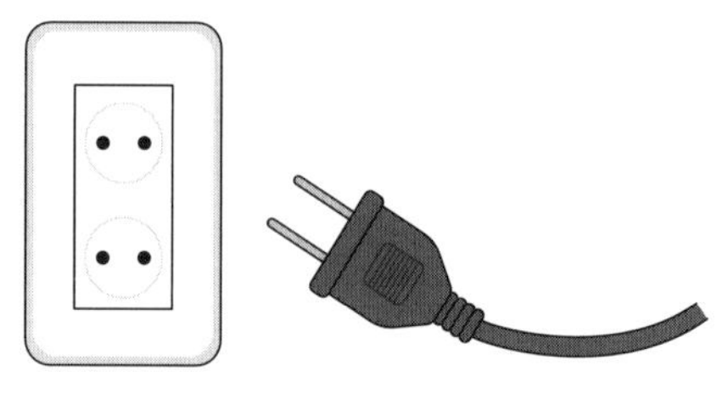

번개는 자연계의 거대한 방전

정전기의 전압은 매우 높아서 수천 볼트에서 수만 볼트에 이른다. 그러나 찌릿할 뿐 죽거나 다치지 않는 이유는 전류(이동하는 전자의 수)가 매우 적기 때문이다. 정전기로 불꽃이 튀는 경우가 있는데 1㎝의 불꽃이 튀면 약 1만 볼트의 전압이 흐른다.

'정전기로는 죽지 않는다'고 하지만 자연계의 정전기 현상인 번개는 주의해야 한다. 번개는 (+)전기를 띤 곳과 (-)전기를 띤 곳의 전압이 수억~10억 볼트가 되면 방전이 일어난다. 즉, 공기 중을 거대한 전류가 흐르는 것이다.

번개를 몰고 오는 구름인 뇌운의 내부에는 상승 기류와 하강 기류가 섞여 있어서 빗방울과 얼음이 충돌해 마찰에 의해 정전기가 발생한다. 구름의 상부에는 (+), 구름의 바닥에는 (-)전기(전하)가 모인다. 구름의 바닥에 모인 (-)전하에 끌려가듯이 가까운 지면에는 (+)전하가 모인다. 구름의 바닥에 쌓인 전자((-)전하)가 (+)전하인 지상을 향해 이동하는 상태가 번개 현상이다.

[그림 6] **번개가 치는 구조**

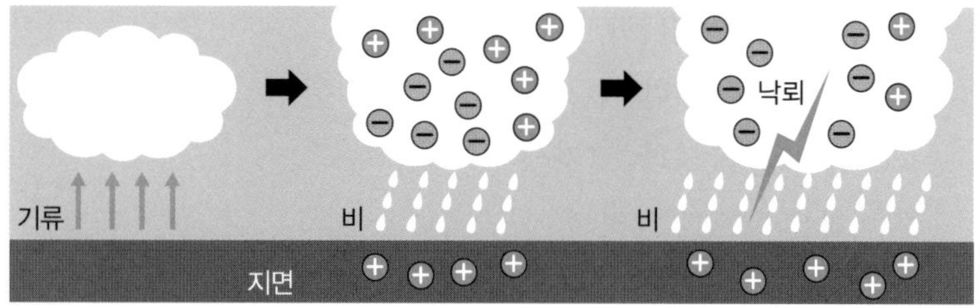

자기와 자석

모든 물질은 자석이 될 수 있다.
지구도 커다란 자석이다.

발견의 계기!

전편(98쪽)에 이어 길버트 선생님을 다시 모셨습니다. 길버트 선생님은 그 뒤 '자석의 바늘은 어떻게 남북을 가리킬까' 하는 궁금증에 도전해 '지구는 거대한 자석'이라는 사실을 밝혔죠.

나는 의사인데, 전기와 자기 연구에 푹 빠져 버렸어요. 특히 자석에 관해서는 20년 동안 연구를 계속했죠. 어느 날 선원들이 북쪽에 가까워질수록 배의 방위용 자침(나침반) 바늘이 아래로 향한다는 말을 듣고 천연 자석으로 지구처럼 둥근 모양의 자석을 만들어 실험해 보았어요. 둥근 모양의 자석 여기저기에 작은 자침을 세우고 그 자침의 움직임을 주의 깊게 관찰했죠. 그러자 지구상에서 볼 수 있는 나침반 바늘의 움직임과 완전히 일치했어요.

[그림 1] **지구는 거대한 자석**

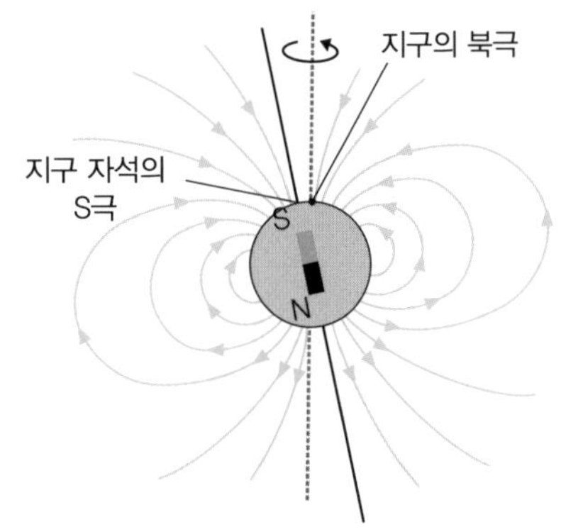

마침내 '지구는 커다란 자석'이라는 결론을 내린 거군요. 1600년에 연구 성과를 『자석론』이라는 책으로 정리해 출판하셨죠.

원리를 알자!

- 자석의 극(자극)에는 N극과 S극이 있다. N극과 S극은 서로 끌어당기고, N극과 N극, S극과 S극은 서로 밀어낸다.
- 자석 주변의 공간은 자력이 작용하는 상태로, 이런 공간을 자기장이라 한다.
- 자기장의 모습은 자력선으로 나타낼 수 있다. 자력선은,

  ① N극에서 나와 S극으로 들어간다.(자장의 방향)

  ② 간격이 좁은 곳일수록 자장은 강하다.

  ③ 도중에 휘어지거나 교차하지 않는다.

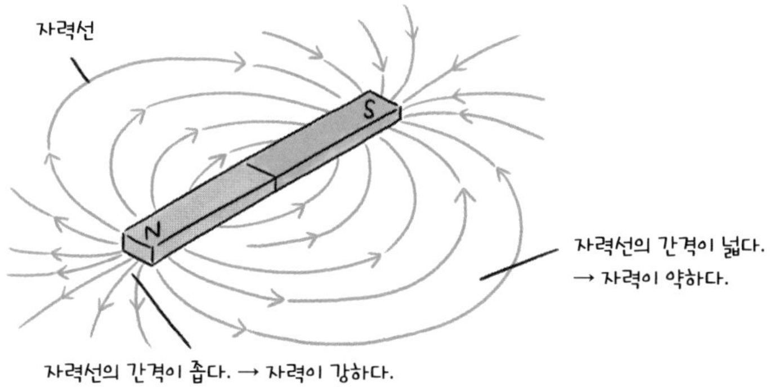

- 지구는 커다란 자석으로, 북극 근처(북아메리카대륙 북단)에 S극, 남극 근처(프랑스 남극기지 뒤몽 뒤르빌 부근)에 N극이 있다.

자석에는 N극과 S극이 있다.
자석 주변에는 자기장이 있고, N극에서 S극으로 향하는 자력선으로 나타낼 수 있다.

자구와 자석

자석은 어느 일정한 방향으로 자화된 지름 100분의 1㎜ 정도 작은 자석의 자기구역(철, 코발트 등 강자성체를 구성하는 자기적인 작은 구역)이라는 구역으로 이루어진다. 자기장을 걸면 모든 자구가 자기장 방향으로 자화되어 자석의 성질을 갖게 된다.

자석을 작은 자석(자구)의 집합체라고 보자.

자구가 자화되어 있지 않을 때는 자구의 방향은 제각각으로, 전체적으로 자석의 성질을 나타내지 않는다(그림 2-a).

자석이 되는 물질은 자기장 안에서는 자구가 일정 방향을 향한다. 그럼 전체적으로 자석이 된다(그림 2-b).

[그림 2] **자장의 방향으로 자구의 방향이 일치한다.**

(a) **자화되어 있지 않은 상태**

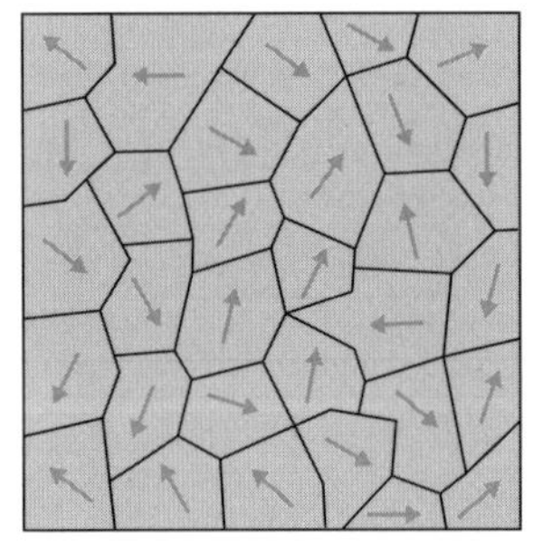

(b) **자화된 상태**

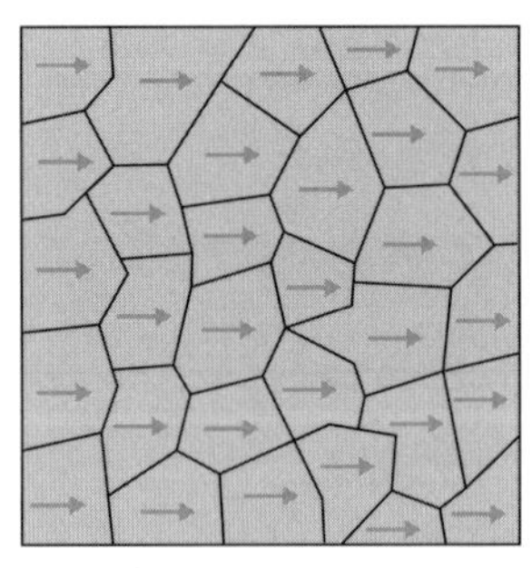

상자성체와 반자성체

물질은 크게 강자성체(자석이 되는 물질), 상자성체(강력한 자석을 사용하면 자석에 달라붙는 물질), 반자성체(강력한 자석을 사용하면 자석을 밀어내는 물질)로 나뉜다.

강자성체는 자기장 안에서 자기장의 방향으로 자화되어 자석이 된다. 자기장을 제거해도 자성이 오래도록 남아 있는 영구 자석이다. 영구 자석이 된 것도 온도를 올리면 어느 온도(퀴리점)에서, 자구의 열운동이 모든 자구가 일정 방향으로 향하는 것을 흩트려 버려서 자석의 성질(자성)을 잃는다. 자석이 되는 물질을 퀴리점 이상의 온도로 높였다가 식히면 자구가 지구의 자장과 같은 방향으로 자화된다. 대표적인 강자성체로는 철, 코발트, 니켈이 있다. 이런 강자성체 이외의 물질은 자석에 대한 반응이 매우 약해서 대개는 '자석에 달라붙지 않는다'고 되어 있다.

그러나 모든 물질은 초강력 자석을 사용하면 반응한다. 그것이 상자성체와 반자성체다. 상자성체로는 산소가 있다. 산소를 -183℃까지 차게 해서 액체로 만들면 자석에 달라붙는다. 그 외에도 망간, 나트륨, 크롬, 백금, 알루미늄이 상자성체다. 반자성체에는 흑연, 안티몬, 비스무트, 구리, 수소, 이산화탄소, 물 등이 있다.

이렇게 쓰인다!

강력 자석으로 전자 제품의 소형화가 가능해졌다

일반적으로 살 수 있는 자석 중 자력이 가장 강한 자석은 네오디뮴이다. 네오디뮴 자석은 사가와 마사토가 발명한 자석으로, 네오디뮴·철·붕소 세 가지 원소로 되어 있다. 그전까지는 사마륨 코발트 자석이 가장 자력이 강했다.

네오디뮴 자석은 사마륨 코발트 자석에 비해 제조 비용을 낮출 수 있다는 장점이 있다. 천원숍에서도 네오디뮴 자석을 살 수 있다. 네오디뮴이 사마륨보다 지각에 많이 있고, 또 코발트에 비해 철과 붕소가 구하기 쉬운 원소이기 때문이다. 단, 사마륨 코발트 자석은 네오디뮴 자석보다 열에 강하다는 장점이 있다.

이처럼 작아도 강한 자석 덕분에 모터나 스피커를 더욱 작게 만들 수 있어 휴대할 수 있는 소형 전기 제품에 이용된다.

지폐가 자석에 달라붙는다?

네오디뮴 자석을 폴리에틸렌 비닐봉지에 싸서 돌멩이에 갖다 대면 사철처럼 작은 알갱이뿐만 아니라 꽤 큰 돌멩이도 달라붙는다. 돌에 자철석이라는 광물이 어느 정도 포함되어 있으면 일반 자석에는 달라붙지 않지만 강력한 네오디뮴 자석에는 달라붙는다.

1만 원짜리 지폐에 네오디뮴 자석을 갖다 대면 지폐가 달라붙는다. 자세히 보면, 지폐의 위치에 따라 달라붙는 정도가 다르다. 이것은 자동판매기에서 지폐를 판단하는 정보의 하나로, 지폐의 인쇄 잉크에 자성체를 혼합한 자성 잉크를 사용하기 때문이다.

지구가 거대한 자석인 이유는?

왜 지구는 거대한 자석일까? 지구의 구조를 살펴보자. 지구는 반지름이 6400㎞인 매우 커다란 구로, 지각, 맨틀, 외핵, 내핵으로 되어 있다.

지각은 암석으로 되어 있고, 두께는 장소에 따라 다르다. 대륙은 30~50㎞ 정도, 바다는 5~10㎞ 정도다. 그러나 지구 전체로 보면 매우 얇은 편이다. 맨틀도 암석으로 되어 있고, 지구 중심으로 깊이 2900㎞를 차지한다. 맨틀 안쪽에는 맨틀 대류가 존재한다.

지구 자석의 근원은 지구 중심에 있는 '핵'에 있는 것으로 여겨진다. 핵의 온도는 4000℃가 넘는 고온이다. 핵은 깊이 5100㎞보다 바깥쪽인 외핵과 그 안쪽인 내핵으로 나뉜다. 외핵도 내핵과 마찬가지로 철로 되어 있다. 깊이 2900~5000㎞인 외핵에는 철이 액체 상태로 되어 있다.

액체로 된 외핵의 철이 중심에 있는 고체인 내핵을 둘러싸듯이 소용돌이치며 회전한다. 그때 전류가 흘러 자기가 생겨난다는 것이 '다이나모 이론'이라는 유력한 가설이다. '원형의 전류로 인해 만들어지는 자기장과 같은 이유로 지구의 자기장이 생긴다'는 것이다. 단, 아직 지자기(지구가 지니고 있는 자석의 성질)의 복잡한 현상 전부를 설명할 수 있는 단계는 아니다.

과거에 여러 번, 수십만 년에서 수백만 년 간격으로 S극과 N극이 반대가 되는 지구 자기장의 반전이 일어났다는 사실도 알았다. 용암은 퀴리점보다 온도가 높아서 자성이 없는데, 용암이 식으면 지구 자기장에 의해 자화되기 때문에 용암들을 조사해 지구 자기장의 반전을 밝혀냈다.

[그림 3] **지구의 구조**

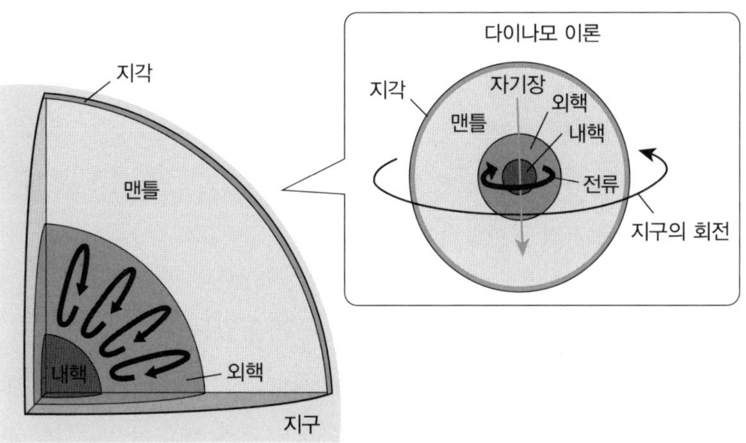

전자기

옴의 법칙

전기 회로 계산, 거짓말 탐지기, 체지방계까지,
전기의 기본이 되는 법칙

발견의 계기!

'옴의 법칙'으로 유명한 게오르크 옴 선생님은 독일에서 태어나셨죠. 옴 선생님은 신동이라는 평판이 자자했다고 들었어요.

네, 어릴 적부터 아버지가 집에서 물리학, 화학, 수학을 가르쳐 주셨어요. 그 뒤 김나지움(중등교육기관)에 들어갔는데 그곳에서 가르치는 것들이 너무 간단해서 그만뒀어요. 그래서 16살 때 대학에 들어갔죠.

역시 옴 선생님다운 이야기네요. 그래서 언제부터 전기 연구를 하셨나요?

그게……, 서른 살 넘어서였나. 그 무렵 덴마크의 물리학자 외르스테드(Hans Christian Oersted, 1777~1851)가 전류가 자기장을 만드는 현상을 발견했다는 이야기를 듣고 흥미를 가졌죠.

'외르스테드의 발견'을 한 외르스테드 선생님 말이군요(136쪽). 그래서 전기 연구에 관한 논문을 1827년에 발표하셨죠. 그런데 본국 독일에서는 처음에 거의 평가받지 못했어요.

맞습니다. 하지만 영국왕립협회로부터 영예의 메달을 받을 수 있었어요. 그리고 뮌헨대학교로 옮겨 일할 수 있게 되었죠.

잘된 일이네요. 옴의 법칙은, 현대에서도 전기 분야에서는 없어서는 안 되는 법칙입니다. 옴 선생님은 그 업적을 평가 받아 저항의 단위에 이름을 남겼어요. 정말 대단하세요.

원리를 알자!

- 도체(전기가 통하는 물질)에 흐르는 전류의 크기 I는, 도체에 가해지는 전압 V에 비례한다.
- 전류 I[A], 전압 V[V]는 비례하고, 비례상수를 R[Ω]이라 하면 다음의 식으로 나타낼 수 있다.

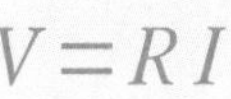

이때 R을 전기 저항 또는 저항이라고 하고, 전류의 흐름을 방해하는 정도를 나타낸다.

- 전류, 전압, 저항 각각의 관계를 나타낸 것을 옴의 법칙이라고 한다.
- 도체 내부의 자유 전자가 운동할 때 전류가 흐른다.

전류가 흐르는 방향과 전자가 운동하는 방향은 반대다.

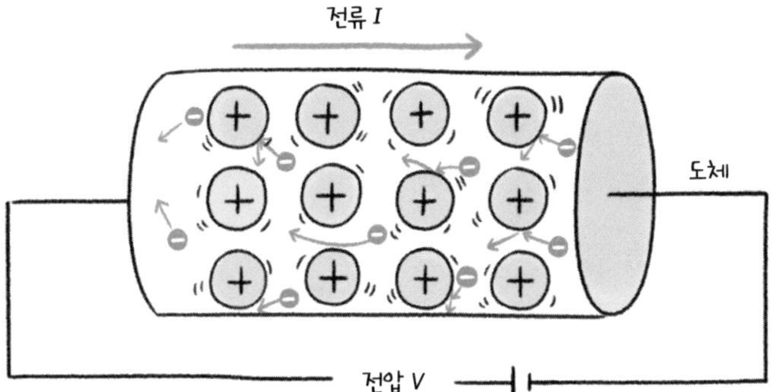

전류는 전압의 크기에 비례한다.
전류는 저항의 크기에 반비례한다.

전압 강하

도체에 가하는 전압을 높일수록 많은 전류가 흐를 수 있다. 가령, 물체가 높은 곳에서 낮은 곳으로 떨어지듯이 전류도 높은 전위에서 낮은 전위를 향해 흐른다. 이 낙차가 저항의 전압 강하다.

[그림 1] **전압 강하의 이미지**

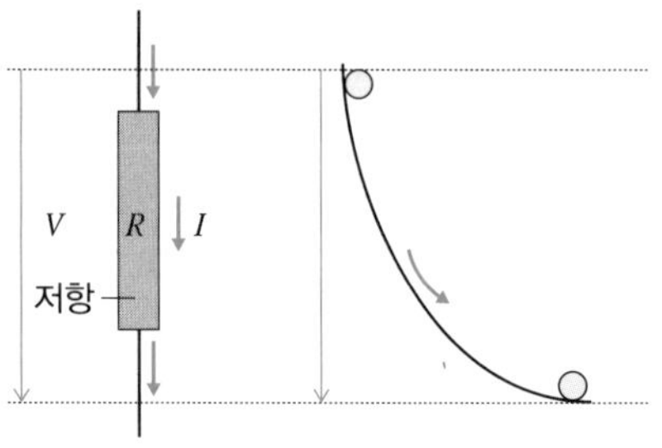

R[Ω]의 저항에 I[A]의 전류가 흘렀을 때 전압 강하에 의해 저항의 양쪽 끝에서는 V[V]의 차가 생긴다.

전압이 같을 경우 저항이 작을수록 전류는 많이 흐르고, 저항이 클수록 적게 흐른다.

옴의 법칙에 의한 전구의 밝기

그림 2-a처럼 전지를 한 개에서 두 개로 늘려 전압 V를 2배로 하면 옴의 법칙에 의해 전류 I도 2배가 되어 전구는 더 밝게 빛난다.

그럼 그림 2-b처럼 전지는 그대로 두고 전구 2개를 직렬로 연결하면 어떻게 될까?

이 경우는, 전지는 그대로인데 저항(전구)이 2배가 되기 때문에 전구를 흐르는 전류는 절반이 되어 어두워진다.

다음에는 2-c처럼 전지는 그대로

[그림 2] **전구의 밝기 변화**

(a)

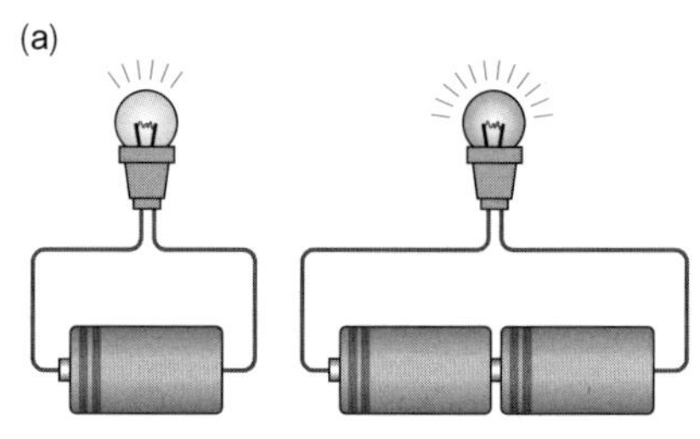

(b)

두고 전구 2개를 병렬로 연결하자.

이 경우 저항에 걸리는 전압은 2개 모두 전지의 전압과 같기 때문에 같은 전류가 흐른다. 따라서 밝기는 거의 달라지지 않는다.

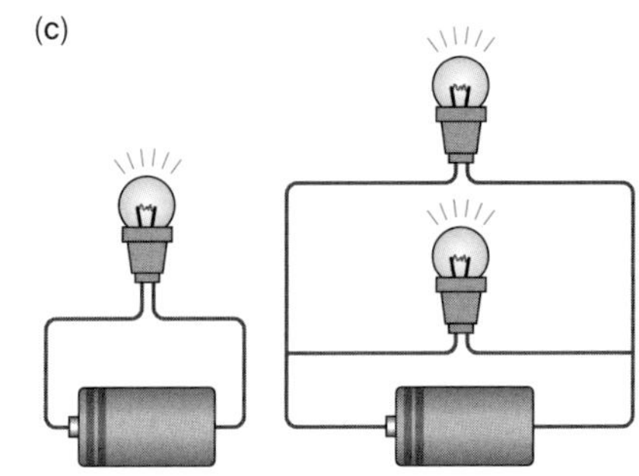

도체의 저항은 왜 생길까?

도체 내부에는 자유롭게 이동할 수 있는 자유 전자가 존재하고, 이 자유 전자가 운동할 때 전류가 흐른다. 반면에 원자(양이온)는 이동할 수 없다. 그래서 자유 전자는 원자에 충돌하며 운동하게 된다. 이것이 저항이 된다.

참고로, 자유 전자는 (-)전기를 갖고 있기 때문에 전류가 흐르는 방향과 전자가 운동하는 방향은 서로 반대다.

[그림 3] **자유 전자가 움직이는 방향과 전류가 흐르는 방향은 반대**

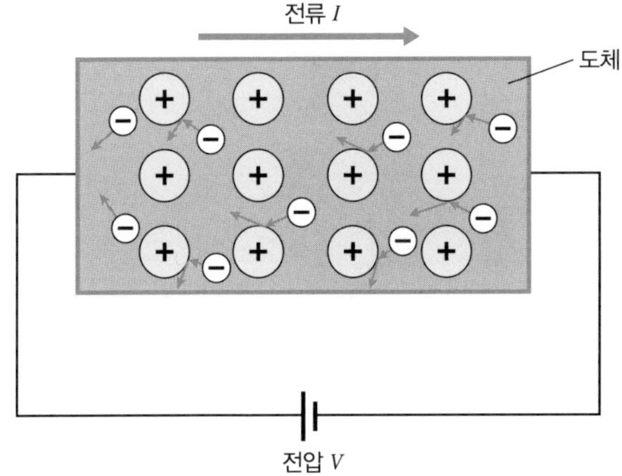

이렇게 쓰인다!

거짓말 탐지기와 체지방계 : 인간을 회로로 생각한다

전기 회로는 전기의 기초이므로 다양한 분야에서 이용된다. 여기서는 전기 저항이 아닌 인간의 저항을 측정해 보자.

테스터(전기 기기나 전자 회로의 전압, 저항 등을 조사할 수 있는 전류 전압계)의 단자를 양손에 쥐고 인체의 저항을 측정해 본다. 이때 저항의 크기는 상당한 폭으로 변동한다. 그 원인은, 단자를 쥐는 방법이나 땀을 비롯한 여러 신체적 영향도 크기 때문이다. 이것을 이용한 것이 감응 통전법을 이용한 '거짓말 탐지기'인데, 거짓말을 했을 때 긴장을 하고 땀이 나는 것으로 저항치의 변화를 측정한다.

또, 체중계 가운데 지방률을 측정할 수 있는 것이 있다. 이것도 몸에 약한 전류를 흘려 저항을 측정해 그 사람의 지방률을 추정한다. 지방은 거의 전류가 흐르지 않고, 근육 같은 조직은 전류가 흐르기 쉽다는 특성을 이용한다.

저항이 없는 물질이 있다?

앞의 '도체의 저항은 왜 생길까'에서 말했듯이 저항은 전자의 흐름을 방해하기 때문에 그곳에서 전기 에너지의 일부가 열로 변한다. 그런데 1911년에 네덜란드의 카멜린 온네스(Heike Kamerlingh-Onnes)가 수은을 냉각시키면서 전기 저항을 측정하던 중에 영하 268.8℃에서 갑자기 전기 저항이 0이 되는 초전도 현상을 발견했다.

초전도체로 만들어진 도선에 전류를 흘리면 저항에 의한 에너지 손실 없이 영원히 전류가 흐른다. 초전도체로 전선을 만들면 전기를 보내는 도중에 일어나는 손실이 없어 에너지가 절약된다. 또, 초전도체로 코일을 만들면 전력을 소비하지 않는 강력한 전자석을 만드는 것도 가능하다. 초전도 코일은 자기 부상 열차나 리니어 모터카에도 사용된다.

초전도체는 그야말로 꿈의 물질인데, 최근에는 보다 높은 온도에서 초전도를 일으키는 물질을 탐색하는 연구가 계속되고 있다. 현재, 150K(영하 123℃) 정도에서 초전도가 되는 물질이 발견되면서 고온 초전도체의 연구가 한층 더 이루어지고 있다.

전기 저항이 0이면 전류가 흐를 때
손실이 발생하지 않는다. 전기를 발전소에서
가정, 공장까지 손실 없이 보낼 수 있다.

전자기

키르히호프의 법칙

복잡한 회로의 전기 계산이 가능하다.
닫힌 회로의 전위는 반드시 원래로 돌아온다.

발견의 계기!

—— '키르히호프의 법칙'은 1845년, 구스타프 키르히호프 선생님이 발견하셨죠. 이 법칙은 옴의 법칙(112쪽)과 같은 전기 회로에 관한 법칙인데, 무엇이 다른가요?

옴의 법칙에서는 회로의 일부를 생각하는데, 내 법칙은 전기 회로 전체(회로 안을 일주하는 닫힌 경로)에 대해 성립하죠. 키르히호프의 법칙에는 두 종류가 있어요. 전류에 관한 제1 법칙과 전압에 관한 제2 법칙입니다.

—— 그렇군요. 키르히호프의 법칙은 특히 복잡한 회로를 흐르는 전류와 전압을 계산할 때 위력을 발휘하죠.

네, 응용할 수 있는 범위가 넓어요.

—— 법칙을 발견했을 당시, 키르히호프 선생님은 겨우 스무 살 정도였다고 들었어요.

덕분에 실적을 인정받아 스물여섯이라는 젊은 나이에 대학 교수가 되었죠.

—— 이 법칙을 이용하면 언뜻 봐서는 알 수 없는 복잡한 회로의 전류값과 저항값도 계산할 수 있어요. 현대에서도 매우 중요한 법칙입니다.

그거 정말 기쁜 일이네요. 사람들에게 도움이 될 수 있어 영광입니다.

원리를 알자!

▸ 키르히호프의 제1 법칙

회로 중 분기점(도선의 교차점)에서, 유입 전류의 합 = 유출 전류의 합이 성립한다.

▸ 키르히호프의 제2 법칙

회로 안의 어느 닫힌 경로에서 기전력의 합 = 전압 강하의 합이 성립한다.

▸ 기전력이란 전기를 만들어내는 전위차(전압)를 말한다. 단위는 전압과 같은 [V]. 전지는 전위차(전압)를 만든다.

▸ 전압 강하란 회로에 전류가 흐를 때 저항으로 전압이 낮아지는(하강하는) 것을 말한다.

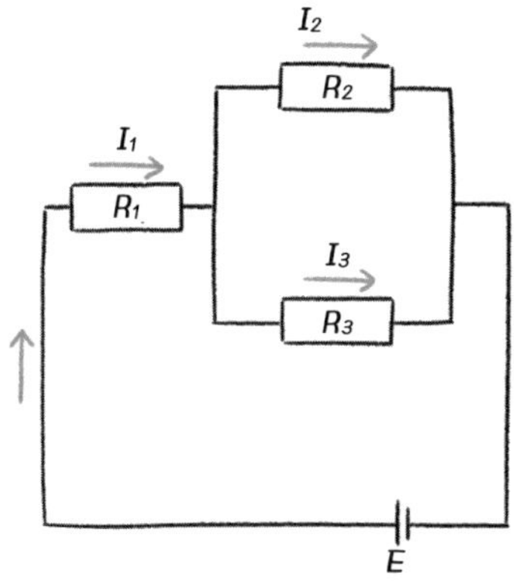

제1 법칙 : $I_1 = I_2 + I_3$

제2 법칙 : $E = R_1I_1 + R_2I_2$ 또는,

$E = R_1I_1 + R_3I_3$

전지 : (전압E)

저항 : R_1, R_2, R_3

흐르는 전류 : I_1, I_2, I_3

전지에서 올라간 전위는
저항을 거쳐 원래
높이(전위)까지 떨어진다.

닫힌 회로를 일주하면 전위는
반드시 원래로 돌아와
'오른 전압=떨어진 전압'이 성립한다.

키르히호프의 제1 법칙

전기 회로의 도선이나 도선이 교차하는 지점은 전기를 모아둘 능력이 없다. 그래서 교차점으로 흘러 들어가는 전류의 합은 반드시 흘러나오는 전류의 합과 같다. '흘러 들어가는 전류의 합 = 흘러나오는 전류의 합'이 성립하고, 이것을 키르히호프의 제1 법칙이라고 한다.

그림에서는 $I_1 + I_2 = I_3 + I_4 + I_5$가 된다.

물의 흐름을 상상해 보자. 그림에서 파란색 화살표를 물의 흐름이라고 가정하면 반드시 '흘러 들어가는 물의 양= 흘러나오는 물의 양'이 된다.

[그림 1] **흘러 들어가는 전류의 합 = 흘러나오는 전류의 합**

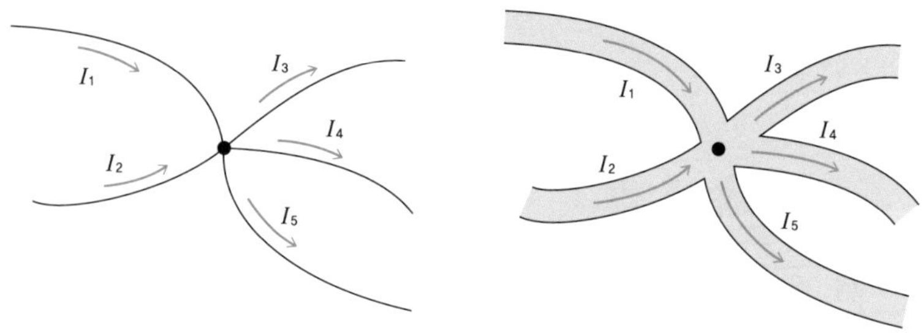

키르히호프의 제2 법칙

닫힌 회로를 한 바퀴 돌면 전위는 반드시 원래로 돌아가서 '올라간 전압(기전력의 합) = 내려간 전압(전압 강하의 합)'이 성립한다. 즉, 전지에서 올라간 전위(전기적인 높이)는 반드시 저항으로 원래 값까지 떨어진다. 이것을 키르히호프의 제2 법칙이라고 한다.

실제 회로를 보고 생각해보자.

그림 2와 같은 회로는 두 갈래 경로로 나뉜다.

[그림 2] **복잡한 전기 회로**

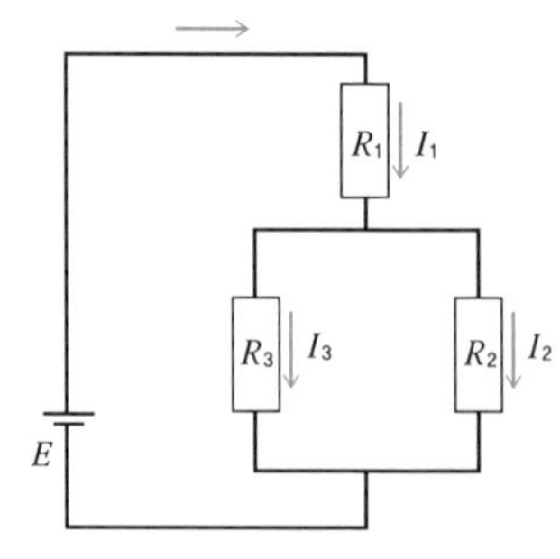

1) 첫 번째 폐회로

회로도를 수로라고 생각하자. 전지는 물을 끌어 올리는 펌프이고, 물의 흐름이 전류다. 펌프 E로 퍼 올린 물이 그림의 경로를 통해 떨어진다(그림 3).

펌프로 끌어 올린 물이 다시 펌프로 돌아온다는 것은, '올라간 높이 = 떨어진 높이'다. 저항(R)으로 전압이 강하하는 양은, 옴의 법칙에서 '저항(R)×전류(I)'다. 따라서 첫 번째 폐회로에서는 $E = R_1I_1 + R_3I_3$가 성립한다.

[그림 3] **첫 번째 폐회로의 전류의 흐름**

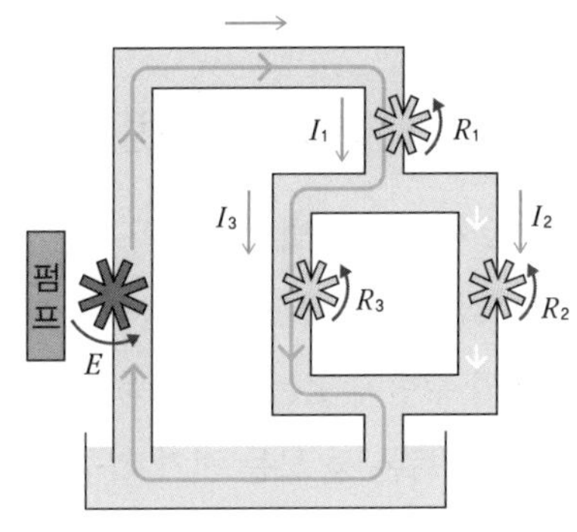

2) 두 번째 폐회로

다른 경로를 생각해도 마찬가지다. 다음 그림에서도 '올라간 높이 = 떨어진 높이'이므로 $E = R_1I_1 + R_2I_2$가 될 것이다(그림 4).

이처럼 키르히호프의 법칙을 사용해 복잡한 전기 회로의 전류값과 저항값을 구할 수 있다.

[그림 4] **두 번째 폐회로의 전류의 흐름**

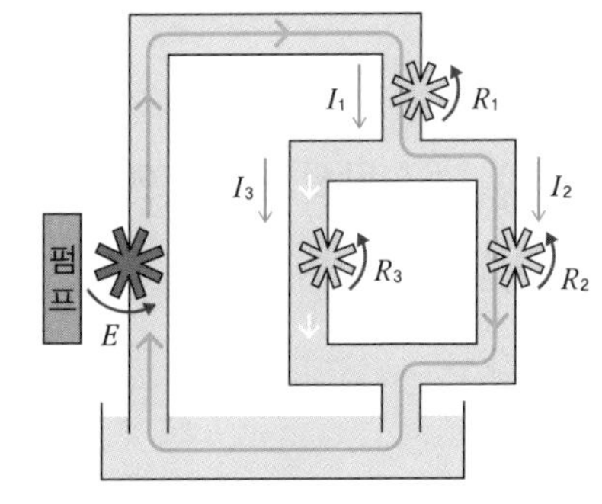

모든 회로에서 성립한다

키르히호프의 법칙은 모든 회로에서 성립한다. 아무리 회로가 복잡해도 성립한다. 실제로 회로 계산을 할 때는 임의의 폐회로 몇 개를 생각한다. 우선 도선의 교차점에 대해 키르히호프의 제1 법칙을 적용하고, 임의의 폐회로에 대해 각각 키르히호프의 제2 법칙을 사용해서 식을 세운다. 이 식들을 수학적으로 계산하면 각 저항을 흐르는 전류의 크기와 방향을 구할 수 있다.

이렇게 쓰인다!

 가전제품과 슈퍼컴퓨터에 사용된다

키르히호프의 법칙은 모든 전기 회로에서 성립한다. 물론 현대에도 전기 회로에서 회로 계산에 크게 도움이 된다.

우리 주변에 있는 가전제품, 가령 냉장고, 전자레인지, 텔레비전, 에어컨, 컴퓨터, 스마트폰 등 모든 전기 기구의 회로를 생각할 때 필요하다. 심지어 세계에서 가장 빠른 슈퍼컴퓨터의 기초 설계에도 키르히호프의 법칙이 필요하다.

그런 의미에서 현대의 과학 기술을 받쳐주는 가장 기본적인 법칙 중 하나라고 할 수 있다.

 문어발식 배선은 왜 위험할까?

문어발식 배선이란 연장 코드에 여러 개의 전기 제품을 연결해 사용하는 것을 말한다.

[그림 5] **문어발식 배선**

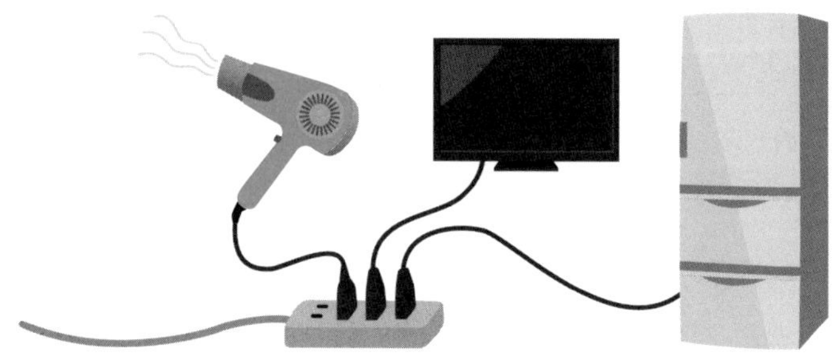

따라서 그림 6처럼 연결하면 냉장고, 텔레비전, 드라이어에 걸리는 전압은 전부 220V가된다.

[그림 6] **문어발식 배선의 전기 회로**

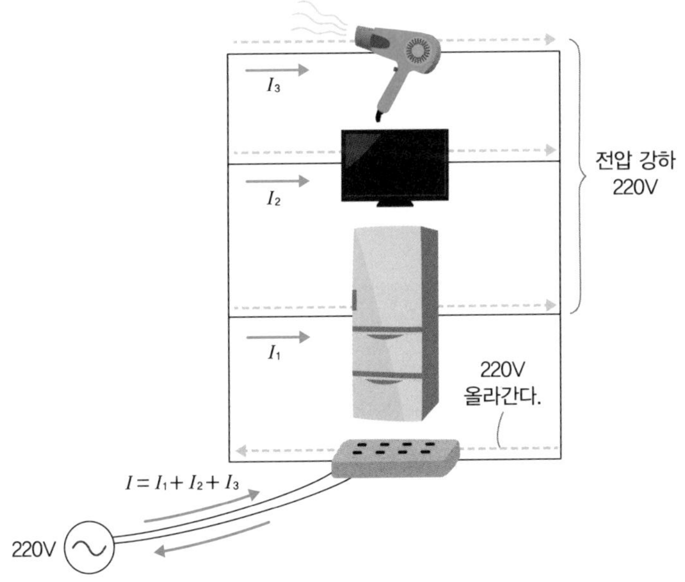

이 회로에서는 '올라간 전압=내려간 전압'이 성립한다(교류 전기는 (+)와 (-)가 매우 빠르게 바뀌는데, 그림에서는 화살표 방향의 순간을 생각한다).

여기서 냉장고, 텔레비전, 드라이어에 흐르는 전류를 각각 I_1, I_2, I_3라고 하자. 키르히호프 제1 법칙에서 연장 코드를 흐르는 전류 I는 각각의 전기 제품을 흐르는 전류의 합이 되므로 I = $I_1 + I_2 + I_3$가 된다.

그래서 이렇게 문어발식 배선을 사용하면 경우에 따라서는 연장 코드에 과대한 전류가 흘러서 위험하다. 코드의 허용 와트 수, 암페어 수를 확인해 기준을 넘지 않는 범위에서 사용해야 한다.

쿨롱의 법칙

원자에도 정전기가 작용한다,
미시 세계의 전기 법칙

발견의 계기!

— '쿨롱의 법칙'은 프랑스의 물리학자 샤를 드 쿨롱 선생님이 발견했습니다. 정전기력 자체는 오래전부터 알려졌었죠.

그렇습니다. 하지만 그것들의 힘과 거리의 관계를 아무도 몰랐어요. 그래서 내가 실험 기구를 고안해 밝혀냈죠.

— 쿨롱의 법칙이 발견된 덕분에, 전자기 현상의 연구가 활발해졌어요. 또, 물체뿐 아니라 원자에도 작용하는 힘이기 때문에 그런 의미에서는 과학에 큰 공헌을 하셨죠.

감사합니다. 그런데 사실은…… 나보다 10년도 전에 영국의 헨리 캐번디시(31쪽)라는 분이 이 법칙을 발견한 것 같아요.

— 그러나 캐번디시 선생님은 세상에 발표하지 않았어요. 큰 영광을 얻을 수 있었을 텐데, 왜일까요?

소문에 의하면, 캐번디시는 호기심으로 연구에 몰두했을 뿐, 명예욕은 손톱만큼도 없었다고 해요. 정말 완벽하다고 생각한 것 외에는 발표하지 않았던 것 같아요.

— 자신의 호기심을 충족할 수 있어서 본인은 만족한 건데, 지금 생각하면 살짝 아쉽네요.

덕분에 나도 이름을 남길 수 있었으니 복잡한 기분입니다.

원리를 알자!

- 부피는 없고 전하량만 갖는, 점으로 간주할 수 있는 물체를 '점전하'라고 한다.
- 전기의 성질을 띤 두 대전체가 공간을 두고 서로에게 미치는 힘을 '정전기력'이라고 한다. 이 정전기력의 크기를 쿨롱의 힘이라고 한다.
- 쿨롱의 힘은, 두 대전체의 전기의 종류가 같으면 서로 밀어낸다. 전기의 종류가 다르면 서로 당긴다. 이것을 쿨롱의 법칙이라고 한다.

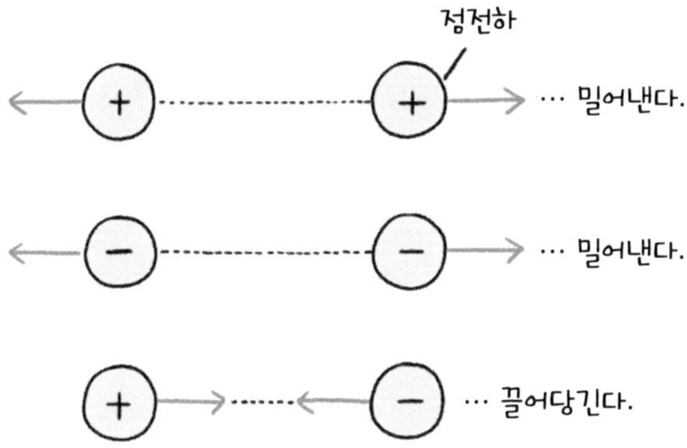

쿨롱의 힘은
대전체의 거리가 가까울수록,
전기량이 클수록 커진다.

전기력

전기력은 전기의 성질을 띤 두 대전체를 연결하는 일직선상에서 작용한다. 전기에는 (+)와 (-)가 있는데, 전기의 종류가 같으면 서로 밀어내고, 종류가 다르면 서로 끌어당긴다.

[그림 1] **두 개의 점전하 사이에 작용하는 전기력**

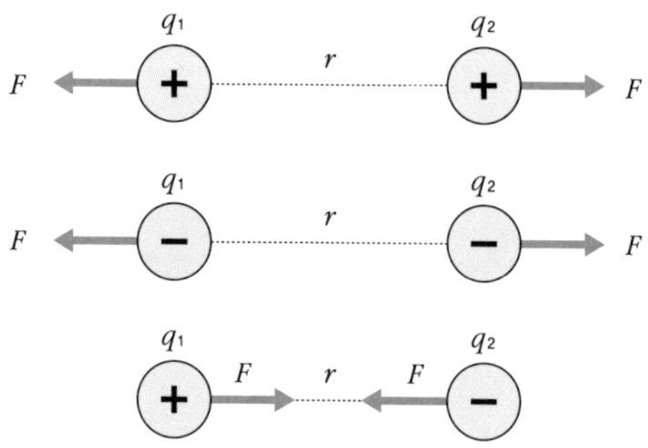

두 개의 점전하(대전체) 사이에 작용하는 전기력의 크기는 각각의 전기량의 곱에 비례하고 점전하 사이의 거리의 제곱에 반비례한다.

그 힘은 두 대전체가 가까울수록 커지고, 전기량이 클수록 커진다.

그때 서로에게 미치는 힘 F는 다음의 식으로 구할 수 있다.

$$F = k\frac{q_1 \times q_2}{r^2}$$

전기력의 크기를 F[N], 전기량의 크기를 각각 q_1[c], q_2[c], 점전하 사이의 거리를 r[m], k를 비례상수라 한다.

비례상수 k는 전기를 띤 물체의 주변 물질에 의해 다른 값을 취한다. 진공 중에서는 $k=8.9876\times10^9\text{N}\cdot\text{m}^2/\text{c}^2$이다.

전기량이 같으면 쿨롱의 힘의 크기 F는 전기의 종류에 상관없이 같다.

쿨롱의 힘과 만유인력

쿨롱의 법칙은 만유인력의 법칙(28쪽)과 깊은 관계가 있다. 식을 비교해 보자.

쿨롱의 법칙 $F = k\dfrac{q_1 \times q_2}{r^2}$

만유인력의 법칙 $F = G\dfrac{m \times M}{r^2}$

똑같다. 이처럼 힘의 크기가 '두 물체 사이의 거리의 제곱에 반비례'하는 식은 일반적으로 역제곱 법칙이라고 한다.

그러나 두 힘 사이에는 크게 다른 점도 있다. 먼저, 만유인력은 인력뿐, 척력은 없다. 앞서 말했듯이 쿨롱의 힘에는 인력도 척력도 있다.

또 하나, 작용하는 힘의 크기가 차이난다. 전자끼리 어느 거리를 두고 있을 때 쿨롱의 힘과 만유인력의 크기를 비교해 보면, 쿨롱의 힘은 만유인력의 약 4.2×10^{42}배의 크기를 갖는다.

전자는 매우 가벼워서 비교하기 어렵기 때문에, 비교적 무거운 양자에 대해 쿨롱의 힘과 만유인력을 비교해 보면 쿨롱의 힘은 만유인력의 1.2×10^{36}배나 크다. 약 1,000,000,000,000,000,000,000,000,000,000,000,000배라는 엄청난 차이이다.

만유인력이 왜 이렇게 약한지는 물리학에 있어서 수수께끼 중 하나다.

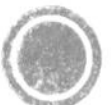

이렇게 쓰인다!

염화소듐의 벽개성

쿨롱의 힘과 비교해 만유인력은 매우 약하기 때문에 천체 규모의 크기가 아니면 관찰이 어렵다. 가령 우리가 주변에서 흔히 볼 수 있는 연필과 지우개도 만유인력으로 서로 끌어당기고 있는데 너무 약해서 관찰할 수 없다. 그러나 쿨롱의 힘은 물질 안에서 전하의 균형이 약간만 깨져도 사람이 느낄 수 있을 만큼 큰 힘이 발생한다.

가령, 암염은 염화소듐의 결정으로, 소듐 이온(Na^+)과 염화 이온(Cl^-)이 쿨롱의 힘으로 서로 당기고 있다. 이 암염에 충격을 주면 결을 따라 깨끗이 쪼개진다.

[그림 2] **암염**

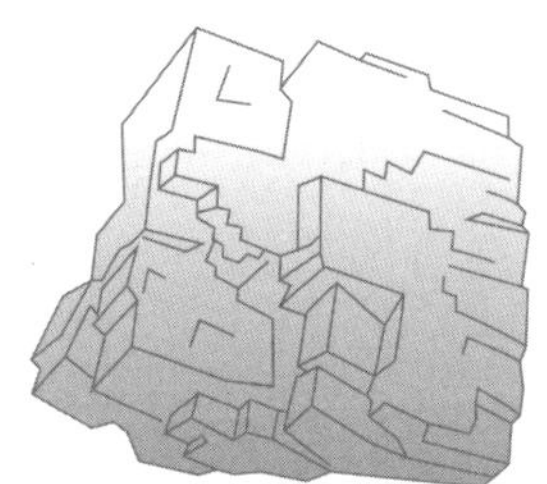

[그림 3] **암염에 충격을 준다**

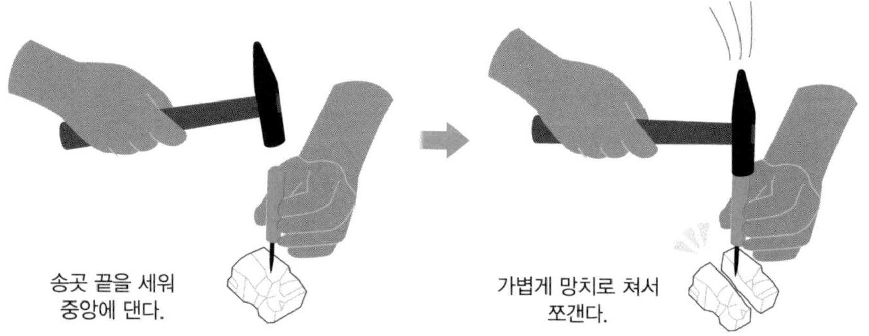

염화소듐의 결정 내부에서 소듐(Na^+)과 염화물(Cl^-)은 서로 이웃하듯이 가지런히 늘어서 있다. 이 원자가 약간만 어긋나도 (+)이온끼리, 또는 (-)이온끼리 만나서 쿨롱의 힘에 의한 척력으로 쪼개진다. 이런 성질을 벽개라고 한다.

원자의 안정성에 관계한다

우라늄(질량수 238)의 원자 번호는 92다. 이것은 (+)전기를 가진 양성자가 92개라는 뜻이다. 질량수는, 양성자와 중성자의 합계 수다. 그럼 전기를 띠지 않는 중성자가 238-92=146개라는 것이다.

불활성 기체인 라돈(Rn)은 원자 번호 86으로, 중성자 수는 136개나 되어서 중성자가 양성자의 약 1.6배나 있다.

반대로, 원자 번호가 작은 경우는 어떨까? 불활성 기체인 네온(Ne)을 비교해 보자. Ne의 원자 번호는 10이고, 질량수는 20이므로 중성자 수는 10개로 양성자 수와 같다. 즉, 1배다.

이처럼 일반적으로 원자 번호가 늘어나면 중성자 수도 증가하는 경향이 있다. 왜 그럴까?

원자핵의 안정성은 인력인 핵력과 척력인 쿨롱의 힘의 싸움으로 정해진다. 원자핵 안의 양성자와 중성자(핵자)는 핵력으로 서로 당기고 있다. 핵력은 강한 힘인데, 매우 짧은 거리 사이에서만 작용한다. 그러나 양성자 사이에 미치는 쿨롱의 힘은 척력으로 핵력에 비해 긴 거리에서도 작용한다.

만일, 원자핵의 좁은 범위에 양자가 집중하면 양성자 사이의 쿨롱의 힘이 겹쳐서 원자핵이 불안정해진다. 그로 인해 원자핵을 안정적으로 유지하기 위해서는 쿨롱의 힘이 작용하지 않는 중성자가 많이 필요하다.

줄의 법칙

도체에 전류가 흐르면 발열한다, 전열기와 토스터의 원리

발견의 계기!

'줄의 법칙'과 열량의 단위(줄)에 그 이름을 남긴, 영국의 과학자 제임스 줄 선생님이 와주셨습니다! 어떤 연구를 하셨죠?

나는 '증기의 힘이 아닌 전기의 힘으로 움직이는 기계를 만들 수 없을까' 하고 연구했고, 그것을 「전기잡지」에 차례로 발표했습니다.

현재 '줄의 법칙'으로 불리는 연구 성과는 1841년 12월에 런던의 왕립협회 잡지에 「볼타 전지에 의한 열의 발생에 대해서」라는 논문으로 발표되었죠.

볼타 전지는 전해질 수용액, 아연, 구리로 이루어진 전지입니다. 전류가 흐르는 도체(전기를 전달하는 물질)가 열을 내보낸다는 것은 볼타 전지가 발명되며 알려졌어요. 나는 '발열량이 도체의 저항과 전류의 제곱과 시간에 비례하는 것'을 실험으로 밝혔죠. 이것이 줄의 법칙입니다.

1840년대라고 하면 줄, 마이어(92쪽), 헬름홀츠 세 분이 함께 에너지 보존의 법칙을 확인하고, 발전시킨 시기입니다. 줄 선생님은 줄의 법칙을 발견하고 연구를 하셨죠.

원리를 알자!

- 열의 양을 열량이라 한다. 열량의 단위는 줄[J]이다. 물 1g의 온도를 1℃ 올리는 데 필요한 열량은 약 4.2J이다.
- 금속선뿐 아니라 도체에 전류가 흐르면 발열한다. 이 열을 줄 열이라고 한다.
- 줄 열의 발생량은 전압과 전류와 시간에 비례한다. 이것을 줄의 법칙이라고 한다. 열량은 다음 식으로 나타낼 수 있다.

$$Q = RI^2t = VIt$$

Q는 열량[J], R은 도체의 저항[Ω], I는 전류[A], t는 시간[s], V는 전압[V].

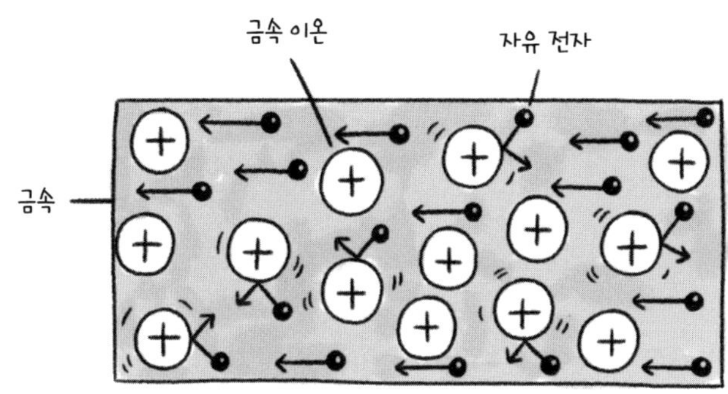

도체(가령 금속)에 전류가 흐르면 줄 열이 발생한다.

금속에 전압을 걸면, 자유 전자가 금속 이온과 충돌해 금속 이온의 열 진동이 활발해진다.

도체에 전류가 흐르면 줄 열이 발생한다. 발열량은 전압과 전류에 비례한다.

전력과 전력량

줄의 법칙은, 옴의 법칙 $V=RI$로부터 $R=\frac{V}{I}$를 $Q=RI^2t$에 대입해 정리하면, $Q=VIt$가 된다. 즉, 열량 Q[J]는 전압 V[V]와 전류 I[A]와 시간 t[s]에 비례한다.

여기서 전압 V[V]×전류 I[A]가 나온다. 줄의 법칙에 의한 발열량은 전류와 전압에 비례해 커진다. 그래서 전류에 의한 발열량을 결정하는 양으로서 '전류×전압'을 생각하는데, 이 '전류×전압'을 전력이라 한다.

전력의 단위는 와트[W]로 1와트는 전압이 1볼트이고, 전류가 1암페어 흐를 때의 전력을 말한다. 즉, 1A×1V가 1W가 된다. 또, 1㎾=1000W다. 전압 V[V], 전류 I[A]일 때 전력 P[W]는 P=VI가 된다.

발열량은 전력뿐 아니라 전류가 흐른 시간 t[s]에도 비례한다. '전력×시간'을 전력량이라 한다. 1W×1s=1Ws(와트초)=1J가 된다. 즉, 1W의 전력을 1초 동안 소비하면 1J의 에너지를 소비하는 것이 된다.

일상생활에서 전력 사용량은 전력에 시간을 곱한 킬로와트시(㎾h)를 사용한다. 전기요금 청구서의 전력사용량도 ㎾h로 표시된다. 참고로 우리나라 4인 가구당 1개월의 평균 전력 사용량은 304㎾h이다.

전기 기구에 표시된 '220V - 550W'의 의미

우리 주변에는 오븐토스터, 전기난로, 전기다리미, 드라이어 등 전류에 의한 발열을 이용한 전기 기구가 많이 있다. 백열전구도 필라멘트(텅스텐으로 된 이중 코일 상태의 발열체)가 발열해 빛을 낸다(열 방사). 전류가 흐르면 전기 저항이 0이 아닌 한 반드시 전기 에너지는 열에너지로 변한다.

1와트는 전압이 1볼트이고 전류가 1암페어 흐를 때의 전력이다. 전기 기구에는 '220V-220W' 같은 표시가 있다. 이 표시의 의미는 '콘센트에 연결하면 220V를 가한 것이 되고, 그때의 전력은 220W'라는 것이다. 전력(W)=전류(A)×전압(V)이므로, 이 경우는 220W=전류(A)×220V 니까 이 전기 기구에는 1A의 전류가 흐른다.

[그림 1] **전기 기구의 소비전력 표시**

전력(W)은 단위 시간당 일의 능력(일률)이다. 전력에 시간을 곱하면 실제 전기의 일량이 되고, 단위는 와트시[Wh]나 킬로와트시[kWh]를 사용한다.

'220V-220W'라는 표시가 있는 전기 기구는 1시간(1h) 사용하면 전력량 =220W×1h=220Wh가 된다. 어느 달에 그 전기 기구를 30시간 사용하면 그달의 전력량은 220W×30h=6600Wh=6.6kWh가 된다.

전기요금 영수증에 '이달 전기 사용량 100kWh'라고 쓰여 있으면 이것은 그달에 사용한 전력량을 나타낸다.

이렇게 쓰인다!

단락 회로는 위험하다!

회로 도중에 전구나 모터를 넣지 않고 (+)극과 (-)극을 직접 연결하는 것을 '단락 회로'라고 한다.

회로에는 '전원', '전류가 흐르는 곳(도선)', '전류가 발열·발광·모터 등을 움직여 일을 하는 곳'이 있다. 전류가 일을 하는 곳에는 저항이 있어 흐르는 전류를 막으려고 한다. 그러나 단락 회로에는 전류가 일을 하는 곳이 없어서 저항이 없기(작기) 때문에 매우 강한 전류가 흐른다.

가령, 건전지의 (+)극과 (-)극을 도선으로 직접 연결하면 단락 회로가 된다. 강한 전류가 흐르기 때문에 건전지 도선이 뜨거워져서 손으로 직접 만지면 화상을 입거나 건전지가 파열된다.

가정의 콘센트 전압(220V)은 건전지 전압(1.5V)의 약 147배이기 때문에 불꽃이 튀거나, 도선이 녹거나, 피복이 타 버린다. 심한 경우에는 화재나 감전 사고로 생명을 잃을 수도 있다.

 코드는 뜨겁지 않은데 전기 기구가 뜨거워지는 이유

도선만으로는 단락 회로가 되기 때문에 가정에서 사용하는 가전제품은 반드시 도선에 전기 기구를 연결한다.

가령, 전기 청소기를 사용한 뒤에 본체를 만져보면 뜨거운데 콘센트에 가까운 쪽의 전기 코드는 약간 미지근한 정도다. 전기가 하는 일은 대부분 전기 기구에서 이루어지고, 전기 코드에서는 거의 이루어지지 않는다. 그래서 전기 코드는 살짝 발열하는 정도다.

발열량은 '전류×전압'에 비례한다. 전기 코드와 전기 기구에는 같은 크기의 전류가 흐르지만, 전압의 대부분은 전기 기구에 걸리고 전기 코드에는 거의 걸리지 않기 때문에 전기 코드의 발열량은 적다.

에디슨의 백열전구에서 형광등, LED 전구로

에디슨은 1878년부터 백열전구 실험에 몰두했다. 그 무렵 발명된 수은 펌프로 높은 진공 상태를 얻을 수 있었기 때문에 필라멘트의 재료를 얻기 위해 탄화될 만한 것을 모조리 탄화해 보았다.

1881년, 파리에서 열린 국제전기박람회에서는 일본 교토의 대나무를 쪄서 만든 탄소 필라멘트 전구가 환하게 빛났다. 그러나 탄소 필라멘트는 진공인 에디슨 전구 안에서는 1800℃에서 증발해 버려 오래가지 못했다. 그래서 이 탄소 필라멘트가 텅스텐으로 바뀌었다. 텅스텐은 융점이 3407℃로, 금속 가운데 융점이 가장 높다. 이 텅스텐 필라멘트가 널리 보급되기 시작한 것이 1910년경이다.

텅스텐의 사용으로 필라멘트 온도는 2000℃가 넘어 단번에 밝아졌다. 필라멘트에 전류가 흐르면 줄 열로 고온이 되어서 백색광을 낸다. 흰색 빛을 낼 만큼 온도가 매우 높은 상태를 '백열'이라고 한다.

백열전구는 전기 에너지를 일단 열에너지로 변환해 빛을 얻는다. 따라서 빛으로 변환하는 효율이 나쁘다. 그래서 백열전구에 비해 빛으로 변환하는 효율이 약3배 높은 형광등이 등장했다. 또, 최근에는 형광등보다 빛 변환 효율이 좋고 수명이 형광등보다 약 네 배나 긴 LED 전구를 많이 사용하게 되었다.

들어오는 전기 에너지 가운데 가시광선으로 변환하는 효율은 백열전구 10%, 형광등 20%, LED 전구 30~50%이다.

오른나사의 법칙

전기와 자기는 서로 영향을 준다, 모스 부호 발명의 토대가 된 법칙

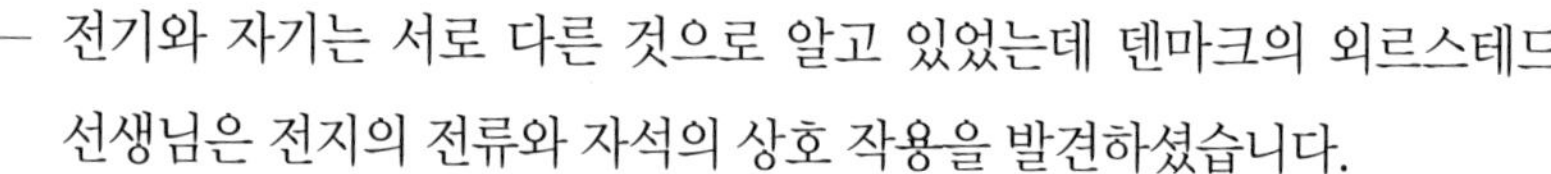

전기와 자기는 서로 다른 것으로 알고 있었는데 덴마크의 외르스테드 선생님은 전지의 전류와 자석의 상호 작용을 발견하셨습니다.

나는 이탈리아의 물리학자 볼타(Alessandro Giuseppe Antonio Anastasio Volta, 1745~1827)가 발명한 볼타 전지를 알게 된 뒤 '모든 힘은 서로 관계한다'고 생각해 연구를 계속했습니다.

외르스테드의 실험은 대학에서 학생에게 개인적인 강의를 할 때 우연히 발견했다던데요.

1820년, 봄이었어요. 철사에 전류를 흘려보낼 때 철사 가까이에 있던 나침반의 바늘이 살아 있는 생물처럼 심하게 움직였어요. 그래서 이 현상을 자세히 조사했죠.

그 연구로 전류가 나침판의 바늘이 철사 주위에서 회전하도록 힘을 끼친다는 사실을 알아냈군요.

네, 놀랐어요. 나는 즉시 논문 「전기적 충돌이 자침에 미치는 효과에 대한 실험」을 써서 1820년 7월 21일에 주요 학자들에게 발송했습니다.

선생님의 연구를 알고 프랑스의 물리학자 앙페르(André-Marie Ampère, 1775~1836)가 바로 외르스테드의 실험을 분석해 '원운동하는 전류'는 자석과 똑같은 작용을 한다는 사실을 발견했죠. 그 뒤 강력한 전자석이 만들어지면서 전자기학이 발전합니다. 참고로, 전류의 단위인 암페어는 앙페르의 이름을 딴 거예요.

원리를 알자!

▸ 도선에 전류를 흘리면 전류 주위에 자기장이 발생한다. 전류 주위에 발생하는 자기장의 방향은 오른나사를 돌리는 이미지를 떠올리면 기억하기 쉽다. 이것을 '오른나사의 법칙'이라고 한다.

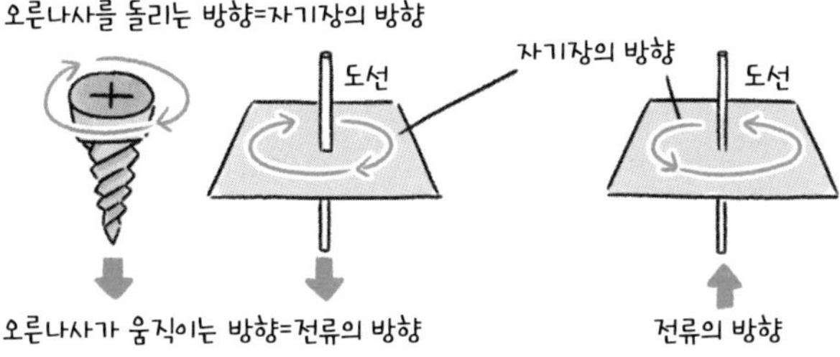

▸ 코일에 전류를 흘리면 도선 하나하나에 오른나사 법칙에 따르는 방향으로 자기장이 발생한다. 도선 주변의 자기장이 강화되어 코일 안에는 자기장이 발생한다.

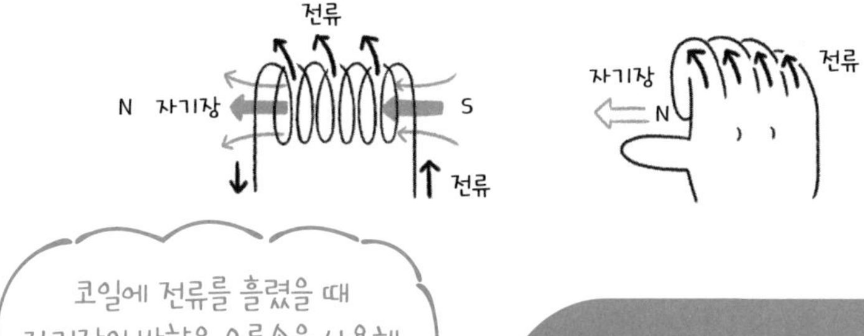

코일에 전류를 흘렸을 때 자기장의 방향은 오른손을 사용해 간단히 알아볼 수 있다.

전류 주위에는 전류 방향에 대해 오른쪽 방향으로 동심원 형태의 자기장이 생긴다.

외르스테드의 실험이 성립하는 이유

남에서 북으로 도선에 전류를 흘리면 도선 아래의 나침반 바늘은 그림처럼 흔들린다. 그 이유는 도선 주변에 오른나사의 법칙에 따른 자기장이 생겨서 그 자기장 방향으로 바늘이 향하기 때문이다.

자기장의 세기는 전류의 크기에 비례하고 도선으로부터의 거리에 반비례한다.

[그림 1] **외르스테드의 실험**

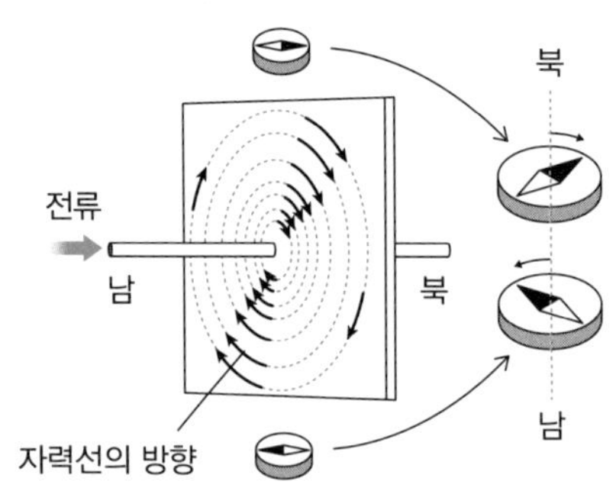

전자석의 성질

오른나사의 법칙은 중학교에서 배우고, 전자석은 주로 초등학교 고학년 때 배운다.

- 전자석은 코일에 전류가 흐르는 동안만 자석의 성질을 갖는다.
- 전자석에는 N극과 S극이 있다.
- 코일에 흐르는 전류의 방향이 반대가 되면 전자석의 N극과 S극 또한 반대가 된다.
- 전류를 세게 하면 전자석은 강해진다.
- 도선을 감은 횟수를 늘리면 전자석은 강해진다.

전자석은 전류의 방향과 크기를 바꾸는 방법을 사용하여 자극의 방향과 자력의 세기를 바꿀 수 있다. 전자석이 발생하는 자력은 코일의 감은 횟수와 코일에 흐르는 전류의 크기에 비례한다.

[그림 2] **전자석**

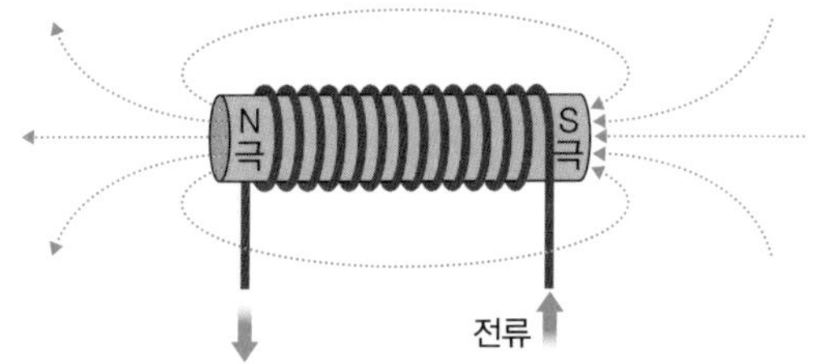

전자석 : 코일에 자기장이 생길 때 자석이 되고, 자기장이 사라지면 자석의 성질이 사라지는 재료(연철심)을 심으로 해서 전기가 흐를 때만 자기화가 되는 자석을 말한다.

전자석 발견의 역사

앙페르의 친구인 물리학자 아라고(Françios Arago, 1786~1853)는 코일 안에 강철로 된 바늘을 넣고 전류를 흘리자 바늘이 영구 자석이 되는 전자석의 원리를 발견했다(1820년).

영국의 전기공학자 스터전(William Sturgeon, 1783~1850)은 강철로 된 바늘 대신 연철 막대에 도선을 감아 전류를 흘려 보았다. 그러자 전류를 흘려보냈을 때 연철 막대는 자석이 되었다(1825년). 즉, 전자석을 발명한 것이다. 그러나 농민 출신으로 혼자 공부한 독학자의 발명은 세상의 인정을 받지 못했고, 스터전은 어렵게 생활하다 사망했다.

미국에서는 물리학자 조지프 헨리(Joseph Henry, 1797~1878)가 스터전의 전자석을 개량해 명주실로 절연한 가는 구리선을 여러 번 감은 강력한 전자석을 만들었다(1829년). 헨리는 전자석이 폭넓은 용도를 갖는다고 믿어서 다양한 전지를 사용해 전자석을 만들려면 코일의 크기를 어떻게 정해야 좋은지 실험했다. 여러 개의 전지를 직렬로 연결해 기다란 철사 한 줄만 감아도 강한 자석이 되었다. 그러나 한 쌍의 커다란 극판(전원의 양극과 음극으로 쓰이는 도체의 판)을 갖는 전지를 사용했을 때는 많은 짧은 철사를 병렬로 감아야 강력한 자석이 된다는 사실을 알았다. 다양한 형태의 전자석은 전신, 전화, 발전기, 모터 같은 다양한 장치에 사용된다.

이렇게 쓰인다!

전자석의 이용 — 전신

미국인 화가 모스(Samuel Finley Breese Morse, 1791~1872)는 미국으로 향하는 대서양 여객선 안에서 한 과학자가 우쭐대며 배에 탄 손님에게 전자석에 대해 말하는 것을 듣고 '전자석을 사용하면 멀리 떨어진 곳과 통신할 수 있는 방법이 있을지 모른다'고 생각했다.

전기학을 공부하지 않은 사람이 전신학의 발명에 몰두했으니 고생이 이만저만 아니었다. 그래도 많은 전문가의 의견도 듣고 친구의 협력을 얻어 전류가 흐르면 전자석에 철판이 붙고, 전류가 흐르지 않으면 철판이 떨어지는 작용을 이용해 독자적인 알파벳 기호와 자기 장치를 발명했다. 이 기호는 점(dot)과 선(dash)으로 알파벳을 표시하는 방식으로, 모스 부호라고 한다.

모스식 전신은 시험적으로 워싱턴과 볼티모어 사이 64㎞를 전신선으로 연결했다. 전기 송신의 이용이 실용화된 것이다.

필자가 초등학생 시절에는 과학 수업에 과학 만들기를 했다. 가령 전자석에 대해 배울 때는 '전신기를 만들어 그 구조와 작용을 알아보자' 하고 전신기를 만들었다.

또, '버저에도 전자석이 사용된다. 스위치를 누를 때만 소리가 울리는 버저는 어떤 구조일까' 하고 앞서 만든 전신기를 개량해 버저를 만들기도 했다. 안타깝게도 지금은 초등학교 수업에 전신기도 버저도 만들지 않는다.

커다란 전자석으로 쇠 찌꺼기 분리하기

전자석은 코일을 감는 횟수와 전류의 크기를 강하게 하면 네오디뮴 같은 영구 자석보다 강한 자석으로 만들 수 있다. 물론 전류를 흘려보내다 끊으면 자석의 성질을 잃는다.

지름 1~2m 정도인 커다란 전자석을 사용한, 리프팅 마그네트라는 기계가 있다. 전자석으로 강판과 철재 스크랩을 들어 올려 이동시키는 기계다(철 외에 자석에 붙는 금속으로 니켈과 코발트가 있다).

영구 자석과 달리 스위치를 켜서 전류를 흘리면 전자석이 되어, 수 톤의 무게가 나가는 철재를 붙일 수 있다. 철재를 붙인 채 크레인으로 이동시켜 원하는 곳에서 스위치를 꺼 철재를 떼어 낸다.

리프팅 마그네트는 자석에 달라붙지 않는 알루미늄이나 구리를 철과 분류하거나 재단, 분쇄된 철판이나 쇠 찌꺼기를 한 번에 모아서 치우는 데 쓰인다.

플레밍의 왼손 법칙

교육을 위한 고민의 산물,
모터가 도는 원리를 이해하기 쉽게 세상에 알렸다

발견의 계기!

영국의 전기공학자 플레밍 선생님은 왼손의 엄지, 검지, 중지로 힘, 자기장, 전류의 방향을 나타내는 '플레밍의 왼손 법칙'으로 유명합니다.

편리하죠? 그렇지만 내가 '전류가 자기장 안에서 받는 힘'을 발견했다고 오해하지 않았으면 좋겠어요…….

'전류가 자기장 안에서 받는 힘'은 1820년에 외르스테드(136쪽) 선생님이 전류에 의해 자침이 힘을 받는 것을 발견한 뒤에, 반대로 자석에 의해 전류가 힘을 받는 것이 발견됩니다. 특히 패러데이(148쪽) 선생님은 자석 주변에 전류를 흘렸을 때 바늘이 회전하는 전자기 회전 장치를 고안해서 모터의 시초가 되었죠. 확실히 플레밍 선생님의 이름은 없네요.

나는 런던대학교에서 전기공학 강의를 할 때 이미지를 떠올릴 수 있는, 알기 쉬운 강의를 하려고 노력했어요. 그러던 중에 플레밍의 왼손 법칙을 생각해 낸 겁니다.

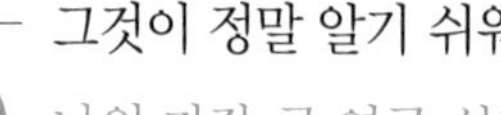

그것이 정말 알기 쉬워서 세상에 알려졌죠.

나의 가장 큰 연구 실적은 진공관의 발명입니다. 내가 발명한 이극 진공관(음극과 양극의 두 극으로 이루어진 진공관)은 교류를 직류로 바꾸고(정류 작용), 고주파에 포함된 음성 신호만을 분리(검파 작용)해 낼 수 있어 라디오 등에 사용되었죠.

원리를 알자!

▸ 자기장 내에서 전류는 힘을 받는다. 자기장 내에서 전류가 받는 힘의 방향은 그림처럼 왼손의 세 손가락을 수직으로 폈을 때 중지부터 차례대로 '전류, 자기장, 힘'으로 하는 플레밍의 왼손 법칙으로 표시된다.

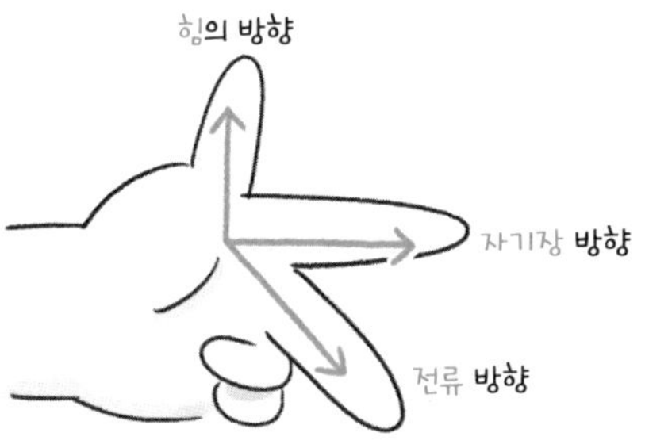

▸ 전류가 자기장에서 받는 힘의 크기는 전류가 클수록, 자기장이 강할수록 커진다. 또, 도선을 코일로 바꿔도 받는 힘은 커진다.

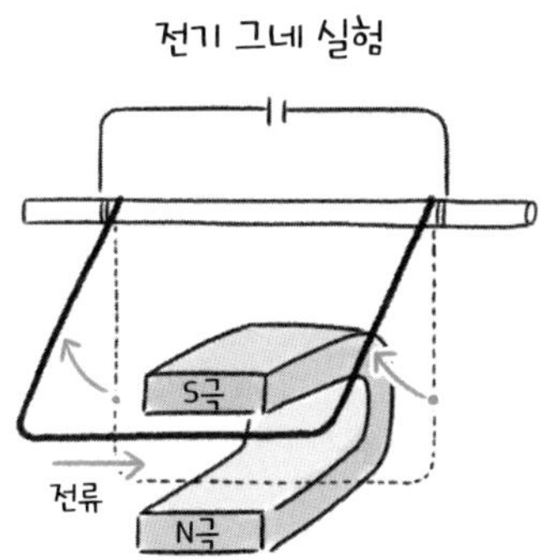

자석 사이의 자기장에 수직으로 도선을 매달아 전류를 흘리면 도선은 자기장과 전류, 양쪽 모두에 수직인 방향으로 흔들린다.

모터는 전류가 자기장으로부터 받는 힘을 이용해 코일을 회전시킨다.

패러데이의 전자기 회전 장치

1821년 9월 초, 패러데이는 수개월에 걸쳐 도전한 일에 성공했다. 바로, 전류가 흐르는 금속 막대를 자석 주변에 회전시키는 작업이었다.

먼저, 양쪽 컵에 전류가 흐를 수 있는 수은을 담고, 왼쪽 컵에는 자석을 컵 아래에 묶어 자유롭게 떠 있게 하고 금속 막대를 컵 위에 묶어 고정한다. 오른쪽 컵에는 자석을 컵 아래에 고정하고 금속 막대를 위에 매달아 자유롭게 움직일 수 있게 했다. 양쪽 컵의 수은을 전지에 연결하면 왼쪽 컵의 자석과 오른쪽 컵의 금속 막대가 회전한다.

패러데이는 미끄러지듯이 회전하는 금속 막대를 가리키며 "조지, 봤지, 봤지?" 하고 같이 있던 처남에게 소리쳤고, 아내까지 불러 그 모습을 보였다고 한다(당시 패러데이는 신혼 3개월이었다).

이 전자기 회전은 뒤에 모터의 원리가 되었다.

[그림 1] **패러데이의 전자기 회전 실험**

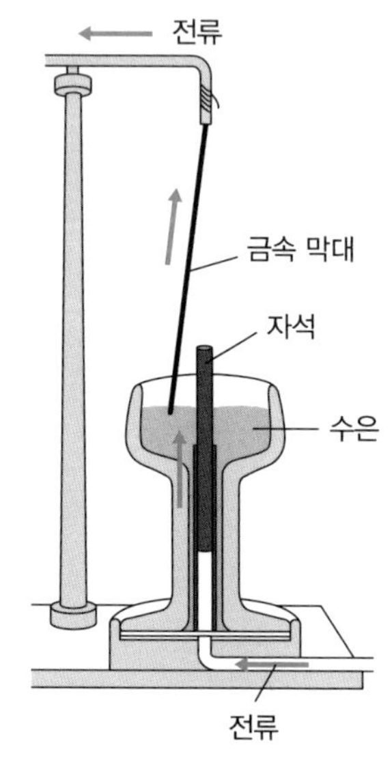

자기장 내에서 전류를 흘렸을 때 코일이 받는 힘

자석의 양극 사이에 움직일 수 있는 도선을 자기장에 수직으로 매달아 전류를 흘려보내면 도선은 자기장과 전류 양쪽 모두에 수직인 방향으로 흔들린다.

전류가 자기장 내에서 힘을 받는다는 사실은 외르스테드가 발견한 뒤 여러 과학자에 의해 확인되었다.

[그림 2] **전기 그네 실험**

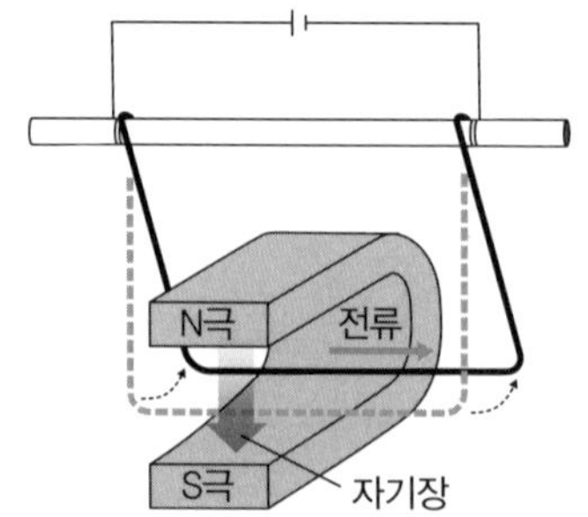

직류 모터의 원리

우선, 직류 모터 부품의 이름을 간단히 알아보자.

모터는 회전자, 정류자, 브러시, 계자석(발전기나 전동기에 강한 자기장을 만들기 위해 설치한 전자석)으로 이루어진다(그림 3). 회전자는 전자석으로 되어 있다. 브러시는 회전자에 전류를 흘려보내는 역할을 하고, 정류자는 회전자의 극을 바꾸는 전류 변환기이다.

[그림 3] **직류모터의 구조**

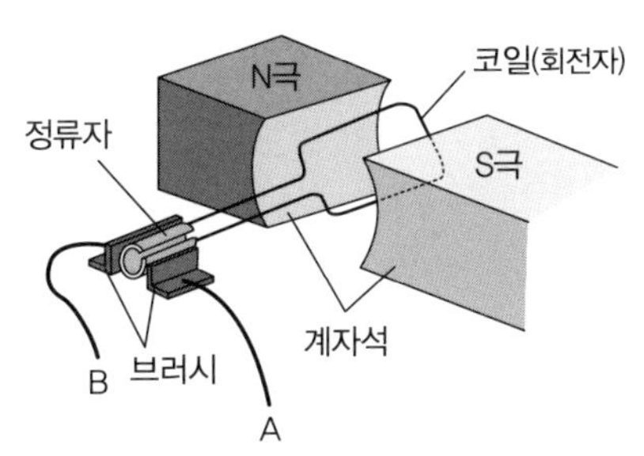

그림 4처럼 계자석의 동일한 자기장 내에서 자기장에 수직인 축 OO' 주위에 회전할 수 있는 직사각형의 코일 ABCD(회전자)에 전류를 흘려보낸다. 플레밍의 왼손 법칙에 따라, AB 부분에는 위 → 아래 방향으로, CD 부분에는 아래 → 위 방향으로 자력이 작용하므로 코일 면이 자기장과 수직이 되는 방향으로 코일을 회전시킨다.

그대로 자극 사이의 코일이 반회전하면 AB 부분에는 아래 → 위 방향으로, CD 부분에는 위 → 아래 방향으로 자력이 작용하므로 코일은 그대로 회전하지 못하고 원래로 돌아간다. 그래서 자극 사이의 코일이 반회전할 때마다 코일에 흐르는 전류 방향을 바꿔서 항상 일정한 방향으로 회전하는 구조가 필요하다.

[그림 4] **코일에 작용하는 자력의 방향**

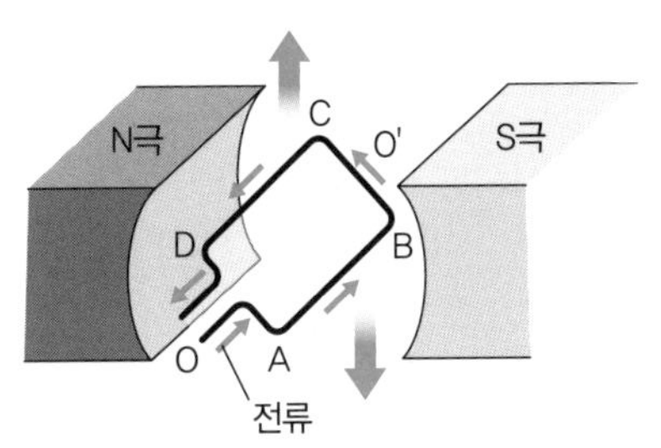

그러기 위해서 자극 사이의 코일이 반회전할 때마다 코일에 흐르는 전류의 방향을 바꾸는 정류자를 달아 브러시와 접하도록 한다. 이것으로 코일에 흐르는 전류의 방향은 코일 면이 자기장에 수직이 될 때마다 반대 방향으로 바뀌고 코일은 같은 방향으로 회전을 계속한다.

직류 모터는 전기 면도기와 일본의 수도권을 달리는 JR 전철에 이용된다.

이렇게 쓰인다!

모터가 발명되자 먼저 전차에 이용되었다

전기 에너지를 기계 에너지로 바꾸는 원동기가 모터(전동기)다. 모터는 전자석이 발명된 뒤 바로 개발되어 주로 전차에 이용되었는데, 전원이 볼타 전지인 동안에는 석탄으로 움직이는 증기 기관차를 대적할 수 없었다. 원리는 알지만, 실용적인 생산에 사용할 수 있는 수준에 이르지 못해서 장난감이나 다름없었다.

모터에 앞서 발전기가 먼저 실용화되었다. 1873년, 오스트리아에서 열린 빈 박람회에 벨기에의 전기기술자 그람(Zenobe Theophile Gramme)이 개발한 발전기가 진열되었다. 이때 조수 한 사람이 배선을 잘못해 발전 중인 발전기와 정지된 발전기를 접속해 버렸다. 그러자 정지된 발전기의 회전자가 빠른 속도로 회전하기 시작했다. 이것을 본 그람은 서둘러 전람회장에서 1.6㎞ 떨어진 발전기를 모터로 해서 물을 끌어 올려 작은 폭포에 물을 흘려보냈다. 이 일로 발전기는 모터로도 작동해 동력을 전력으로 바꾸고, 또 전력을 동력으로 바꿀 수 있다는 사실을 알게 되었다.

1847년, 노동자 10명으로 시작한, 독일의 베르너 폰 지멘스(Ernst Werner von Siemens)가 만든 지멘스-할스케 전신 건설 회사는 육상뿐 아니라 해저에도 전신을 위한 케이블을 설치해 1860년대에는 대기업이 되었다. 지멘스-할스케는 1879년 베를린에서 개최한 공업박람회에서 세계 최초로 전차 시운전에 성공했다. 손님 20명을 태운 세 량짜리 전차를 끌고 600m 시험 노선을 시속 24㎞로 달렸다. 이 시운전은 세계적으로 선풍적인 관심을 불러 모았다.

1881년, 베를린 교외의 리히테르펠데(Lichterfelde)에 세계 최초로 여객을 실어 나르는 영업용 전차의 철도가 설치되었다. 미국에서는 1880년 에디슨이 멘로파크(Menlo Park) 실험실 뒤편에서 전차 시운전을 했다. 전등용 발전기가 전차용 모터로 이용되었다.

이 무렵 미국에서는 말이 끄는 철도마차가 발달했는데, 이것을 모터로 움직이도록 바꾸면서 전기 철도가 생겨났고 발전했다.

[그림 5] **지멘스-할스케 전신 건설 회사의 전차 실험**

눈에 보이지 않는 전기로 가득 차 있다.

마이클 패러데이 (Michael Faraday, 1791 ~ 1867)

패러데이의 전자기 유도 법칙

현대 문명을 지탱하는,
전기 에너지를 만드는 발전기의 원리

발견의 계기!

마이클 페러데이 선생님은 영국 왕립연구소에서 연구를 하셨죠.

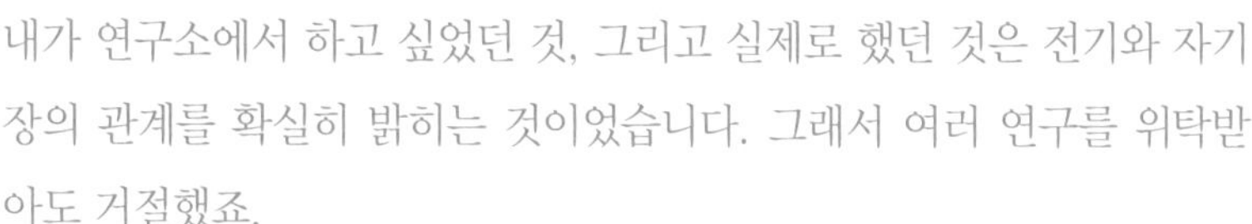

내가 연구소에서 하고 싶었던 것, 그리고 실제로 했던 것은 전기와 자기장의 관계를 확실히 밝히는 것이었습니다. 그래서 여러 연구를 위탁받아도 거절했죠.

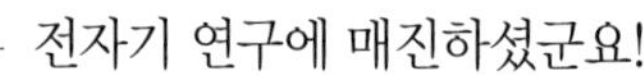

전자기 연구에 매진하셨군요!

자기에서 전기를 만들 수 있을 거라 생각해 최선을 다했어요. 그리고 1831년 40살 때 실험을 통해 전자기 유도 법칙을 발견했습니다.

왕립연구소에서 실제로 패러데이 선생님이 연구에 사용했던 기구와 전자기 연구 실험 노트를 보고 크게 감동했어요.

실험 노트는 1831년부터 23년 간 기록했죠. 최선을 다해 연구를 계속했어요.

노트는 『전기학 실험 연구』라는 연구 보고서로 집대성되었죠. 일본의 노벨물리학상 수상자가 어릴 적 패러데이 선생님의 강연 기록 중 하나인 『촛불의 과학』을 읽고 과학자를 꿈꿨다고 했습니다.

기분 좋은 이야기네요! 열심히 연구하길 잘했어요.

패러데이 선생님이 발견한 전자기 유도 법칙 때문에 전기 에너지를 사용하는 조명과 모터가 보급되어 생활이 편리하고 윤택해졌습니다.

원리를 알자!

- 코일 속에서 자기장을 변화시키면 전류가 발생한다. 이 현상을 전자기 유도라고 한다. 또, 전자기 유도로 발생하는 전류를 유도 전류라고 한다.
- 유도 전류는 코일을 감는 횟수가 많을수록, 자석을 빨리 움직일수록, 자력이 강할수록 큰 전류가 흐르게 된다.

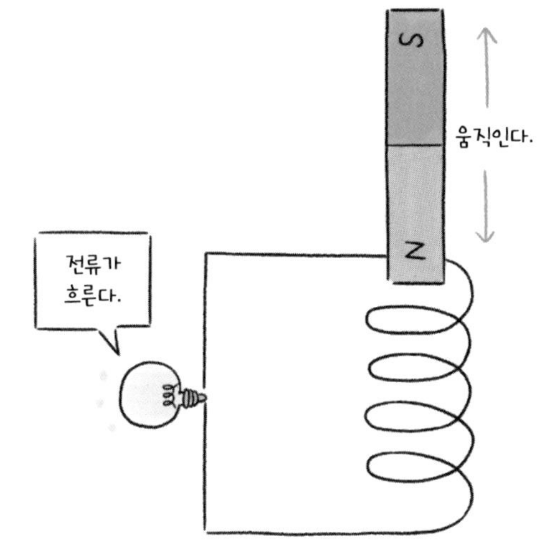

코일 속에 막대자석을
왔다 갔다 이동하면
전기가 흘러 전구에 불이 들어온다.

코일 안에서 자기장을 변화시키면
전자기 유도라는 현상이 일어나
유도 전류가 흐른다.

코일(회로) 안에서 자기장의 변화가 있으면 유도 전류가 흐른다

자기장의 변화는 코일에 어떤 영향을 줄까? 그것은, 자기장을 자력선으로 표시했을 때 코일을 관통하는 자력선의 수가 변화하는 것을 의미한다. 유도 전류는 코일을 관통하는 자력선의 수가 변화하는 동안만 흐르고, 그 크기는 코일을 관통하는 자력선 수의 시간 변화율에 비례한다.

전자기 유도로 자석과 코일을 움직이는 역학적 일을 전기 에너지로 바꿀 수 있게 되면서 오늘날 전기 에너지는 생산과 생활을 위한 기간 산업이 되었다. 발전소의 발전기는 코일과 자석(전자석)으로 이루어진다. 자석을 회전시켜서 코일 주변의 자기장을 변화시켜 코일에 유도 전류를 발생시킨다.

발전기의 자석을 회전시키기 위해 화력 발전과 원자력 발전은 연료를 태우거나 핵분열 연쇄반응에서 나오는 열에너지로 고온 · 고압의 수증기를 만들어 터빈을 돌리고, 수력 발전은 높은 곳에 있는 물의 위치 에너지를 운동 에너지로 바꿔 물레방아를 돌린다.

[그림 1] **화력 발전과 원자력 발전**

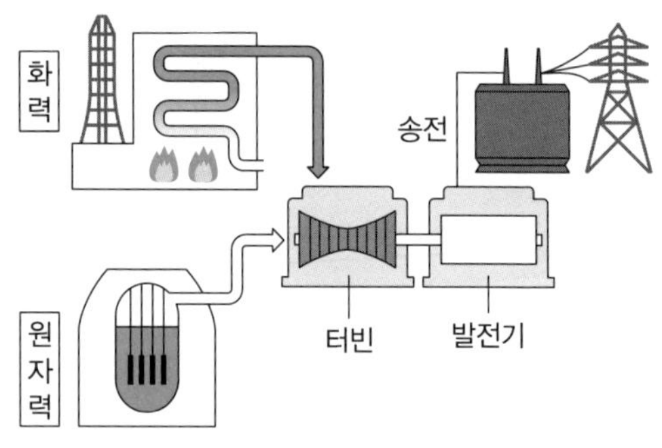

발전기에서는 자석의 회전에 따라 자기장이 끊임없이 변화한다. 그로 인해, 발생한 전류는 크기와 방향이 끊임없이 변화하는 교류다.

유도 전류는 코일을 관통하는 자기장의 변화를 방해하는 방향으로 흐른다(렌츠의 법칙)

렌츠의 법칙은, 유도 전류가 만드는 자기장이 코일을 관통하는 자력선 수의 변화를 방해하는 방향으로 생긴다는 법칙이다.

자석을 가까이하면 코일에 자력선 수가 증가하므로 그것을 방해하는 반대 방향의 자기장을 만들도록 코일에 유도 전류가 흐른다. 자석을 멀리하면 코일에 자력선의 수가 감소하므로 그것을 방해하는 같은 방향의 자기장을 만들도록 코일에 유도 전류가 흐른다.

[그림 2] **렌츠의 법칙**

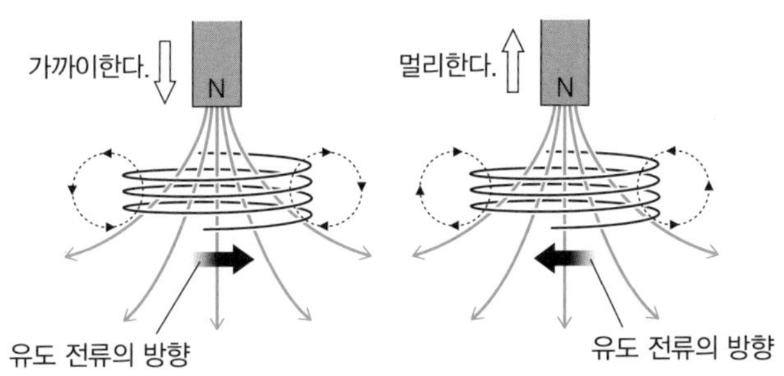

 알루미늄 동전과 네오디뮴 자석으로 소용돌이 전류 실험

알루미늄 동전 위에 세계 최강의 자력을 갖는 네오디뮴 자석을 놓고 빠르게 자석을 끌어 올리면 알루미늄 동전이 어느 정도 자석에 끌려온다.

알루미늄 동전 주변의 자기장이 급격히 변화하기 때문에 그 자기장의 변화를 방해하는 자기장을 만드는 원전류(원형으로 운동하는 하전 입자에 의해 발생하는 전류)가 흘렀기 때문이다. 이처럼 금속 내부에 생기는 원전류를 소용돌이 전류라고 한다. 소용돌이 전류도 전자기 유도로 생긴다.

알루미늄 동전 위에 가까이 댄 것이 네오디뮴 자석의 N극이었다고 하자. 네오디뮴 자석이 동전 위쪽 방향으로 급격히 멀어지면, 멀어지는 N극을 상쇄하기 위해 동전에 S극의 자기장이 생기도록 소용돌이 전류가 흐른다. 그래서 N극과 S극이 서로 당겨 동전까지 붙어서 끌려 올라가다 자력보다 중력이 커질 때 떨어진다.

[그림 3] **소용돌이 전류**

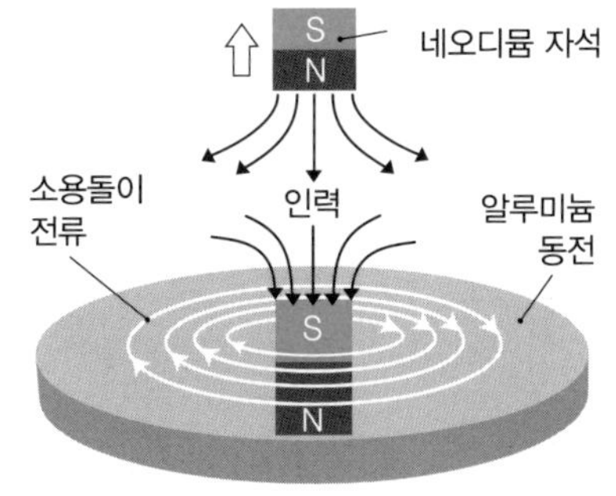

이렇게 쓰인다!

소용돌이 전류를 이용한 전자 조리기 인덕션

전류에는 직류와 교류, 두 가지 방식이 있다.

직류는 건전지, 배터리에서 흐르는 전류로, 항상 일정한 방향으로((+)극에서 (-)극으로) 같은 크기의 전류가 흐른다.

교류는 가정의 전선과 전등선에 흐르는 전류다. 교류는 일정한 시간마다 주기적으로 전류의 크기와 방향이 변한다. 어떤 때는 a 방향으로, 또 어떤 때는 b 방향으로 흐르는데, 1초에 60회 반복한다.

교류의 경우, 가정에 오는 것은 220V라도 전압은 시시각각 변화해 항상 220V인 것은 아니다. 전압은 가장 높을 때 311V를 나타내고 낮을 때는 0V를 나타낸다. 그런데도 220V라고 하는 것은 직류와 비교하기 때문이다. 평균적으로 직류 220V와 같은 작용을 할 때 교류도 220V라고 한다.

인덕션 내부에는 코일이 원형으로 배치되어 있다. 코일에 교류를 흘리면 순간순간 전류의 방향과 세기가 변하기 때문에 코일 주변에 생기는 자기장도 함께 변화한다. 그 위에 놓인 금속제 냄비 바닥에 소용돌이 전류가 흘러 줄의 법칙에 따른 열이 발생한다. 코일에 흐르는 교류를 조절하면 가열 정도를 쉽게 바꿀 수 있다.

[그림 4] **인덕션**

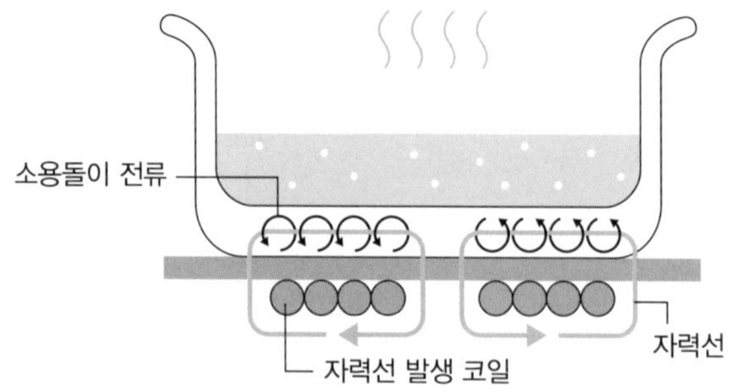

 패러데이의 실험

패러데이의 실험은 다음과 같다.

철로 된 원형 고리에 구리 코일 두 개를 각각 감고, 한쪽은 검류계, 다른 한쪽은 전지에 연결한다. 그러자 전지에 연결한 코일에 전류를 흘려 보내거나 끊는 순간에 검류계의 바늘이 움직였다. 또, 검류계에 연결한 코일 안에 막대자석을 넣다 뺄 때마다 검류계의 바늘이 움직였다.

이 실험을 통해 전자기 유도의 법칙을 발견했다.

[그림 5] **패러데이의 전자기 유도 실험**

(a) **구리 코일 두 개를 감은 원형 철심**

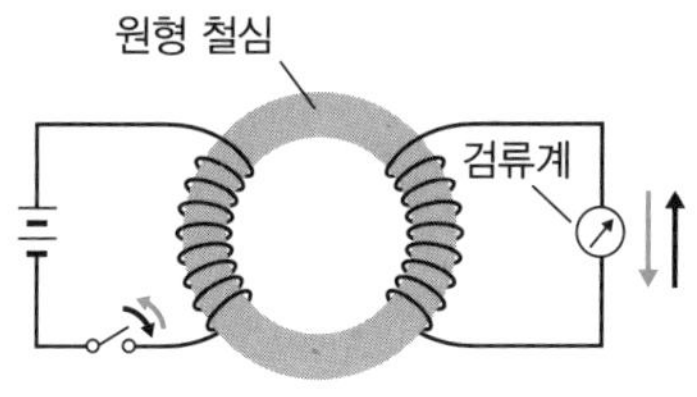

코일에 전류를 흘려 보내거나 끊는 순간에 검류계의 바늘이 움직인다.

(b) **코일에 막대자석을 넣다 뺐다 움직인다.**

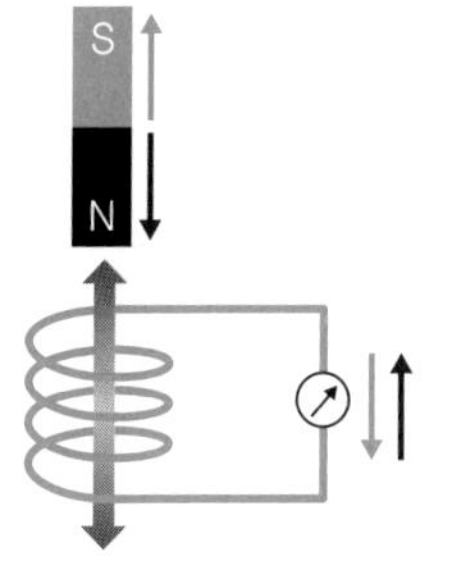

코일 안에 자석을 넣었다 뺐다 하면 검류계의 바늘이 움직인다.

코일 안에서 자기장을 변화시키면 전류가 발생한다.

전자기

전자파

휴대 전화부터 의료 현장까지,
현대 사회를 지탱하는 전기와 자기의 파동

발견의 계기!

맥스웰 선생님은 1856년에 「패러데이의 역선에 관하여」라는 수학적인 논문을 발표하셨죠. 패러데이 선생님은 전기와 자기를 설명하기 위해 전기와 자기의 힘을 전달하는 선(자기력선과 자력선)을 생각했습니다.

그렇습니다. 나는 패러데이의 역선에 대한 생각을 가능한 수학적 모델로 다시 써 봤어요. 그러자 그 수식에서 전기의 파동을 나타내는 식이 나와서 놀랐죠. 이 파동은 빛과 같은 속도로 전달되는 성질을 가질 것이다. 그러니 전기와 자기의 작용이 파동이 되어 전파된, 즉 전자기의 파동이 빛이 아닐까 생각했죠.

패러데이 선생님의 전자기 유도 발견은 공간에 퍼지는 무엇인가를 느끼게 합니다. 자기장의 변화가 그 공간에 있는 코일에 전류를 흐르게 한다는 것은 전자기 현상과 공간의 밀접한 관계를 암시하죠.

나는 이론을 발전시켜 '자기장이 변화할 때는 주위 공간에 변화하는 전기장을 만들어 낸다. 이와 마찬가지로 전기장이 변화하는 경우에는 주위 공간에 변화하는 자기장을 만들어 낸다'는 사실을 수학적으로 증명했습니다. 전자파 존재에 대한 예언이죠.

맥스웰 선생님의 이론이 나오고 십수 년 뒤 1888년에 헤르츠 선생님이 전자파를 보내고 받는 실험에 성공했습니다.

원리를 알자!

- 전기를 띤 입자 주변에는 전기장이 만들어지므로, 그 입자가 운동하면 전기장이 변화한다.
- 전기장의 시간적 변동이 자기장을 만들고, 그 자기장이 변동하는 것으로 전기장이 발생한다.
- 이 반복으로, 전기장과 자기장의 진동이 파동으로 공간상에 전파된다. 이것이 전자파다.
- 전자파는 광속(초속 약 30만km)으로 전파된다. 전자파 중 극히 일부는 사람 눈에 보이는 가시광선(일반적으로 빛이라고 한다)이다. 파장의 범위는 약 $10^5 \sim 10^{-12}$m로 광범위하다.
- '진공'이 '매질' 역할을 한다. 수면에 퍼지는 물결파의 물처럼, 물질로서의 '매질'은 불필요하다.

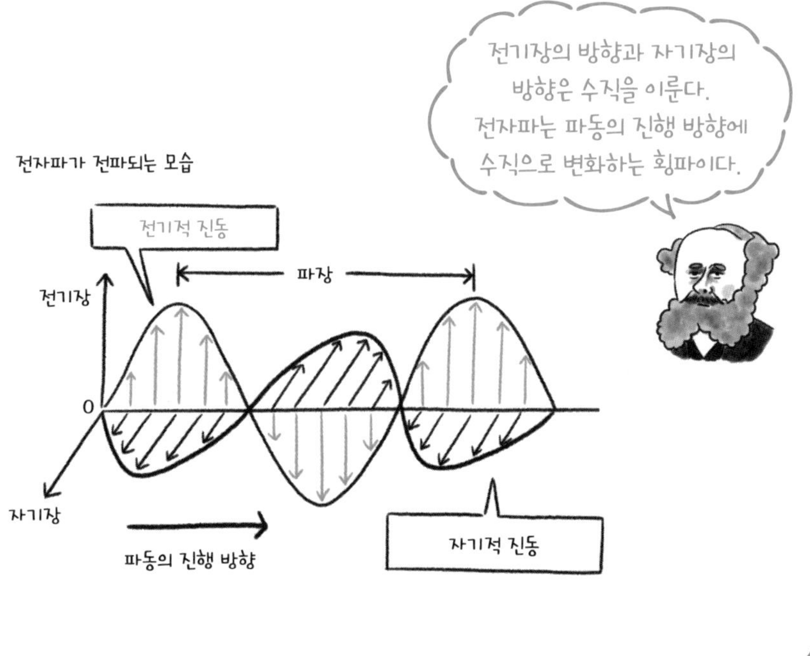

헤르츠의 실험

맥스웰을 존경했던 독일의 젊은 물리학자 헤르츠(Heinrich Rudolph Hertz, 1857~1894)가 전자파의 존재를 확인하는 실험을 성공시킨 것은 맥스웰이 젊은 나이로 사망하고 9년째 되던 해였다(1888년).

헤르츠가 만든 장치는 그림 1처럼 매우 간단하다. 그는 이 기계를 사용하여 고전압을 걸어서 크게 진동하는 불꽃 방전을 일으켰으며, 십수 미터 떨어진 곳에 있는 공진기에 달린 금속으로 된 전극 사이에 불꽃 방전이 발생하는 것을 확인했다.

유도 코일로 발생한 고전압을 위아래 2장의 극판 사이에 흘리면 금속 막대 끝에 불꽃이 방전한다. 이것은 '위쪽 극판이 (+)전하, 아래쪽 극판이 (-)전하 상태'와 그 반대인 '위쪽 극판이 (-)전하, 아래쪽 극판이 (+)전하 상태'가 바뀌기 때문이다. 그 변화가 금속 막대 끝과 끝 사이의 공간에 전기와 자기의 파동을 밀어낸다. 이것이 전자파다.

[그림 1] **헤르츠의 전자파 실험 장치**

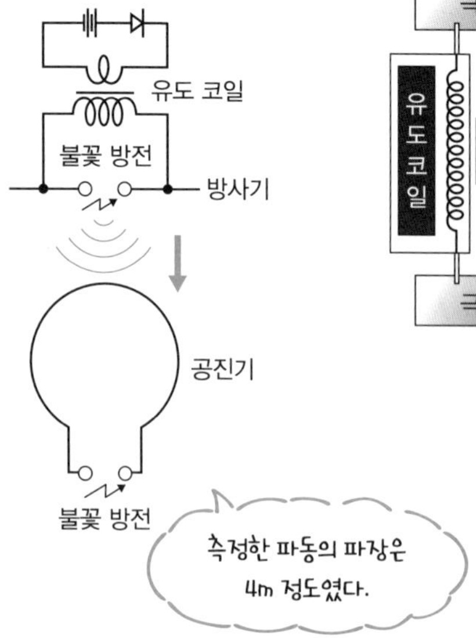

유도 코일
불꽃 방전
방사기
공진기
불꽃 방전

측정한 파동의 파장은 4m 정도였다.

[그림 2] **극판 사이에 고전압을 흘려 보내면……**

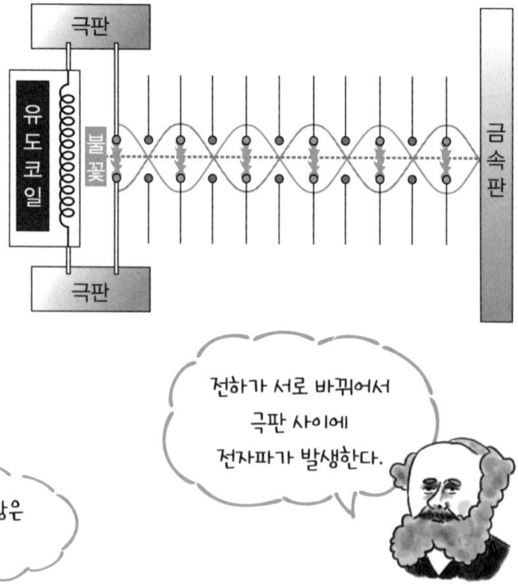

극판
유도 코일
불꽃
금속판
극판

전하가 서로 바뀌어서 극판 사이에 전자파가 발생한다.

전자파가 나오는 장치와 받는 장치 사이에 전류를 전달하는 매개체가 아무것도 없기 때문에 이 사이를 전자파가 흘렀다는 사실이 증명된 것이다.

헤르츠는 발생한 전자파를 금속판에 반사하는 실험을 통해서 전자파가 빛(가시광선)과 마찬가지로 반사, 굴절, 회절, 간섭을 한다는 사실을 조사해 전자파와 빛이 같은 성질을 지닌다는 것을 확인했다.

그러나 헤르츠도 자신이 존재를 증명한 전자파가 라디오, 텔레비전, 휴대 전화, 무선 랜 등에 폭넓게 사용될 거라고는 상상하지 못했다. 헤르츠는 1894년 1월, 37살의 젊은 나이에 사망했다. 같은 해, 이탈리아의 청년 마르코니(Guglielmo Marconi)는 헤르츠의 기사를 읽고 무선 전신 연구를 시작해 결국 성공했다.

우주 공간에서도 전파되는 전자파

전자파(전파와 빛의 총칭)는 진공 상태인 우주 공간에서도 전달된다. 덕분에 우리는 우주 저편의 별을 바라볼 수 있고, 우주선과도 통신할 수 있다.

진공은 물질이 없는 상태를 의미하는데, '진공에도 파동을 전파하는 매질이 있을 것이다'라며 미지의 매질 '에테르'의 존재를 생각했던 시대도 있었다. 결국 '에테르'의 존재는 부정되었고(광속도 불변의 원리와 특수상대성 이론, 316쪽), 현재는 전자파의 매질은 '진공 그 자체'로, 물리 공간이 갖는 성질 중 하나로 본다.

파동의 기본식(파동의 파장과 진동수, 162쪽)에 의해 파동의 속도 v, 진동수 f(주파수라고도 한다), 파장 λ 사이에는

$$v = f\lambda$$

의 관계가 있다. 전자파의 속도는 광속[c]이므로,

$$c = f\lambda$$

즉,

$$\lambda = \frac{c}{f}$$

가 된다. 진공에서 전자파의 속도 c는 광속도라는 물리상수(값이 변화하지 않는 물리량)로, 3.0×10^8m/s(30만㎞/s)라는 일정한 값이다.

이렇게 쓰인다!

일상생활에 없어서는 안 되는 전자파

전자파는 통신 수단으로 현대 사회에 중요한 역할을 하고 있다. 세계에서 연간 14억 대가 팔리는 스마트폰은 무선송신기/수신기이기도 하다. 통신의 경우, 지금은 10GHz(1초 동안에 100억 회 진동하며, 파장은 3cm)까지 사용되고 있다.

가정의 주방에도 전자파 수신기가 있다. 바로 전자레인지다. 발신하는 전자파의 진동수는 2.45GHz, 파장은 12cm로, 식품에 포함된 물 분자를 진동시켜서 열을 발생시킨다. 전통적인 조리 방법인 '찜'에 가까운 방법이다. 전자레인지는 1945년에 미국이 최초로 제품화했다.

수준 높은 의료를 도와주는 MRI 기술

의료 검사에 사용되는 MRI(magnetic resonance imaging, 자기 공명 영상법)는 몸을 촬영 장치에 넣으면, 기계가 전자파를 발생시켜 주로 몸속 물 분자의 수소 원자를 자기적으로 공명시킨다. '스핀'이라고 하는 작은 자기 모멘트를 반전시킴으로써 그 수소 원자의 상태를 관찰해 몸의 국소적인 상황에 대해 인체 단면도를 만든다. 이 MRI는 엑스선을 사용하지 않기 때문에 안전하게 검사할 수 있어서 의료에 크게 도움을 주고 있다.

MRI의 발명자이자 발견자인 폴 라우터버(Paul C. Lauterbur)와 피터 맨스필드(Peter Mansfield)는 2003년 노벨 생리학·의학상을 수상했다.

다양한 전자파의 종류

전자파에는 여러 종류가 있다.

라디오 방송, TV 방송과 휴대 전화 같은 통신에 사용되는 전파는 파장이 600m에서 3㎝인 긴 전자파다. 가령 FM 방송은 파장 4m 근처를 사용한다. 헤르츠의 실험에서는 이 부근의 전파를 측정했다.

눈에 보이는 빛(가시광선)은 파장 0.38~0.77㎛(㎛는 1,000분의 1㎜)의 전자파로, 우리의 망막에 있는 시세포는 이것을 직접 수신할 수 있는 '안테나'가 된다. 시세포에는 명암을 구분하는 세포와 색깔을 인식하는 세포가 있다.

또, 색깔을 인식하는 시세포는 세 종류가 있어서 빨강, 초록, 파랑에 반응한다. 이 세포 안에서는 레티날(retinal)이라는 가늘고 긴 분자가 빛에 의해 변형한다. 이것이 '안테나' 기능을 맡고 있다. 우리가 무지개를 보고 색깔이 분해되어 있는 것에 감동하는 이유도 이들 세포의 작용 때문이다.

또, 가시광선보다 파장이 긴 이웃 영역에 있는 적외선은 우리가 '따뜻함'을 느끼는 빛으로, 일상생활에서 다양한 것들이 적외선을 방출한다. 물론 사람의 몸에서도 적외선이 방출된다. 그로 인해 접촉하지 않고 체온을 측정할 수 있다.

가시광선보다 파장이 짧은 이웃 영역의 자외선은 화학 반응을 일으키기 쉬워서 피부에 강한 자극을 주어 붉게 달아오르거나 검게 그을린다. 적외선에서 느끼는 '따뜻함'과는 전혀 다르다.

또 파장이 짧은 엑스선은 원자핵 바로 바깥쪽을 도는 전자에서 나오고, 감마선은 주로 원자핵 내부에서 나오는 전자파다.

이 정도 파장이 짧은 전자파가 되면 '파동으로서의 성질과 입자로서의 성질을 갖는' 빛의 '이중성' 가운데 입자로서의 성질이 두드러진다(빛의 파동설과 입자설, 190쪽).

[그림 3] **전자파의 종류와 용도**

진동수	파장	명칭		용도 · 관련 사항
1 KHz (10^3 Hz)	100 km	전파		
10 KHz (10^4 Hz)	10 km	전파	초장파 (VLF)	바닷속에서의 통신
100 KHz (10^5 Hz)	1 km	전파	장파 (LF)	항공 · 선박용 무선 표식, 전파시계
1 MHz (10^6 Hz)	100 m	전파	중파 (MF)	AM 라디오 방송
10 MHz (10^7 Hz)	10 m	전파	단파 (HF)	단파 라디오 방송, 비접촉 IC 카드
100 MHz (10^8 Hz)	1 m	전파	초단파 (VHF)	FM 라디오 방송
1 GHz (10^9 Hz)	100 mm	마이크로파	극초단파 (UHF)	휴대 전화, TV 방송, 무선 랜, GPS, 전자레인지
10 GHz (10^{10} Hz)	10 mm	마이크로파	초고주파 (SHF)	위성 방송, ETC, 무선 랜, 선박용 레이더, 기상용 레이더
100 GHz (10^{11} Hz)	1 mm	마이크로파	밀리미터파 (EHF)	전파 천문학
10^{12} Hz	10^{-4} m	마이크로파	서브밀리파	전파 천문학
10^{13} Hz 10^{14} Hz	10^{-5} m	적외선		적외선 사진, 난방, 서모그래피, 리모컨, 자동문, 적외선 통신
10^{15} Hz	10^{-6} m	가시광선		광학 기기
10^{16} Hz 10^{17} Hz	10^{-7} m 10^{-8} m 10^{-9} m	자외선		형광등, 블랙 라이트, 살균, 화학 작용의 이용
10^{18} Hz 10^{19} Hz 10^{20} Hz	10^{-10} m 10^{-11} m	엑스선		엑스선 촬영, 엑스선 CT, 방사선 치료, 물질의 구조 해석
10^{21} Hz 10^{22} Hz 10^{23} Hz	10^{-12} m 10^{-13} m 10^{-14} m	감마선		식품 조사(살균, 살충 등), 농작물의 품종 개량, PET 검사(암의 진단 등), 방사선 치료, 살균

※마이크로파와 적외선 사이 등, 각 항목은 명확하지 않다.

파동

모든 물질이 전달되는 구조

파동의 파장과 진동수

모든 파동을 나타내는 수식,
시간의 단위, 길이의 단위는 전자파로 결정된다

발견의 계기!

—— 파동의 파장과 진동수에 대해 하인리히 루돌프 헤르츠 선생님께 이야기를 듣겠습니다.

헤르츠입니다. 잘 부탁합니다. 독일 함부르크가 고향입니다.

—— 진동수·주파수의 단위 Hz(헤르츠)는 헤르츠 선생님의 이름을 딴 거죠. 파동의 파장과 진동수에 대해 어떤 중요한 발견을 하셨나요?

영국의 물리학자 맥스웰이 이론적으로 예언했던 전자파를 처음으로 실험을 통해 확인했습니다. 1887년에 간단한 실험 장치로 송신과 수신에 성공했죠.

—— 인류 최초로 전파를 발견한 거군요.

그렇지만, 당시에 나는 전파는 아무 쓸모가 없다고 생각했어요…….

—— 전파로 세상이 180도 바뀌었잖아요, 엄청난 발견이에요! 헤르츠 선생님의 발견으로 전파를 이용한 통신 수단의 발전이 가속되었죠. 전파라고 하면 역시 주파수! 그래서 헤르츠 선생님의 이름이 단위로 쓰이게 된 거군요.

네, 정말 큰 영광입니다. 그렇기는 해도 이렇게 많은 사람이 전파를 사용해 통신하다니! 정말 상상도 못 했던 일입니다!

원리를 알자!

▸ 파동의 마루(횡파에서 가장 높은 점)에서 마루, 골(횡파에서 가장 낮은 점)에서 골처럼, 파동 형태가 반복하는 1회의 길이를 '파장'이라고 한다. 파동은 1회 진동하는 동안 1파장의 거리를 진행한다. 즉, 파동의 속도 v, 주기 T, 파장 λ 사이에는 다음의 관계식이 성립한다. 이것을 파동의 기본식이라고 한다.

$$\lambda = vT$$

▸ 또는, 파동 수 $f = \frac{1}{T}$을 이용해 $v = f\lambda$로 나타낼 수도 있다.

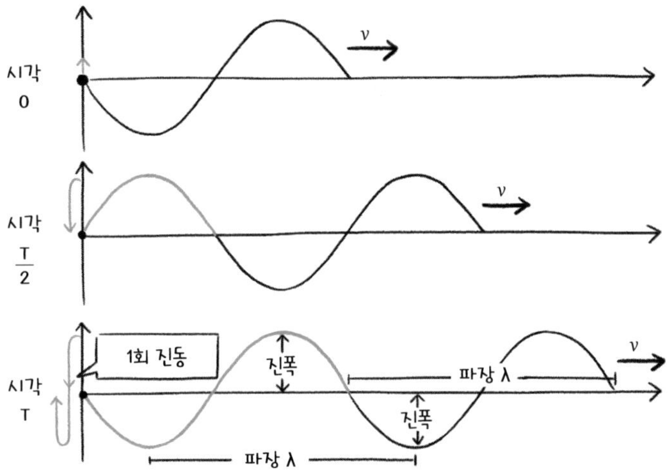

파동은 진동이 차례로 전파되는 현상. 1회 진동하는 사이(1주기)에 파동은 1파장만큼 진행한다.

파동은 진동이 옆으로, 옆으로 전달되는 현상

진자처럼 단순한 왕복 운동을 반복하는 진동 현상을 생각해 보자. 흔들림의 중심으로부터 최대한 움직여간 곳까지의 폭을 '진폭'이라 하고, 1회 진동에 필요한 시간을 '주기'라고 한다.

또, 1초 동안에 진동하는 횟수를 '진동수'라 하고, 주기 T(단위는 [s])와 진동수 f(단위는 [㎐]) 사이에는 $f = \frac{1}{T}$의 관계가 있다. 가령, 주기가 $T = 0.1$s라면 1초 동안에 10회 진동하는 것이므로 진동수 f = 10㎐다.

그림 1처럼 똑같은 진자가 같은 간격으로 한 줄로 늘어서 있다고 생각하자. 진자는 같은 주기로 흔들린다. 진자의 추끼리 고무줄로 느슨하게 묶여 있어 가장자리의 한 개를 흔들면 그 움직임이 조금씩 늦게 옆으로, 옆으로 전해진다고 하자. 진자의 움직임이 연쇄적으로 전해지면 자연적으로 '물결' 모양이 생기고, 그것이 이동한다. 이것이 '파동'이다.

축구장에서 관객들이 '파도타기' 응원을 하는 모습을 본 적 있을 것이다. 가장자리 관객이 양팔을 올리며 일어서면 바로 옆자리 관객이 똑같이 팔을 올리며 일어선다. 이것을 반복하면 관객석에 커다란 물결이 파도처럼 전달된다. 관객은 이동하지 않고 자리에서 일어나거나 앉는 진동을 반복할 뿐이다. 그러나 그것이 규칙적으로 전해지면 전체적으로 파도가 치는 것처럼 보인다.

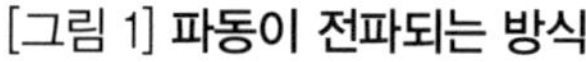

[그림 1] **파동이 전파되는 방식**

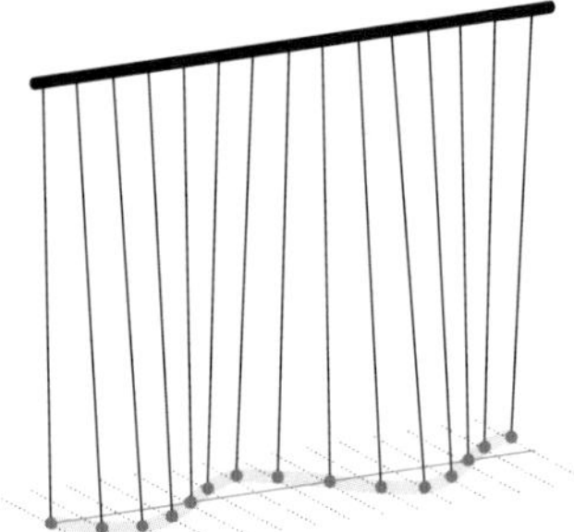

파동은 보인다, 느낀다!

파동은 진동이 연쇄적으로 전달되는 현상이다. 파동이 맨 처음 일어난 곳을 파원, 진동을 전달하는 물질을 매질이라고 한다. 당신의 목소리가 상대의 귀에 전해지는 경우를 생각해 보자. 당신의 목소리가 음파라는 파동이고, 성대와 입이 파원, 공기가 매질이 된다. 이때 목소리와 함께 입에서 나온 숨이 떨어져 있는 상대에게 전해지는 것은 아니다. 공기는 그 자리에 머물고, 진동만 전달된다.

[그림 2] **소리는 공기를 진동시키는 파동**

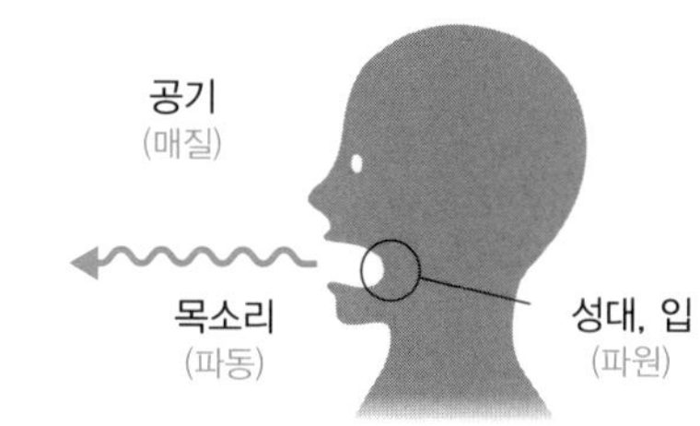

파동에 의한 진동은 몸으로 느낄 수도, 눈으로 볼 수도 있다. 가령, 콘서트나 라이브 공연처럼 큰 소리가 울리는 장소에서는 소리에 맞춰 몸(피부)으로도 그 진동을 느끼는 경우가 있다. 고맙지 않은 현상이지만, 지진도 지구 내부를 통과하는 지진파가 알리는 진동이다.

또, 줄넘기나 로프를 사용하면 파동의 모양을 볼 수 있다. 로프의 한쪽 끝을 벽에 고정하고 팽팽하게 당겨 다른 한쪽을 빠르게 흔들어 보자(이 경우는 손이 파원, 로프가 매질이다). 로프 위에 파동이 전달되는 것을 볼 수 있다. 그림 3처럼 손을 위아래로 1회 왕복해 흔들면 거기에 맞춰 마루와 골 한 세트가 파동 형태로 나가는 것을 알 수 있다.

[그림 3] **파동의 모양을 볼 수 있다**

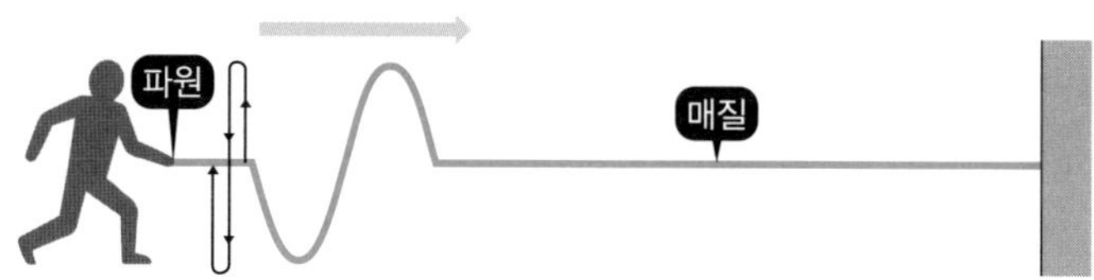

파동의 기본식

파동의 마루와 골 한 세트(반복되는 파형의 1회분 길이)를 파장 λ(단위는 [m])라 하고, 진동이 1회 반복하는 시간을 주기 T(단위는 [s])라고 한다.

파동은 주기 T 동안에 1파장 λ의 거리를 진행하므로 파장의 속도를 v라고 하면,

$\lambda = vT$ ……①

의 관계가 있다.

또, 파동과 파원이 1초 동안 이동하는 횟수를 진동수 f(단위는 [Hz])라고 한다. 진동수는 주기를 사용해,

$f = \frac{1}{T}$ ……②

로 나타낼 수 있으므로 파동의 속도는 식①과 ②로부터,

$v = f\lambda$ ……③

로도 나타낼 수 있다. 이 관계를 파동의 기본식이라고 한다. 모든 파동에 적용할 수 있는 중요한 관계식이다.

횡파와 종파

그림 1에서 예로든 파동은 매질의 진동 방향과 파동의 진행 방행이 직각을 이루었다. 이런 식으로 전해지는 파동을 '횡파'라고 한다. 앞에서 소개한 전자파(154쪽)도 전기장과 자기장이 진행 방향과 직각으로 진행하므로 횡파다.

이와는 반대로 그림 4처럼 매질의 진동 방향이 파동의 진행 방향에 평행인 것을 '종파' 또는 소밀파라고 한다. 압축되어 공기의 밀도가 커진 부분과 공기의 밀도가 작아진 부분이 번갈아 이동하기 때문에 소밀파라고 부른다. 파형이 나타나지 않아서 파동 같지 않지만, 파동이 매질 속을 연달아 퍼져간다는 의미에서 파

[그림 4] **종파의 예**

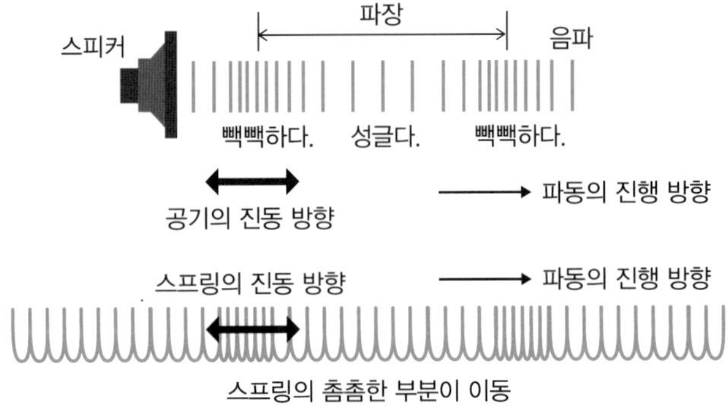

동의 조건을 충족한다. 종파의 대표적인 예는 '음파'다.

지진파에서는 속도가 빠르고 초기 미동을 나타내는 것이 P파, 이후에 느린 속도로 진행하는 것이 S파로, P파는 종파, S파는 횡파다.

이렇게 쓰인다!

시간과 길이의 기준은 '전자파'로 정한다

우리 생활과 밀접한 관계가 있는 '시간'과 '길이'의 기준을 결정하는 데는 전자파의 진동수와 속도가 매우 중요한 역할을 한다.

시간의 단위인 '초'는 지구의 자전 주기를 근거로 정했는데, 현재는 가장 정확한 세슘 원자 시계를 기준으로 정의한다. 먼저, 세슘133 원자를 대기가 안정된 환경에서 극한까지 냉각시킨다. 이때 흡수·방출하는 어느 특정 전자파의 주파수가 91억 9263만 1770㎐가 되도록 시간의 단위를 정한다. 바꿔 말하면, 이 전파(약9㎓이므로 마이크로파로 분류)가 91억 9263만 1770회 진동하는 시간이 1초다.

길이의 단위 '미터'는, 원래는 지구의 북극에서 적도까지의 거리를 1만 킬로미터라 하고, 그 1000만 분의 1을 1미터로 정했다. 그리고 기준이 되는 '미터원기(기본 단위의 크기 자체를 구체적으로 나타내는 것)'를 만들어 표준으로 했는데, 현재는 진공에서의 광속도 c의 값을 정확히 2억 9979만 2458m/s라고 정해서 설정한다. 바꿔 말하면, 빛이 진공 속을 1초 동안에 진행하는 거리의 2억 9979만 2458분의 1이 1m다.

시간도 길이도 그 기준을 전자파를 사용해 물리 법칙에 따라 정한다. 우리나라는 한국표준과학연구원이 계량 표준을 관리하고 있다.

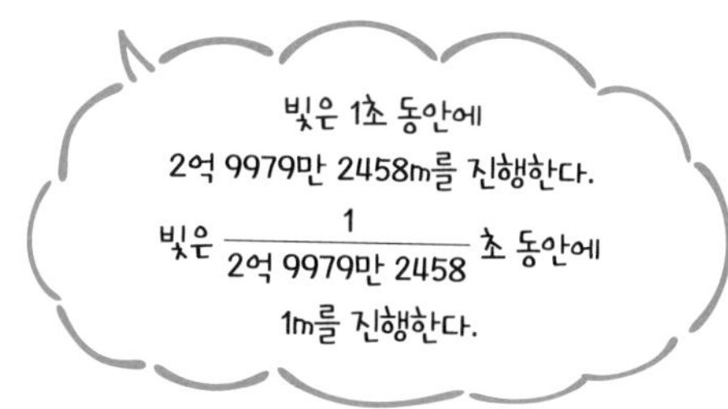

모든 물질이 전달되는 구조 — 파동

소리의 3요소

피타고라스 음률에서 12평균율로
음악은 파동으로 만들어진다.

발견의 계기!

—— 가장 오래전에 '소리'를 과학적(수학적)으로 연구한 고대 그리스의 철학자이자 수학자 피타고라스 선생님입니다.

피타고라스입니다. 이오니아의 사모스 섬(현재의 그리스)에서 태어나 제자를 모아 '피타고라스 교단'을 만들어 교주를 맡았죠.

—— 피타고라스라 하면, 수학의 '피타고라스의 정리'(세제곱의 정리)가 가장 유명한데, 소리 연구도 하셨어요.

그만, 큰 소리로 말하지 마세요. 그건 우리 교단에서는 절대 비밀로, 외부인에게 발설한 자는 죽음으로 속죄하도록 되어 있어요. ……그런데 기록도 전혀 남기지 않았을 텐데 어떻게 알고 있지?

—— 뭐 그냥. 2500년 전의 일이니까 이젠 괜찮지 않을까요? 그런데 소리 연구는 어떻게 하신 건가요.

피리와 현악기를 조사해 악기의 물리적 조건과 음정의 높이 관계를 실험했어요. 현악기는 현의 길이가 정수 비를 이루면 동시에 울렸을 때 아름다운 화음이 되죠. 이런 멋진 화음을 만들어 낸 것에 감동했어요.

—— 그 음률을 '피타고라스 음률'이라 부릅니다. 선생님은 연주도 하셨나요.

교의인 '균형과 조화'를 구현하는 일로서, 나의 연주에 모두 도취했죠.

원리를 알자!

- 소리의 3요소는 소리의 높이, 소리의 세기, 음색.
- 소리의 높이는 음파의 기본 진동수 f[Hz]로 정해진다.
- 소리의 세기는 음파의 압력 진폭 P[Pa] 또는 음압 레벨[dB]로 나타낸다.
- 음색은 음파의 파형(배음의 성분비)으로 정해진다.
- 공기의 진동이 전파되는 파동을 '음파'라고 한다.
- 음파는 압력이 높은 부분(밀부)과 낮은 부분(소부)이 진행 방향과 나란히 연속적으로 전파되는 '종파' 또는 '소밀파'다.

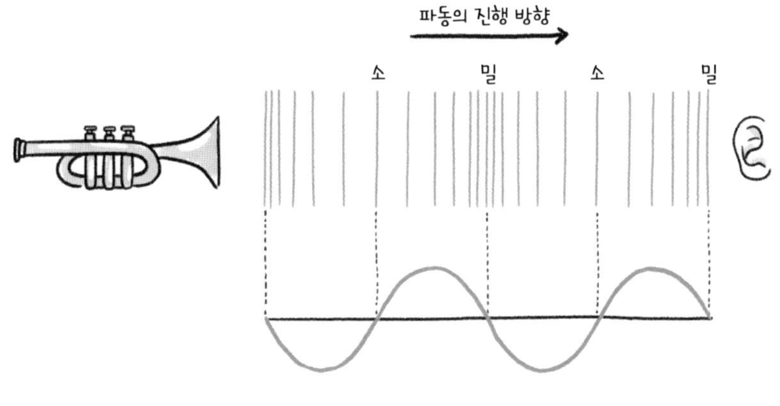

공기 중을 퍼져가는 종파가 '음파'다.
소리의 높이는 진동수, 세기는 진폭,
음색은 파형에 대응한다.

소리의 높이

[그림 1] **소리의 고저**

높은 음(진동수 대)

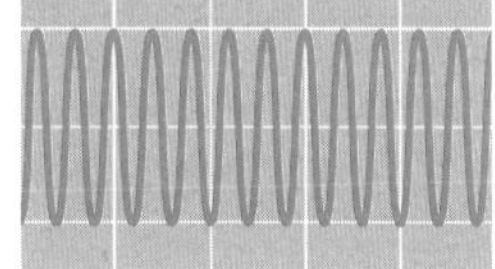

낮은 음(진동수 소)

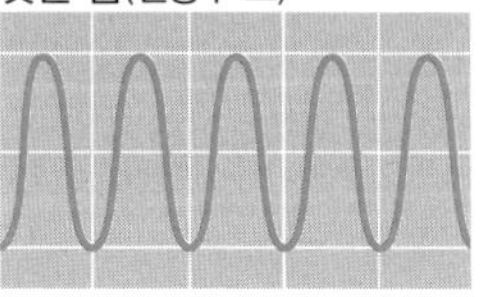

'음악'의 3요소는 멜로디, 리듬, 하모니인데, 여기서는 음악에서 다루는 '고른음'의 물리적인 3요소를 다룬다. 바로 소리의 높이, 세기, 음색이다.

소리의 높이는 1초 동안의 진동 횟수, 즉 진동수 f(단위는 [㎐])로 정해진다. 진동수가 클수록 높은 음으로 느낀다. 진동수가 2배인 관계를 옥타브라고 한다.

음속은 기온에 따라 약간 변화하지만, 15℃에서 약 340m/s로 거의 일정하므로 파동의 기본식 $v=f\lambda$(166쪽)를 사용하면 낮은 음은 파동이 길고, 높은 음은 파동이 짧은 것을 알 수 있다. 1옥타브 위의 음은 진동수가 2배, 파장은 절반이 된다.

소리의 세기

[그림 2] **소리의 강약**

강한 음(진폭 대)

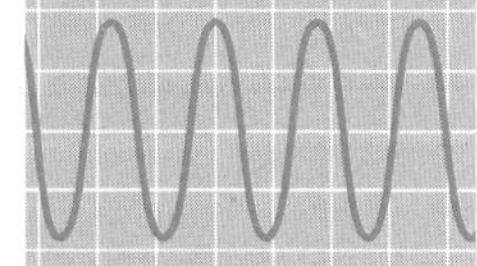

약한 음(진폭 소)

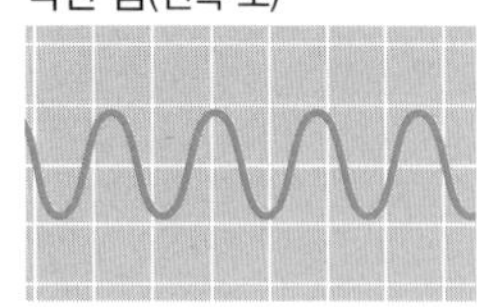

소리의 세기는 공기 진동의 압력 진폭 P(단위는 파스칼[Pa])와 관계있다. 앞에서 말했듯이 소리는 공기 중에서 전파되는 종파이기 때문에 공기 압력의 미세한 변화가 진동으로 전해진다. 그림 2는 압력의 변화를 나타낸 그래프라고 생각하자. 이때 평균 압력에서 최대 압력까지의 진폭을 압력 진폭이라고 한다. 압력 진폭 P가 크면 소리는 크게 느낀다.

소리의 세기는 '음압 레벨'로 나타내고, 단위는 데시벨[㏈]이다. 인간의 귀에 겨우 들리는 가장 작은 소리를 기준으로 해서 그 압력 진폭을 P_0으로 하고, $P = P_0$일 때가 음압 레벨 0㏈이다. 압력 진폭이 10배가 될 때마다 음압 레벨의 수치는 20㏈씩 증가한다.

음색

음색의 차이, 즉 같은 높이, 같은 세기의 소리라도 악기의 종류를 구분할 수 있는 이유는 음파의 파형이 다르기 때문이다. 마이크로파의 소리를 입력해 오실로스코프(신호의 파형을 관찰하는 장치)로 관찰하면 한 눈에 그 차이를 알 수 있다.

'파동의 중첩 원리'에서 자세히 설명하는데, 주기적인 파동은 진동수가 정수비를 이루는 정현파(전파, 음파 따위의 파동이 삼각 함수의 사인 곡선으로 나타나는 파) 성분의 중첩으로 표현할 수 있다(174쪽). 음악의 경우, 그중 가장 진동수가 낮은 정현파 성분을 '기본음', 그 배수의 진동수를 갖는 성분을 '배음'이라고 한다.

기본음에 여러 가지 배음을 배합하면 다양한 파형을 만들어낼 수 있다. 우리의 청각은 순간적으로 배음의 배합 비율을 구분해, 음원인 악기나 사람을 판별할 수 있다.

그림 3은 사람의 성악 목소리와 주요 악기에 대해서, 주로 연주에 사용되는 소리의 높이 범위를 진동수로 표시했다. 낮은 진동수의 소리를 내는 악기일수록 크기가 큰 경향이 있다.

[그림 3] **성악과 악기의 진동수 범위**

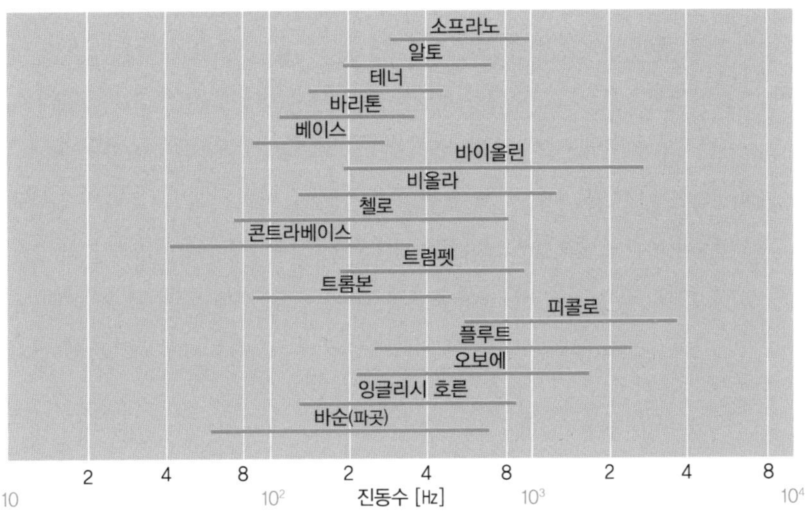

이렇게 쓰인다!

음계는 진동수비로 만들어진다

피타고라스는 진동수비가 간단한 정수비가 되는 소리를 동시에 울리면 조화를 이뤄 아름다운 화음이 되는 것을 발견하고 진동수비 2:3인 '완전 5도' 관계를 기본으로 음률을 만들었다.

가령 도 음을 기본으로 하면, $\frac{3}{2}$배의 진동수는 솔 음이 된다.

아래로 $\frac{3}{2}$배의 소리는 아래쪽 파 음이 되므로, 옥타브가 다르지만 같은 음계는 같은 음으로 생각하여 이것을 2배해서 $\frac{3}{4}$배로 하여, 위쪽 파의 음(기준 음에 대해 '완전 4도'인 관계)으로 정한다.

기준 음을 중심으로 이 조작을 위로 3번, 아래로 3번 반복하면 7개의 음의 높이가 정해진다. 이것이 '피타고라스 음률'이다. 이렇게 해서 오늘날의 도레미를 토대로 하는 최초의 음계가 만들어졌다.

화음의 아름다움을 중시하는 피타고라스 음률은 초기 르네상스까지 서양 음악의 표준 음률로 오랫동안 이용되었다. 현대 서양 음악에서는 '12평균율'이라는 음률이 널리 채용되고 있다. 이것은 1옥타브를 진동수가 등비수열이 되도록 정한 12개의 반음으로 분할한 음률이다.

피타고라스 음률을 기조로 하지만 이웃하는 반음의 진동수비는 $\sqrt[12]{2} = 1.059463$배(12제곱하면 2배, 즉 1옥타브가 되는 수)로 정해 있다. 무리수이므로 어떤 화음도 완전한 정수비는 되지 않는다. 이로 인해 화음이 조금 나빠지지만, 소리의 간격이 같고, 조바꿈(전조)과 조옮김(이조)이 쉽다는 점에서 다양한 표현이 가능해졌다. 이것은 노래방에서 음높이를 바꿔 전체 음의 높이를 평행 이동하는 것과 같다.

사람의 가청 영역

사람이 내는 목소리의 진동수는, 성인 남성의 보통 말소리가 100~150㎐, 여성은 200~300㎐ 정도로 남성보다 약 1옥타브 높은 소리다. 전문 소프라노 가수 중에는 3000㎐의 고음을 내는 사람도 있다고 한다.

반면에 사람의 귀에 '들리는 소리'의 진동수는 20~2만㎐로, 약 10옥타브나 넓은 대역이다. 20㎐의 소리는 실제로는 귀에 들리기보다 피부로 느끼는 것에 가까운 감각이다. 20㎐보다 낮은 소리를 '초저주파음'이라 하는데 이는 소음 공해의 원인이 되기도 한다. 사람에게는 들리지 않을 소리인데도 '느낄' 수 있다.

높은 쪽의 한계는 실제로는 사람에 따라, 나이에 따라 다르다. 젊은 사람은 2만㎐ 가까이까지 들을 수 있지만, 나이가 들면서 들리는 대역이 좁아져서 고령인 경우는 1만5000㎐ 이상은 들리지 않는 사람이 대부분이다.

사람에게는 들리지 않는 2만㎐가 넘는 진동수의 소리를 '초음파'라고 한다. 의료 검진에 쓰이는 초음파 검사기나 초음파 세척기, 어선의 어군 탐지기 등에 사용된다.

동물 중에는 개나 고양이처럼 이런 초음파를 들을 수 있는 생물도 있다. 박쥐와 돌고래가 초음파를 적극적으로 이용한다는 사실도 잘 알려졌다. 자신이 내는 초음파의 반사음을 들어 장애물이나 먹이의 위치와 움직임을 알아내는 일을 '반향 정위'라고 한다.

파동의 중첩 원리

디지털 화상의 압축 기술에 활용,
'푸리에 해석'에 응용된 원리

발견의 계기!

'파동의 중첩 원리'를 응용한 '푸리에 해석'은 18세기에 조제프 푸리에 선생님이 만들었습니다. 그런데 파동의 중첩이란 어떤 건가요?

'두 개 이상의 파동이 중첩한 장소에서의 변위는 각 파동의 변위의 합이 된다'는 겁니다. 마루와 마루가 겹쳐지면 큰 마루가 되고, 마루와 골이 겹쳐지면 파동이 0이 되는 식으로요.

푸리에 해석은 '복잡한 주기 변수를 다양한 주기를 가진 여러 개의 삼각 함수의 합으로 나타낸다' 하는 것이죠.

네, 파동의 중첩 원리가 푸리에 해석을 떠올리는 원점이 되었죠. 푸리에 해석을 사용하면 복잡한 함수를 주파수 성분으로 분해해 간단히 만들 수 있어요. 나는 원래 열전도에 관한 연구를 했는데 열전도 방정식을 풀기 위해 이 해석법을 제안했습니다. 그런데 사실은 스위스의 다니엘 베르누이(Daniel Bernoulli, 1700~1782)가 1753년에 현의 진동에 관한 연구에서 같은 해석 방법을 제안했어요. 내가 태어나기 전인데, 시대를 너무 앞서가 당시에는 주위에서 평가를 받지 못한 것 같아요.

현대에서 '푸리에의 해석'은 소리와 빛, 진동, 컴퓨터 그래픽 등 응용 범위가 넓은 강력한 도구가 됐습니다.

영광입니다. 그런데 베르누이도 잊지 말아 주세요.

원리를 알자!

- 두 개 이상의 파동이 만날 때 합성파의 변위는 각 파동이 독립적으로 만드는 변위의 합과 같다(파동의 중첩 원리).
- 두 개의 파동이 만나 겹쳐도 각 파동은 파형을 유지한 채 서로를 지나쳐 진행한다(파동의 독립성).

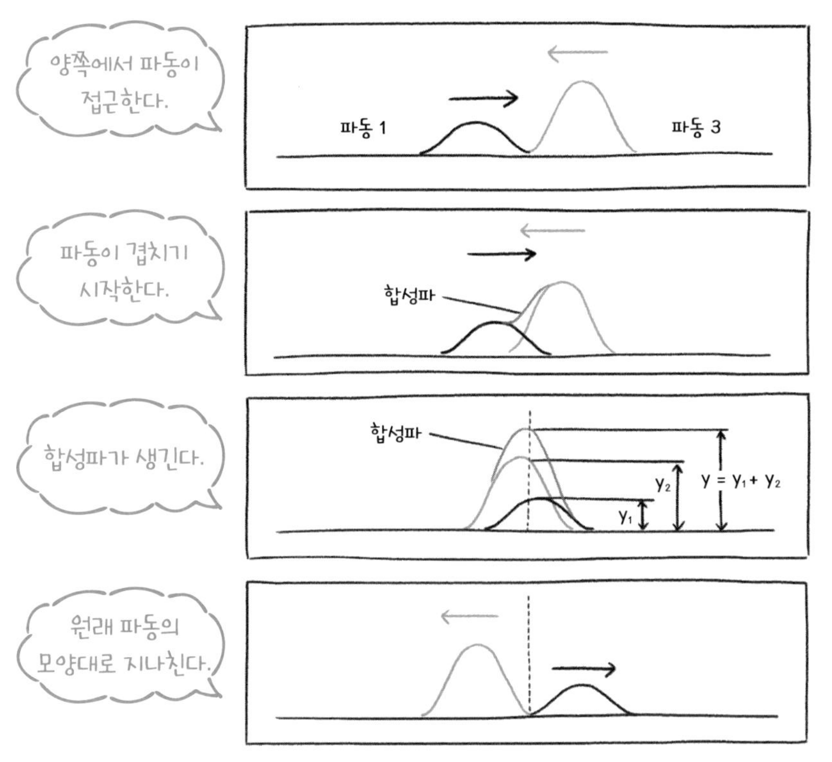

두 개 이상의 파동이 만나도 각 파동은 독립적으로 진행한다. 중첩한 장소의 변위는 각 파동의 변위의 합과 같다.

파동의 중첩

보통 물체가 충돌하면 서로 튕겨 나가거나, 붙어 버리거나, 깨져서 튄다. 파동의 경우는 어떨까? 파동을 전달하는 매질은 그 자리에서 진동할 뿐, 이동하지 않는다. 운동 경기에서 관중석의 '파도타기'도 관중들은 자리에서 일어나 만세를 하고 자리에 앉기를 반복하지만, 이동은 하지 않는다. 파도의 물결 모양이 퍼져 나갈 뿐이다.

이처럼 파동은 물질의 이동을 동반하지 않으므로 여러 개의 파동이 만나도 상대에게 영향을 주지 않고 지나친다. 이것을 파동의 독립성이라고 한다. 많은 사람의 목소리가 뒤섞인 상황에서도 서로 대화할 수 있고, 다수의 휴대 전화 전파가 뒤섞여도 통화할 수 있는 것은 이 덕분이다. 파동이 중첩한 장소에서는 파동의 합성이 일어난다. 그때의 원리가 '중첩 원리'다. 그 장소에 각 파동이 독자적으로 도달한 경우에 생기는 변위의 합이 합성파의 변위가 된다.

푸리에 해석

일반적으로 복잡한 파형을 갖는 파동은 진동수와 진폭이 다른 많은 정현파를 중첩한 것이라고 볼 수 있다. 그림 1처럼 언뜻 복잡해 보이는 파형의 파동도 오른쪽 세 개의 파동과 같은 정현파로 분해해 생각할 수 있다. 이것이 푸리에 성분인 정현파다. 가장 위쪽은 원래 파동과 같은 진동수, 나머지 둘은 원래 파동의 두 배, 세 배의 진동수의 성분이 된다. 음으로 말하면 배음(倍音)에 해당한다.

그림 1은 세 가지 성분만의 예인데, 파형이 주기적이라면 어떤 파동도 푸리에 성분을 늘려서 차례로 더해 가면 합성 파형은 차츰 목표하는 파형에 근접한다. 이것을 필요한 정밀도를 얻을 수 있을 때까지 반복하면 된다.

이처럼 임의의 파형의 파동을 다수의 정현파로 분해하는 방법을 푸리에 해석이라 하고 널리 이용된다. 분해한 성분비(스펙트럼이라고 한다)를 알면 파동의 중첩으로 원래 파동의 파형을 복원할 수도 있다.

[그림 1] **푸리에 해석**

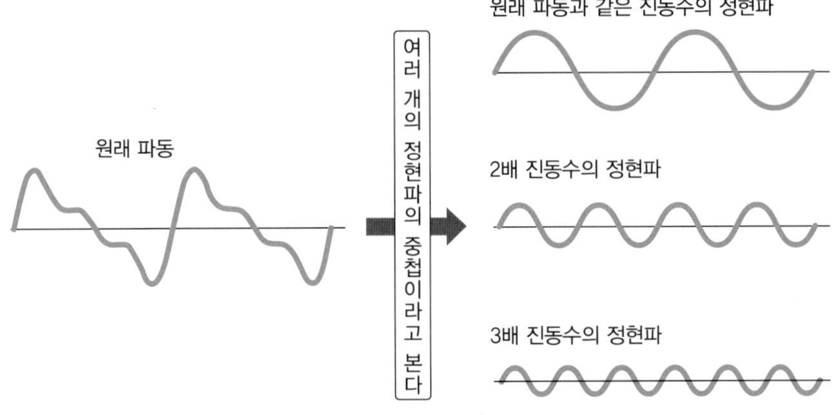

이렇게 쓰인다!

 화상 압축과 푸리에 해석

파동의 중첩 원리를 토대로 한 푸리에 해석은 응용 범위가 넓은데, 현대 우리의 생활 속에서 가장 쉽게 볼 수 있는 예는 디지털 화상의 압축 기술이다.

최근에는 스마트폰의 내장 카메라도 화소 수가 1000만 화소를 넘는 것이 있어서 정보를 그대로 기록하면 데이터양이 엄청나게 많아진다. 그래서 통신 시간을 줄이거나 기억 용량을 절약하기 위해 파일 사이즈를 작게 하는 기술이 개발되었다. 스마트폰과 디지털카메라에 사용되는 JPEG라는 압축 화상 파일 형식과 텔레비전의 디지털 방송에서도 사용하는 신호 변환 기술이 푸리에 해석을 기본으로 발전되었다.

이 기술은 대략적으로 말하면, 대상 화상의 큰 이미지와 눈에 띄는 윤곽은 정확히 재현하는 한편 자세히 보지 않으면 알 수 없는 세부적인 정보는 생략하는 수법이다.

파동

하위헌스의 원리

파동이 중첩하면 서로 합쳐져 다음 파동이 된다, 위성과 안테나에 활용

발견의 계기!

‘하위헌스의 원리’는 17세기 네덜란드의 수학자이며 물리학자, 천문학자이기도 한 크리스티안 하위헌스 선생님이 발견하셨죠. 이건 어떤 원리인가요?

파동이란 매질(파동이 전달되는 물질과 물체)의 진동이 차례로 퍼지는 현상입니다. 가령 이 양동이에 물을 채워 파동을 만들어 보세요.

참방, 참방……. 앗, 파동의 마루와 골이 일렬로 이어지는 부분이 있어요.

그걸 ‘파면’이라고 해요. 파면은 원형과 직선 상태 등 여러 가지 모양을 만들 수 있죠.

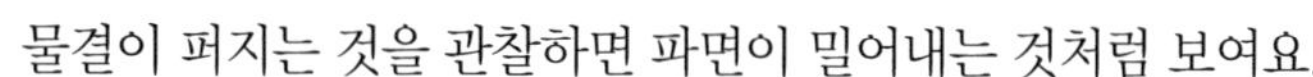

물결이 퍼지는 것을 관찰하면 파면이 밀어내는 것처럼 보여요.

나는 중첩의 원리를 토대로 이런 파동이 어떻게 전파해 나가는지 방식을 설명했어요. 그것이 하위헌스의 원리입니다.

빛에 대한 연구도 하셨죠. 뉴턴 선생님은 빛의 입자설을 주장했는데, 하위헌스 선생님은 파동설입니다.

두 개의 광선이 서로를 방해하지 않고 교차하는 이유는 빛이 파동이기 때문입니다. 빛의 정체는 단단한 미립자가 빼곡히 채워진 매질 속을 퍼져가는 파동이라고 생각했어요. 마치 공기 중에 음파가 퍼지듯이. 흑의 ‘에테르’설인데, 안타깝지만 이 가설은 나중에 폐기되었습니다.

원리를 알자!

- 파동은 매질의 진동이 차례로 전달되는 현상.
- 소원파란, 파동이 전파될 때 파면상의 각 점이 파원이 되어 새로운 파면을 이루는 무수한, 미약한 원형파(입체적으로는 구면파)를 말한다.
- 포락선(포락면)이란 한 곡선(곡면)의 무리에 공통으로 접하는 곡선(곡면)을 말한다. 전체를 덮듯이 둘러싸 가두는 것처럼 보이기 때문에 포락선이라고 부른다.
- 하나의 파면 상의 모든 점이 중심이 되어 각각의 소원파를 만들고, 이들 소원파의 포락면이 2차 파면이 된다.

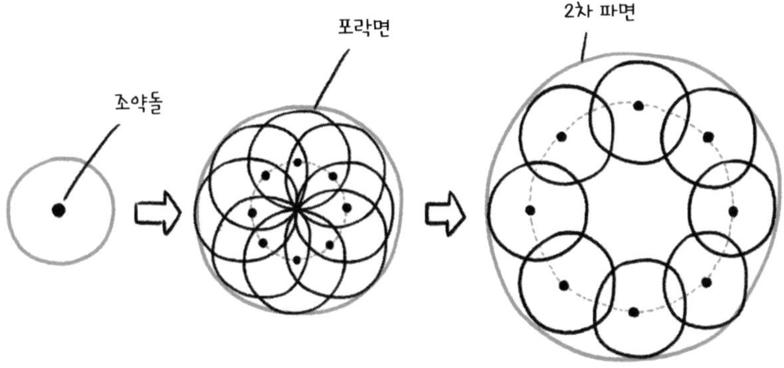

연못에 조약돌을 던지면 그곳을 중심으로 원형파가 퍼지고, 그 파면상의 각 점으로부터 각각의 무수한 작은 소원파가 발생한다. 그것들에 공통으로 접하는 포락면(파란색)이 다음의 파면이 된다.

파면으로부터 일제히 퍼져 가는 미약한 소원파가 많이 겹치는 곳이 서로를 강하게 해 다음 파면이 된다.

원형파로 직선파를 만든다

잔잔한 연못 수면에 조약돌을 던지면 원형의 파문이 퍼져 간다. 두 개를 동시에 던지면 두 개의 동그라미가 생기고 서로 교차하면서 퍼져 간다. 파동의 독립성으로 인해, 각 파문은 상대에게 영향을 받지 않고 반경을 넓혀 가고, 단지 중첩할 뿐이다.

그럼 많은 조약돌을 같은 간격으로 직선상에 늘어놓고 일제히 수면에 떨어뜨리면 어떻게 될까? 그림 1처럼, 파원이 직선 위에 줄지어 생기고 거기서 같은 속도로 원형의 파문이 퍼져 가므로 그 가장자리는 차례로 직선 모양의 파면을 형성한다. 차례로 퍼져 가는 다수의 원의 공통 접선이 직선 상태의 파면이 되는 것이다.

[그림 1] **원형파가 직선 상태의 파면을 만드는 모습**

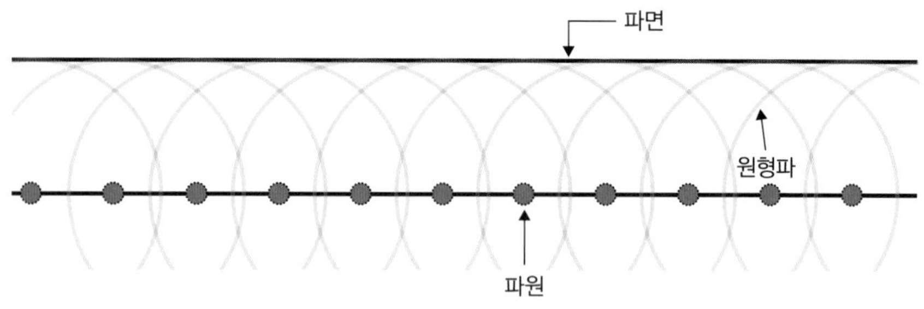

소원파는 서로를 보강해 새로운 파동이 된다

파동은 매질의 진동이 차례로 퍼져 가는 현상인데, 파면의 작은 부분의 움직임이 파원이 되어 연못에 떨어진 조약돌처럼, 그 주변에 눈에는 보이지 않는 미약한 원형파(입체적으로는 구면파)가 생긴다. 이 미약한 파동을 '소원파'라고 한다.

한 파면 상의 다수의 점은 일제히 진동하므로 소원파도 같은 타이밍에 일제히 생긴다. 그림 1에서 일제히 떨어진 조약돌처럼 동시에 원이 퍼져 나간다. 이 소원파 하나하나는 약해서 눈에 띄지 않지만 무수한 소원파가 같은 타이밍에 겹치는 장소(포락면)에서는 중첩의 원리에 의해 파동이 서로를 보강해 눈에 보이는 파동이 된다. 이것이 새로운 파면이 되는 것이다. 이것을 하위헌스의 원리라고 한다. 하위헌스의 원리는 파동이 서로를 방해하지 않고 교차하는 것과 파동이 벽 뒤쪽으로도 돌아가는 '회절'이라는, 파동 특유의 현상도 설명할 수 있다.

이후에 프랑스의 물리학자 프레넬(Augustin-Jean Fresnel, 1788~1827)은 하위헌스의 생각을 수학적으로 보강해 하위헌스 시대에는 설명이 어려웠던, 역방향으로 진행하는 파동이 존재하지 않는 이유도 완전히 설명할 수 있게 되었다. 프레넬에 의해 보강된 것을 '하위헌스-프레넬 원리'라 부르기도 한다.

[그림 2] **벽의 틈새를 통해 벽 뒤쪽으로 파동이 퍼져 가는 구조**

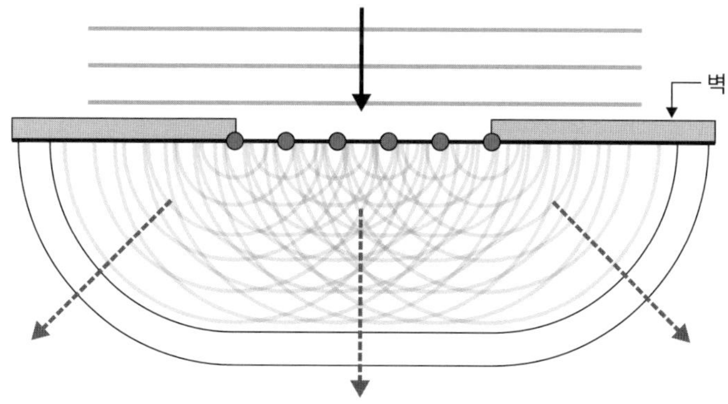

벽의 틈새에서 진동하는 매질의 각 점으로부터 무수한 소원파가 원형으로 퍼져 나간다. 소원파 하나하나는 눈에는 보이지 않을 정도로 미약하지만, 그것들이 공통으로 겹쳐져 보강되는 곳은 다음 파면으로 관찰할 수 있다. 그런 보강 부분을 수학적으로 '포락선(포락면)'이라고 부른다.

이렇게 쓰인다!

게릴라성 호우를 예측할 수 있는 '페이즈드 어레이 안테나'

하위헌스의 발상을 적극적으로 활용한 것이 페이즈드 어레이 안테나다.

이 안테나는 평면상에 늘어선 무수한 소자 안테나로부터 소원파 같은 소규모의 구면 전파를 일제히 방사한다. 그림 3-b처럼 한 줄마다 규칙적으로 타이밍이 어긋나게 방사함으로써 단시간에 여러 방향으로 전파 빔을 쏠 수 있다.

이 기술은 일본의 초고속 인터넷 위성(통신위성) '키즈나'(2008년 발사)로도 실증 실험이 이루어졌다. 밀리초 단위의 짧은 시간 안에 전파 빔의 위상을 변화시켜 재해 피해지 등 통신이 필요한 지역에 집중적으로 전파를 보내는 실험에 성공했다. 또, 지구 관측 위성 '다이치'(2006년), '다이치2호'(2014년)는 레이더로 지표의 지형을 광범위하게 조사하는 데 사용되었다.

좀 더 친근한 예로 기상 레이더에 응용되어 게릴라성 호우를 단시간에 예측하는 연구가 이루어지고 있다.

[그림 3] **페이즈드 어레이 안테나와 그 구조**

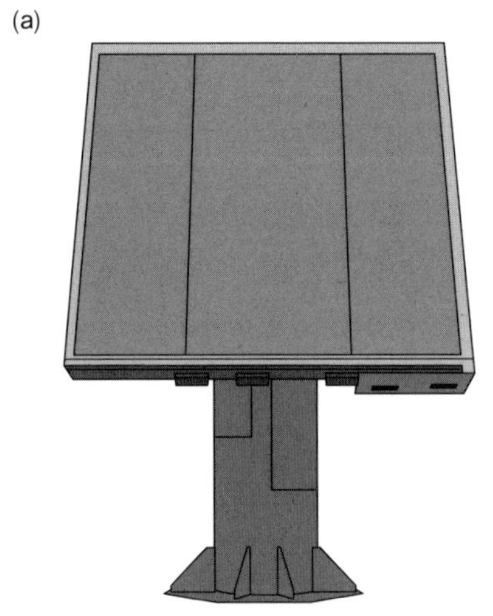

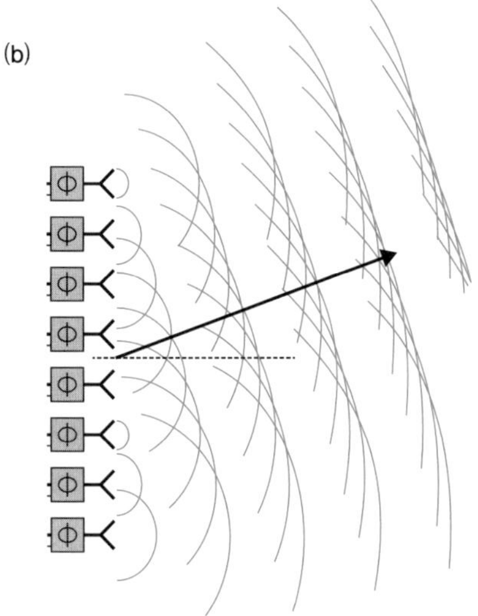

토성 위성 타이탄에 최초 착륙

소형 행성 탐사선 '하위헌스'는 토성의 위성 타이탄에 최초로 착륙했다. 이것은 유럽우주국(ESA)이 개발한 무인 탐사선이다.

'하위헌스'는 1997년에 미국이 발사한 토성 탐사선 '카시니'에 실려 지구를 출발해 토성을 도는 위성 궤도에 진입한 뒤 카시니 본체에서 분리되었다. 하위헌스는 2005년 1월 14일에 타이탄 표면에 착륙해 화상과 관측 자료를 지구로 보냈다. 타이탄은 태양계에서 두 번째로 큰 위성으로, 대기에 메탄이 섞여 있고, 기상 변화가 있다는 점에서 주목받았다.

이 탐사선의 이름은 크리스티안 하위헌스의 이름을 딴 것이다. 하위헌스는 1655년에 직접 만든 망원경으로 토성 주위를 도는 위성 타이탄을 발견했다. 토성의 고리를 확인한 것도 같은 해였다. 토성의 기묘한 모양은 갈릴레오 갈릴레이에 의해 '귀가 있는 별'이라고 보고되었지만, 보다 성능이 좋은 망원경을 사용하여 그것이 '고리'라는 사실을 확인한 사람이 하위헌스였다.

탐사선 '하위헌스'는 이미 사명을 마쳤지만, 현재도 가장 먼 천체 상에 있는 인공물이 되었다.

모든 물질이 전달되는 구조 파동

반사 · 굴절의 법칙

안경 · 망원경부터 광섬유 통신 · 내시경까지

발견의 계기!

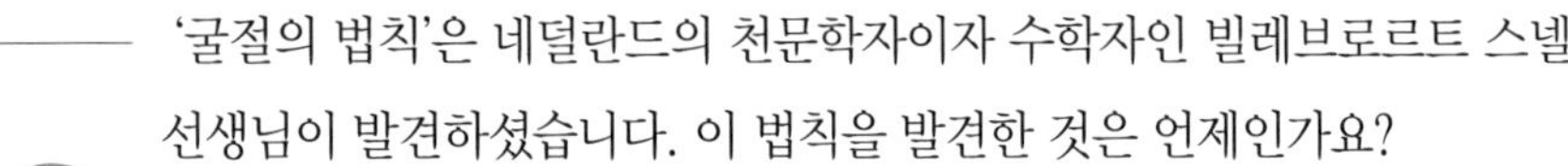

— '굴절의 법칙'은 네덜란드의 천문학자이자 수학자인 빌레브로르트 스넬 선생님이 발견하셨습니다. 이 법칙을 발견한 것은 언제인가요?

1621년경에 알기는 했는데, 논문은 출판하지 않았어요. 옛날부터 많은 사람이 빛의 굴절 연구를 했으니까.

— 영국의 수학자이며 천문학자인 토머스 해리엇(Thomas Harriot, 1560~1621)도 1602년에 같은 법칙을 생각한 것 같아요.

그래요? 해리엇도 출판물을 거의 남기지 않은 모양이군요. 역시 업적을 출판물로 남기는 것은 중요해요.

— 1690년에 하위헌스 선생님이 출판한 유명한 『빛에 관한 논고』에서 스넬 선생님의 학설이 소개되어 갑자기 주목을 받게 되었습니다.

내가 죽고 60년도 더 지났을 때죠. 이런 전개가 될 거라고는 생각도 못 했어요.

— 굴절은 렌즈나 프리즘 원리의 기초입니다. 안경은 많은 사람의 생활을 돕고, 망원경과 현미경은 과학의 새로운 시대를 발전시켰죠. 프리즘도 분광학이라는 새로운 과학을 개척하는 계기가 되었어요.

거기까지 예측해 연구했던 것은 아니라서 황송하네요. 하위헌스에게는 정말 감사하다는 인사를 전해야겠네요.

원리를 알자!

- 파동은 일반적으로 매질의 경계에 이르면 경계면에서 반사 · 굴절한다. 반사와 굴절은 보통 동시에 일어난다(전반사의 경우는 반사만).
- 반사파는 경계면(거울의 면 등)에 대해 접어서 겹치듯이 입사파와 같은 각도를 이룬다(입사각=반사각).
- 굴절은 매질 경계에서 파동의 속도가 변하기 때문에 일어난다. 속도가 느린 매질에서 진행할 때, 파동의 경로는 '굴절각＜입사각'이 되도록 구부러진다.

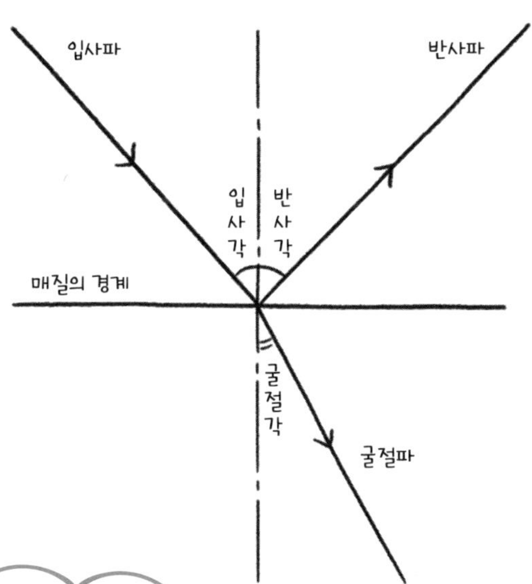

이 성질은 빛, 소리,
물의 파동에서도 성립하는,
파동의 일반적인 성질이다.

파동은 매질의 경계에서 반사 · 굴절한다.
반사와 굴절은 동시에 일어난다.
굴절은 파동 속도의 차이에 의해 생긴다.

반사의 법칙

매질을 진행하는 파동의 속도가 일정하고 방해물이 없으면 파동은 직진한다. 등속 직선 운동이 파동이 진행하는 기본 방식이다. 파동이 진로를 바꾸는 것은 매질의 경계가 있어 진행하는 속도가 바뀌었을 때, 혹은 어떤 장애물이 있을 때다.

[그림 1] **거울에 의한 빛의 반사**

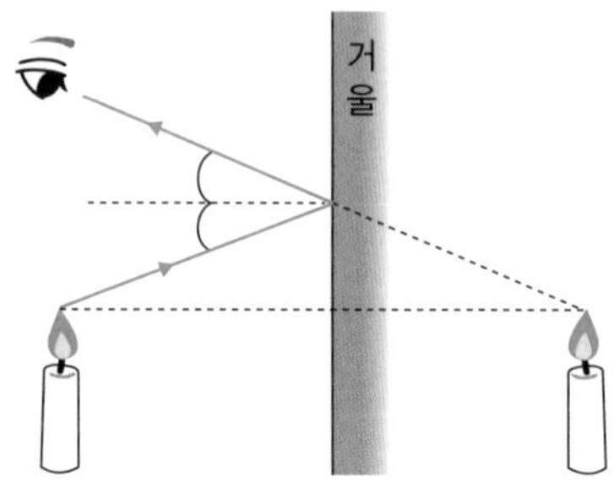

초등학교에서 배운 빛의 실험을 떠올려 보자. 빛은 보통, 공기 중을 직진한다. 거울에 닿으면 반사하는 이유는 공기와 다른 물체가 그곳에 있기 때문이다. 거울에는 특히 빛을 잘 반사하는 금속이 사용되므로 빛은 대부분 되돌아온다.

반사광은 공기 중으로 되돌아오기 때문에 빛의 속도는 거울에 부딪히기 전과 다르지 않다. 이때 빛의 진로는 거울에 대해 대칭을 이뤄, 입사각 = 반사각이라는 반사 법칙이 성립한다.

그림 1처럼 거울을 보는 사람에게는 광원이 거울에 대칭인 위치에 있는 것처럼 보인다. 우리는 매일 이런 것을 볼 수 있다. 반사면이 거울 같은 평면이 아니라 울퉁불퉁할 때는 난반사가 일어나는데 크게 확대하면 표면의 아주 작은 부분에서 각각 반사가 일어난다.

굴절의 법칙

두 종류의 매질이 거울을 경계로 접해 있고, 파동이 1매질로부터 그 경계면을 통과해 2매질로 진행할 때 파동의 속도가 변하면 굴절이 일어난다.

중학교에서 배우는 빛의 굴절을 예로 들면, 공기에서 물속으로 진행하는 빛의 속도는 물에서는 공기 중의 $\frac{3}{4}$정도가 된다. 이때 수면에 비스듬히 입사한 빛은 '굴절각＜입사각'이 되는데, 다음과 같이 이해할 수 있다.

그림 2는 옆으로 늘어선 대열이 바다를 향해 물가를 걸어가 비스듬히 물속으로 들어가는 모습을 나타낸다. 해변을 걸을 때의 속도 v_1에 비해 물속을 걷는 속도 v_2는 어쩔 수 없이 느려진다. 그럼 먼저 물에 들어간 사람부터 걸음이 느려지므로 대열은 그림처럼 저절로 구부러진다. 이것이 굴절이 일어나는 이유다.

그림 3처럼 입사각을 θ_1, 굴절각을 θ_2라 하면,

$$\frac{sin\theta_1}{sin\theta_2} = \frac{v_1}{v_2} = n_{12} \cdots\cdots ①$$

또는,

$$n_1 sin\theta_1 = n_2 sin\theta_2 \cdots\cdots ②$$

가 성립한다. 이것을 굴절의 법칙 또는 스넬의 법칙이라고 한다.

v_1, v_2는 각 매질 속에서의 파동의 속도, n_1, n_2는 각 매질의 굴절률(절대 굴절률), n_{12}는 매질 1에 대한 매질 2의 상대 굴절률이다.

[그림 2] **바다를 향해 나가는 대열**

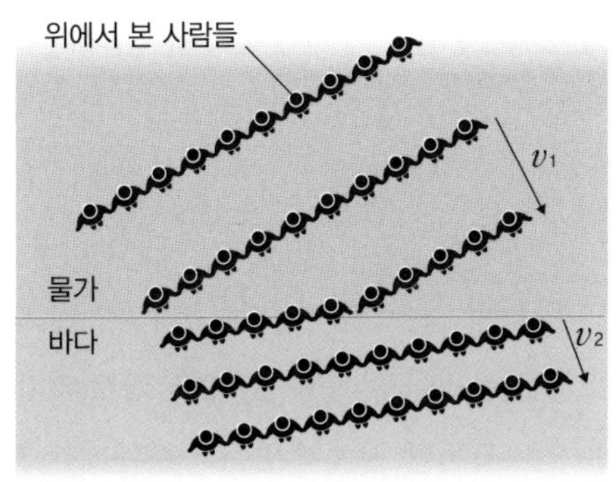

[그림 3] **굴절의 법칙(스넬의 법칙)**

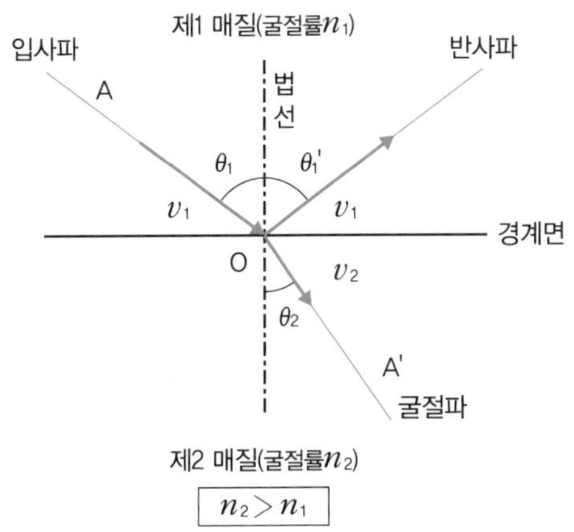

반사파 : 입사파와 같은 제1 매질 속을 진행하는 성분

굴절파 : 경계면을 넘어 제2 매질 속으로 진행하는 성분

입사각 θ_1, 반사각 θ_1', 굴절각 θ_2 :
각 파장이 진행하는 방향과 경계면에 세운 법선이 이루는 각

굴절률(절대 굴절률) :
기준이 되는 매질에 대한 굴절률

전반사

지금까지의 설명에서는 $v_1 > v_2$(따라서 $n_1 < n_2$)의 경우를 가정했다. 이때는 $\theta_1 > \theta_2$가 되어 어떤 입사각 θ_1에 대해서도 반드시 굴절이 일어난다.

만일 $v_1 < v_2$($n_1 > n_2$)라면 어떻게 될까? 빛이 물속에서 수면을 향해 진행하는, 혹은 소리가 공기 중에서 물속으로 진행하는 경우다.

이번에는 $\theta_1 < \theta_2$이므로 θ_1을 점점 크게 하면 θ_2가 먼저 90°가 되어 버린다. 이것은 굴절각의 상한이므로 이 이상의 입사각 θ_1에 대해서는 굴절이 일어나지 않고, 모든 파동은 경계면에서 반사한다. 이것을 전반사라 하고, $sin\theta_1 = \frac{v_1}{v_2} = \frac{n_1}{n_2}$이 되는 입사각 θ를 임계각이라고 한다. 임계각은 물에서 공기로 향하는 빛의 경우는 약 49°, 공기에서 물속으로 진행하는 음파의 경우는 약 13°다.

물속에 잠수하면 먼 곳의 수면이 거울처럼 물밑을 비추고, 외부의 소리는 거의 들리지 않는 것은 빛과 소리의 전반사 때문이다. 수면 위쪽 13°의 범위에는 보통은 음원이 없어서 공기로부터 소리가 들어오지 않는다. 풀장 관객석의 응원은 안타깝지만 물속에 있는 선수에게는 거의 들리지 않는다. 아티스틱 스위밍의 음원은 수중 스피커를 사용해 물속에서도 들린다.

[그림 4] **물속에 있는 사람이 인식하는 소리와 빛**

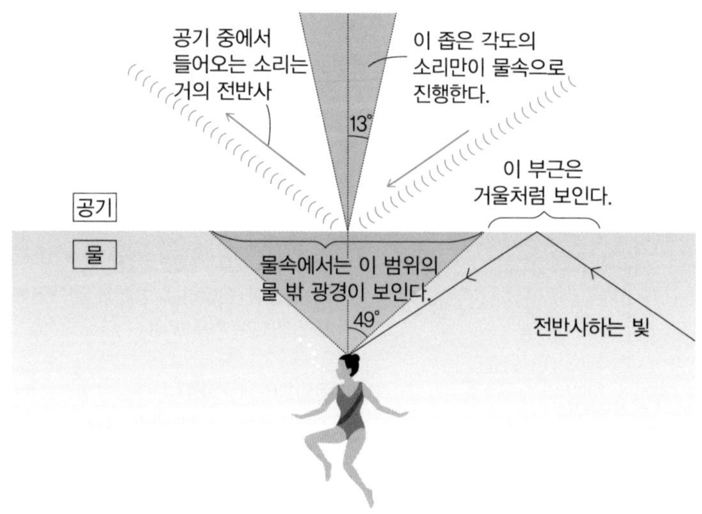

이렇게 쓰인다!

거울과 안경에서 대활약

반사와 굴절이 일상에 도움이 되는 예는 너무 많아 일일이 셀 수 없을 정도다. 매일 사용하는 거울을 비롯해 우리가 사물을 '볼 때'는 그 사물로부터의 반사광을 보는 것이기 때문에 빛의 반사는 생활에 큰 도움이 된다.

굴절도 안경과 돋보기, 망원경 · 쌍안경의 렌즈로 도움을 준다. 사진과 텔레비전의 화상도 렌즈가 만든 상을 활용하므로 굴절 덕분이라고 할 수 있다.

광섬유와 안전 표식에 활약

가는 유리 섬유의 단면을 통해 빛을 보내면 빛이 섬유 안쪽에서 전반사를 일으켜 측면으로 새어 나오지 않기 때문에 섬유를 따라 에너지 손실 없이 빛을 보낼 수 있다. 이것이 광섬유 기술이다. 광섬유는 인터넷이나 전화 등 정보 통신에 없어서는 안 되는 전송 수단으로, 우리는 매일 광섬유의 신세를 지고 있다. 의료 현장에서 사용되는 위 카메라와 내시경에도 광섬유 기술이 응용된다.

자전거 뒤쪽에 붙어 있는 빨간색 반사기도 전반사를 이용해 반사율을 높인다. 정육면체의 한 꼭짓점과 인접하는 세 개의 꼭짓점으로 정해지는 사면체 모양으로, 입사광을 전반사시켜 입사한 방향으로 정확히 다시 내보내는 유리나 플라스틱 반사기는 코너 큐브 리플렉터(corner cube reflector)라 하며 자전거의 반사기나 가드레일의 안전 표식에 폭넓게 이용된다.

50년 전 아폴로 계획(미국 항공 우주국(NASA)의 달 착륙 유인 비행 계획) 때 우주 비행사가 달에 설치하고 온 코너 큐브 리플렉터는 지금도 지구에서 쏘는 레이저 광선을 정확히 되돌려 보내고 있어서 달까지의 거리를 정밀하게 측정하는 데 도움을 준다. 전반사는 다방면에서 대활약하고 있다.

아이작 뉴턴 (Isaac Newton)

빛의 파동설과 입자설

빛은 파동이며 입자다.
빛의 정체를 둘러싸고 200년간 이어진 논쟁

발견의 계기!

—— 여기서 다시 아이작 뉴턴 선생님을 모시겠습니다. 뉴턴 선생님은 역학 분야에서 대활약을 하셨는데 빛의 연구도 하셨나요?

흥미를 가지면 뭐든 빠져드는 성격입니다. 빛의 연구는 1666년부터 구상했어요. 런던에서 흑사병이 크게 유행해 1년 반 정도 고향 울즈소프에 머물던 시기죠.

—— 프리즘 실험도 하셨어요.

젊을 때부터 빛에는 흥미가 있어서요. 망원경의 색수차(굴절률의 차이로 상이 전체적으로 흐려지는 현상)를 없애기 위해 반사 망원경을 발명했습니다.

—— 후세 사람들이 '뉴턴 망원경'이라고 부르는 대발명이죠.

개량형을 왕립협회에 기증했더니 몹시 기뻐하며 받았어요. 그 때문인지 1672년에 회원으로 맞아 주었습니다.

—— 1704년에는 빛 연구의 집대성으로 『광학』을 출판하셨죠. 한편, 1690년에 하위헌스는 『빛에 관한 논고』에서 빛의 파동설과 소원파라는 아이디어를 주장했는데요.

나는 두말할 것 없이 빛은 입자라고 생각합니다. 이 우주의 모든 것은 작은 입자로 되어 있고, 보편적으로 나의 역학 법칙에 따라 운동합니다. 빛도 예외는 아닐 겁니다. 장애물이 없으면 어디까지든 직진하는 것은 관성의 법칙(34쪽)으로 이해할 수 있어요. 장애물이 있으면 그늘이 생기잖아요. 물체로부터 힘을 받아 진로가 바뀐 증거죠!

원리를 알자!

빛의 파동설(하위헌스의 가설)

- 빛은 '에테르'라는 매질의 진동이 전달되는 파동 현상이다.
- 두 개의 빛이 교차해도 서로 방해하지 않는다.
- 하위헌스의 원리에 따라 소원파가 중첩한 결과로서 반사 · 굴절과 회절(파동이 진행하다가 장애물을 만나면 장애물 뒤쪽으로 휘어져 전파되는 성질) 같은 현상도 이해할 수 있다.

빛의 입자설(뉴턴의 가설)

- 빛은 광학 물질로부터 발사되는 매우 작은 입자다.
- 입자는 공기 중과 같은 매질 속을 직진한다.
- 입자는 매질의 경계에서 힘을 받아 운동 상태를 바꾼다(굴절 · 반사).

빛의 파동설

물체 뒤쪽으로도
휘어져 전파된다.

'에테르'의 진동이
파동으로 전파된다.

미소한 입자로 진공 안에서도
운동할 수 있다.

하위헌스와 뉴턴, 어느 쪽이 맞을까?

하위헌스는 빛은 파동이라는 입장을 취했다. 파동은 진동이 전달되는 현상이니까 진동을 전달하는 매질이 필요하다. 그래서 빛을 전달하는 매질로서 '에테르'라는 미발견 물질이 가정되었다. 파동이라면, 하위헌스의 원리(178쪽)에 의해 반사·굴절과 회절 등 여러 현상을 소원파 중첩의 결과로 무리 없이 설명할 수 있다.

반면에 뉴턴은, 빛은 작은 입자의 운동이라고 생각했다. 빛은 장애물만 없으면 계속 직진한다는 것, 회절이 없고 명료하게 장애물의 그늘을 만든다는 것이 그 증거라고 생각했다. 뉴턴의 역학에서는, 힘을 받지 않은 물체는 등속 직선 운동을 계속하므로(관성의 법칙), 빛의 입자도 마찬가지라고 생각한다. 빛이 반사·굴절하는 이유는 빛의 입자가 매질의 경계에서 힘을 받기 때문으로, 이것도 운동의 법칙에 들어맞는다고 생각했다.

빛 속도 측정이 승패를 결정한다?

빛이 공기에서 물로 입사할 때를 예로 들면, 빛은 입사각보다 작은 굴절각으로 물속에 들어간다. 이때, 파동설에 의한 설명은 '빛의 속도가 물속에서는 공기보다 느리기 때문에 하위헌스의 원리에 의해 굴절각이 작아진다'가 된다.

반면에 뉴턴의 입자설로 설명하면, '빛의 입자는 공기에서 물로 들어갈 때 물에 강하게 당겨지므로, 끌려 들어가듯 휘어져서 속도의 방향이 변화한다'가 된다. 이 경우, 입자의 속도는 물에 끌려 들어가는 것으로 가속되어 물속에서는 공기보다 빛의 속도가 빨라진다. 즉, 공기와 물속에서 빛의 속도를 측정해 비교하면 두 가설 가운데 어느 쪽이 옳은지 명확히 판단할 수 있다.

그러나 빛의 속도는 30만㎞/s로 너무 빠르기 때문에, 하위헌스와 뉴턴의 시대에는 측정할 수 없었다. 결국 뉴턴이 사망하고 100년이 더 지난 뒤에야 결론이 났다.

1849년에 프랑스의 물리학자 피조(Armand Hippolyte Louis Fizeau, 1819~1896)가 회전하는 톱니바퀴로 광속도 측정에 성공한다. 지상에서 이루어진 최초의 측정이었다. 그다음해인 1850년, 프랑스의 물리학자 푸코는 더 개량된, 회전하는 거울로 실험실 내에서 빛의 속도 측정에 성공한다. 푸코는 빛의 경로 도중에 가늘고 기다란 수조를 설치해 물속에서 빛의 속도를 측정했다. 결과는, 물속에서 빛의 속도는 공기 중의 약 $\frac{3}{4}$이었다. 하위헌스의 파동설이 승리한 것이다.

[그림 1] **공기 중에서 물속으로 빛이 입사할 때의 굴절 모양**

(a) **입자설**

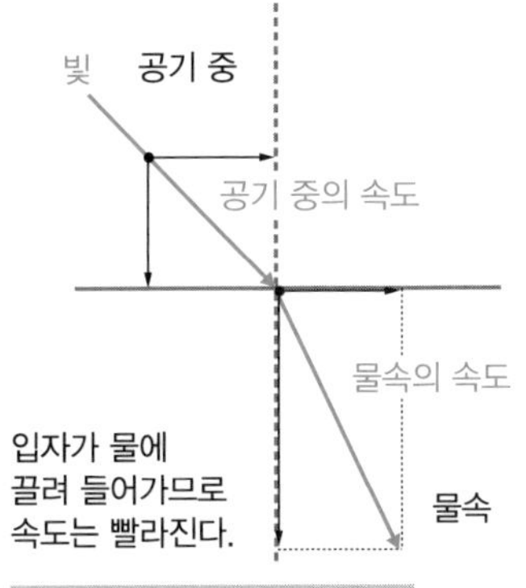

공기 중의 속도 < 물속의 속도

(b) **파동설**

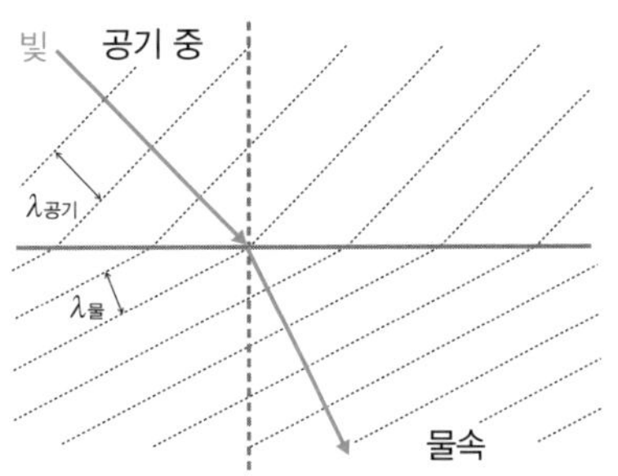

광파의 속도는 물속에서는 느려지고,
파장 λ도 짧아진다. $\lambda_{공기}$는 공기 중의 빛의 파장을,
$\lambda_{물}$은 물속의 빛의 파장을 나타낸다.

공기 중의 속도 > 물속의 속도

200년 넘게 계속된 논쟁이 마침내 결말나다

뉴턴의 역학이 완벽한 성공을 거두면서 뉴턴의 명성이 확고해져 하위헌스의 빛의 파동설은 한때 전세가 불리해졌다. 그러나 19세기에 들어서자 토머스 영(Thomas Young)을 비롯한 여러 학자가 한 정밀한 빛의 굴절 · 간섭 실험(205쪽)과 피조와 푸코의 빛 속도 측정의 결정적인 결과로, 빛이 파동의 성질을 갖는다는 사실이 실험으로 확인되었고 파동설은 역전 승리를 거두었다. 또, 1864년, 맥스웰이 빛은 전자파라는 것을 이론적으로 증명해, 빛의 정체가 완전히 밝혀진 것처럼 보였다.

그러나 승부는 이것으로 끝나지 않았다. 빛의 정체에 대한 논쟁은 20세기까지 계속되었다. 19세기 후반에 진행된 '흑체 방사'(빛을 반사하지 않는 물체가 발하는 빛) 연구로 빛을 전자파로만 생각해서는 설명할 수 없는 현상이 다시 지적되었다. 1900년 독일의 물리학자 막스 플랑크(Max Planck, 1858~1947)에 의한 '플랑크의 법칙'을 거쳐, 1905년 알베르트 아인슈타인(Albert Einstein)의 '광양자설'에 이르러 마침내 빛은 파동성과 입자성을 함께 갖는다는 '이중성'이 밝혀졌다.

오늘날에는 파동과 입자의 '이중성'은, 양자라 불리는 아주 작은 입자에 공통하는 기본적인 성질이라는 사실을 알게 되었으며, 이는 '양자 역학'의 기본적인 개념이 되었다.

이렇게 쓰인다!

보이는 방향에 사물이 있다고 믿는 이유

만일 빛이 음파처럼 굴절해 물체 뒤쪽으로도 휘어지는 성질을 갖고 있다면 우리가 보는 모든 것은 윤곽이 희미해서 위치도 정할 수 없게 될 것이다. 사물이 '보이는' 방향에 있다고 '믿는 것'은 빛의 직진성을 확신하기 때문이다.

도중의 경로가 똑같다면 빛은 광원으로부터 눈까지 직진했다고 우리는 판단한다. 반대로, 반사와 굴절이 도중에 일어나면, 실제로는 없는 곳에 광원이 있다고 착각한다. 거울 너머에 자신이 있는 것처럼…….

빛의 직진성이 뚜렷이 드러난 것은, 빛이 파장 0.5㎛(㎛는 1㎜의 1000분의 1) 전후라는, 매우 파장이 짧은 파동이었기 때문이다. 정밀한 실험을 하면 빛도 굴절·간섭을 일으킨다는 사실이 실험으로 확인된 것은 뉴턴이 사망한 뒤였다.

별이 보이는 이유는 빛의 입자성 때문이다

똑같은 밝기의 광원도 점점 멀어지면 외관상의 밝기가 감소하는 것은 체험적으로 알 수 있다. 눈에 들어오는 빛의 양이 거리의 제곱에 반비례해서 적어지기 때문이다.

밤하늘에서 맨눈으로 볼 수 있는 무수한 항성(별)은 사실은 태양과 같은 거대한 고온의 광구인데, 태양만큼 밝게 보이지 않는 이유는 그 별들이 빛의 속도로도 수년에서 수천 년 걸릴 만큼 멀리 있기 때문이다.

정확히 계산하면, 멀리 떨어져 있는 이런 별빛이 인간의 시세포에 '보였다'라는 자극을 주기 위해서는 빛을 고전적인 파동이라고 생각해서는 도저히 에너지가 충분하지 않다. 별은 보일 리 없다는 결론이 된다.

그러나 빛이 파동과 입자의 이중성을 갖고 있고, 그 진동수에 비례한 정해진 에너지를 갖는 입자(광자)로서 별에서 온다고 생각하면, 가령 그 수는 적어도 그것이 시세포에 닿으면 자극을 만들 수 있다. 우리가 밤하늘에서 별을 볼 수 있는 것은 사실은 빛의 입자성 때문이다.

모든 물질이 전달되는 구조 — 파동

빛의 분산과 스펙트럼

빛이 꺾이는 방식은 파장에 따라 다르다.
무지개가 보이는 구조부터 분광 분석 기술까지

발견의 계기!

—— 태양광 스펙트럼 연구로 '프라운호퍼 선'을 발견한 독일의 물리학자 요제프 폰 프라운호퍼 선생님을 모시고 이야기를 듣겠습니다. 렌즈 제조법을 개량해, 성능 좋은 프리즘 분광기를 개발했다고 들었습니다.

아버지가 유리를 만드는 직공으로, 나도 유리 거울 작업장에서 일했기 때문에 광학 기계를 만드는 데는 자신이 있습니다. 1831년경, 성능 좋은 프리즘에 작은 망원경을 달아서 빛의 스펙트럼을 정밀하게 관찰할 수 있는 분광기를 개발했죠. 그 분광기로 태양 광선을 관찰했더니 우리가 잘 아는 무지개의 띠 안에 약 700개의 가는 암선이 보였어요.

—— 1802년에 영국의 물리학자 울러스턴(William Hyde Wollaston)도 그중 몇 개는 발견한 것 같은데, 울러스턴은 깊이 파고들지 않았죠.

나는 그 가운데 570개 이상의 파장을 측정하여 기록해 이름을 붙였어요.

—— 그 암선이 유명한 '프라운호퍼 선'이죠. 뒤에 태양 대기와 지구 대기에 의한 '흡수 스펙트럼'이라는 것이 밝혀져 분광학과 천문학의 발전으로 이어졌습니다.

그렇습니다. 과학 발전의 계기를 만들 수 있어 다행이에요.

—— 독일 전역에 많은 연구소를 가지는 세계적인 연구 기관인 '프라운호퍼 연구소'에도 이름을 남기셨어요. 국민적 영웅이네요.

국민들이 나의 이름을 채택해 주어 큰 영광이라고 생각합니다.

원리를 알자!

- 우리 눈이 인식할 수 있는 파장(약400~800㎚)의 전자파를 가시광선(흔히 말하는 빛)이라고 한다.
- 입사한 광선이 프리즘 등에 의해 파장별로 분리되는 현상을 빛의 분산이라고 한다.
- 빛의 분산은 매질의 굴절률이 파장에 따라 다르기 때문에 일어난다.
- 분산에 의해 파장별 성분으로 분리된 빛의 띠를 스펙트럼이라고 한다. 일반적으로는 정보나 신호를 그 성분으로 분해해서 성분별로 대소를 나타낸 그림이나 표를 말한다.

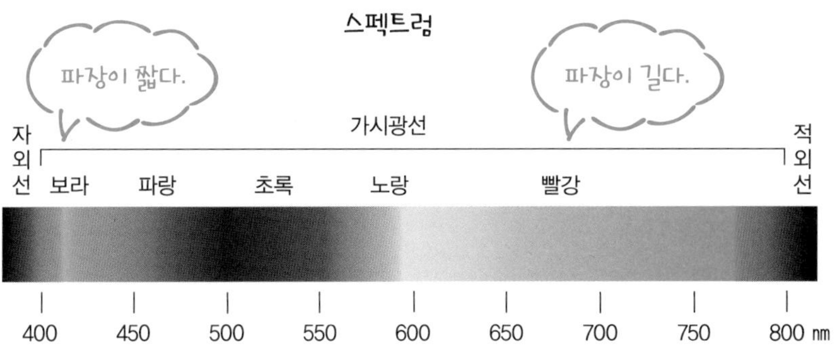

빛의 굴절은 파장(색)에 따라 달라서 프리즘 등으로 색깔별로 나눌 수 있다.

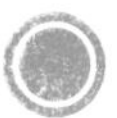

우리가 인식할 수 있는 무지개의 일곱 색깔

우리 눈은 진공 중에서의 파장이 약 400~800nm인 전자파를 직접 인식할 수 있고, 이것들을 가시광선이라고 한다. 빛의 '색'은 파장에 따르며, 파장이 짧은 쪽을 보라색, 긴 쪽을 빨간색으로 느낀다. 태양광 같은 백색광은 여러 가지 색의 가시광선이 섞인 빛이다.

빛의 속도는 진공에서는 파장과 진동수에 따라 다르지 않고 일정(약 30만km/s)한데, 물질 중에서는 파장(진동수)에 따라 조금씩 다르다. 가령, 유리에 백색광이 입사할 경우, 동시에 입사한 각 성분은 유리 안에서 차례로 갈라진다. 이 현상을 분산이라고 한다.

굴절의 법칙(스넬의 법칙, 184쪽)에 의하면 굴절률은 두 개의 매질 내에서 파장 속도의 비이므로 분산이 있는 경우에는 파장별로 굴절률이 달라진다. 그림 1처럼 빛이 비스듬히 입사할 경우, 입사각은 공통이어도 굴절률이 다르므로 파장별로 굴절되는 정도가 다르다. 이렇게 해서 백색광이 무지개의 일곱 색깔로 나뉜다. 나열된 색깔들을 관찰하면 빨강에서 보라로 갈수록 차츰 굴절률이 커진다.

빛이 프리즘 등에 의해 분산되어 만들어지는 색으로 분리된 빛의 띠를 스펙트럼(spectrum)이라고 한다.

[그림 1] 프리즘으로 빛을 색깔별로 나눈다

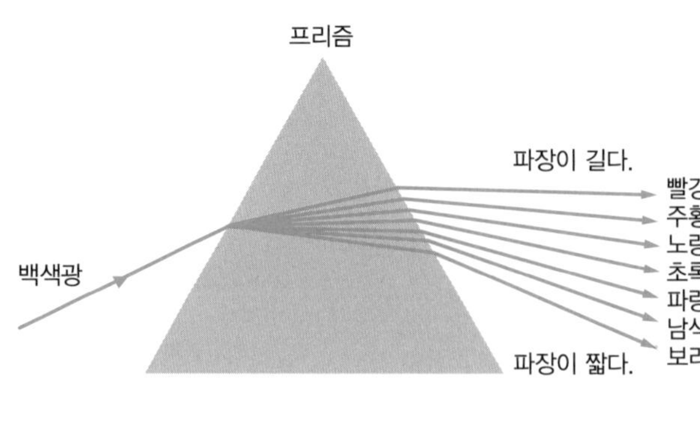

무지개 색깔은 빛의 성분이었다 — 뉴턴의 연구

뉴턴은 1666년부터 다음해에 걸쳐 당시 널리 알려진 '프리즘으로 백색광이 물드는' 현상을 자세히 관찰했다. 뉴턴은 방을 어둡게 한 다음 창에 만든 작은 구멍을 통해 한 줄기 태양 광선이 들어오게 했다. 그러곤 그 빛을 프리즘으로 굴절시켜 스펙트럼이 만들어지는 것을 관찰했다. 뉴턴은 무지개 색깔의 띠에 늘어선 하나하나의 색깔이 '빛의 성분'이라는 것을 깨달았다.

이어서 뉴턴은 일단 분산시킨 빛이 역으로 배치한 두 번째 프리즘을 통과해 합쳐지면서 다시 백색광으로 바뀌는 것을 실험으로 확인해 백색광은 다른 색깔 성분의 혼합광이라는 사실을 밝혀냈다. 뉴턴은 이 색띠에 '스펙트럼'이라는 이름을 붙였고, 1672년에 이러한 연구 성과를 『빛과 색깔에 관한 새 이론』으로 발표했다.

[그림 2] **뉴턴의 프리즘 실험**

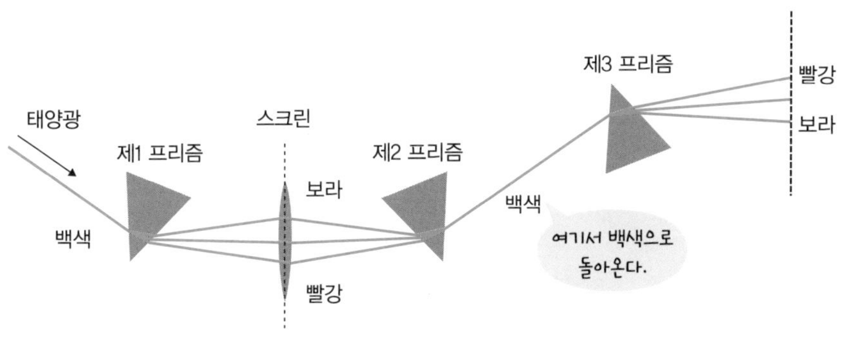

백색광(태양광)을 프리즘으로 분광한 뒤,
렌즈로 모아서 다시 프리즘에 통과시키면 백색광으로 바뀐다.
이 실험으로 뉴턴은 무지개 색깔의 띠가
백색광을 구성하는 성분이라는 사실을 증명하고
이를 '스펙트럼'이라고 이름 붙였다.

무지개는 왜 보일까?

비가 갠 하늘에 일곱 색깔 무지개가 뜬 것을 한 번쯤 본 적 있을 것이다. 그 아름답고 웅장한 무지개는 어떻게 나타나는 걸까?

빗방울이 아직 공중에 있을 때 태양 빛을 받으면 태양 광선이 물방울에서 그림 3처럼 굴절 → 내면 반사 → 굴절이 되어 되돌아온다. 이 빛이 태양을 등진 관측자의 눈에 전해진다. 물도 분산이 일어나고, 빛은 분산해서 파장(색깔)마다 조금씩 다른 정해진 각도로 굴절해 오기 때문에 관측자에게는 그 방향에 무지개 띠가 걸린 것처럼 보인다.

색띠는 태양과 반대인 방향을 중심으로 빨간색은 42°, 보라색은 40°인 시반경의 원이 된다(이 각도는 물의 굴절률로 정해진다). 무지개는 물방울에 의해 분산된 태양 빛의 색깔 띠다.

[그림 3] **무지개가 보이는 구조**

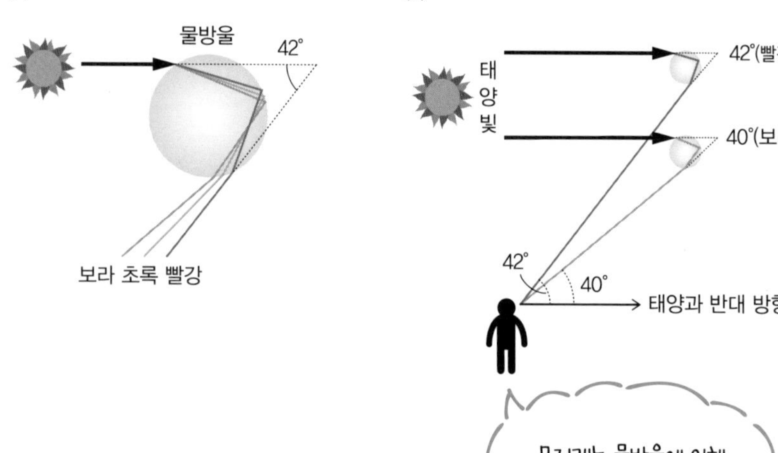

이렇게 쓰인다!

선스펙트럼은 원소를 특정할 수 있는 수단

프라운호퍼는 고성능 프리즘 분광기를 직접 개발하여 1814년경, 태양 광선의 스펙트럼을 자세히 관찰해 무지개 색깔의 띠 안에 약 700개의 암선이 있는 것을 발견했다. 그중 570개가 넘는 암선에 대해서 파장을 계측해 이름을 붙이고, 계통적인 연구를 했다. '프라운호퍼 선'으로 불리는 이 암선은 태양과 지구 주변에 있는 기체(대기)에 의한 '흡수 스펙트럼'이라는 사실이 이후에 밝혀졌다.

한편, 고온으로 뜨거워진 원자가 발하는 빛은 몇 가지 정해진 파장을 가진 빛만의 '선스펙트럼'이 된다. 그 유형은 원소별로 정해져 있어서 이것을 관찰하면 발광하는 원소를 특정할 수 있다. 이것이 1859년에 키르히호프(Gustav Kirchhoff, 1824~1887)와 분젠(Robert Wilhelm von Bunsen, 1811~1899)이 개발한 분광 분석법으로, 소량의 시료로도 원소를 특정할 수 있어서 새로운 원소의 발견이 더욱 빨라졌다.

흡수 스펙트럼으로 멀리 떨어진 별의 구성 원소도 알 수 있다

고온이 아닌 원자는 자신이 내는 것과 똑같은 파장의 빛을 선택적으로 흡수하는 성질이 있어서 광원으로부터 나오는 빛을 기체에 통과시키면 연속 스펙트럼에 어두운 선이 나타난다. 이것을 '흡수 스펙트럼'이라고 한다. 명암이 역전할 뿐 유형은 선스펙트럼과 똑같기 때문에, 흡수 스펙트럼으로도 원인이 되는 원소를 특정할 수 있다.

흡수 스펙트럼을 이용해 태양은 주로 수소로 이루어졌고, 주기율표에서 철까지의 원소들도 약간이지만 포함되어 있다는 사실을 지구에서도 알 수 있다.

또, 지구에서는 발견되지 않은 새로운 원소를 태양 스펙트럼에서 먼저 발견하여 '헬륨'이라고 이름 붙이기도 했다. 멀리 떨어진 별의 구성 원소에 관한 정보도 얻을 수 있다.

파동

빛의 회절 · 간섭

파동은 장애물 뒤로 돌아서 가고, 서로 겹쳐지는 성질을 갖는다. CD와 DVD의 구조에 이용

발견의 계기!

—— 영국의 천재 과학자 토머스 영 선생님입니다.

하하하, 천재라니 부끄럽네요.

—— 어릴 적부터 어려운 책과 성서를 읽었고, 13~14살에 여러 언어를 능숙하게 구사했으며, 라틴어, 그리스어 학자로도 활동했고 또, 개업의이기도 했죠. 이집트의 상형 문자 연구도 하셨죠? 대체 본업은 뭔가요?

1801년에 왕립연구소의 자연철학 교수가 되었으니 신분은 물리학자죠.

—— 빛에 대한 연구는 어떤 계기로 시작했나요?

의사로서 난시 같은 시각에 흥미가 있어서 광학의 길에 들어섰죠. 나는 사람의 색각이 '빨강, 초록, 파랑' 삼원색으로 구성된다고 생각했습니다.

—— 1802년에 「빛의 색깔과 이론에 대하여」라는 논문으로 빛의 파동설이 지지받았어요.

그때는 뉴턴의 입자설 지지자들에게 심하게 반대를 당했어요. 그래도 『자연철학강의』(1807년)에 수록한 이중 슬릿 실험이 결정타가 되었죠. 간섭 현상은 빛을 파동이라고 생각하지 않으면 설명할 수 없으니까.

—— 그것이 빛의 파동설을 결정지은 역사적인 '영의 실험'이군요.

원리를 알자!

- 파동이 장애물 뒤쪽으로 돌아서 전달되는 현상을 '회절'이라고 한다.
- 둘 이상의 파원으로부터 나온 파동이 겹쳐 서로 강해지기도 하고 약해지기도 하는 것을 '간섭'이라고 한다. 간섭으로 강해지는 장소, 약해지는 장소는 정해져 있다.
- CD, DVD의 표면에 무지개색이 보이고, 비눗방울의 표면과 수면의 유막이 색깔을 띠고, 자개와 보석 오팔의 미묘한 색깔도 빛의 간섭이 만드는 것이다.

(a) 빛의 회절

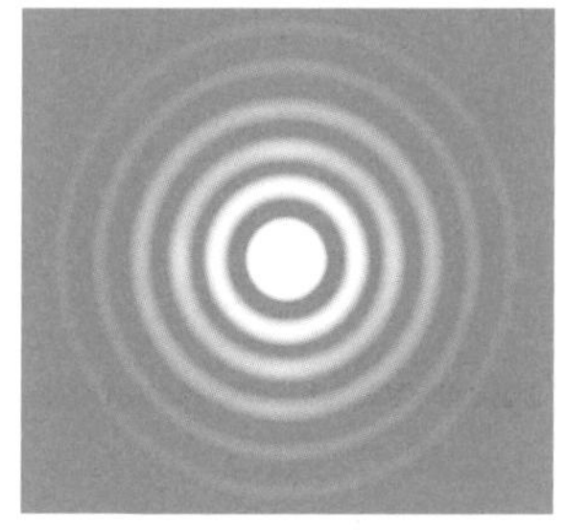

a) 레이저 빛이 작은 구멍(핀홀)을 통과하면 스크린에는 흐릿하게 넓어진 상이 나타난다. 빛이 구멍을 지날 때 회절하기 때문이다. 그림은 확대한 것.

(b) 빛의 간섭

b) 레이저 빛이 가까이 있는 두 개의 틈(슬릿)을 지나면 스크린에는 밝고 어두운 띠로 이루어진 무늬가 만들어진다(영의 실험).

파동은 장애물의 뒤쪽으로 돌아서 간다(회절). 다수의 파장이 겹치면 서로 강하게 하거나 약해지게 한다(간섭).

회절의 모양

알기 쉽게 물결파로 설명하자. 빛도 파동으로 같은 성질을 가진다.

그림 1은 물결파 투영 장치(물결파의 성질을 관찰하기 위한 장치)로 관찰한, 수면의 물결파 모습이다. 각 수면의 아래쪽 좁은 틈을 빠져나온 물결이 위쪽으로 퍼진다. 검은 부분은 벽인데, 그 뒤쪽으로도 물결이 돌아서 퍼진다. 이것이 회절이다.

파장이 길면 회절하는 물결이 확실하게 보이지만 파장이 짧아질수록 직진하는 물결이 현저해지면서 회절이 눈에 띄지 않는다.

[그림 1] **물결파 투영 장치에 의한 수면에서의 물결 모습**

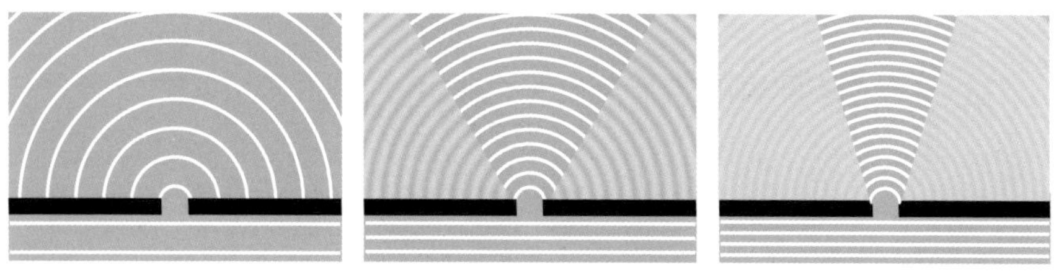

파장이 길다. ⟷ 파장이 짧다.

간섭의 모양

두 개의 파원 S_1, S_2로부터 동위상(마루, 골의 타이밍이 일치하는 것)에서 파장이 같은 파동이 원형으로 퍼져서, 얇은 실선의 원이 마루, 얇은 점선의 원이 골을 나타낸다고 하자(그림 2).

검은색의 점은 마루와 마루, 혹은 골과 골이 겹쳐 서로를 강하게 하는 장소로, 두꺼운 실선을 따라 늘어서 있다. 회색 점은 마루와 골이 겹쳐 상쇄되는 장소로, 두꺼운 점선을 따라 늘어서 있다.

이렇게 해서 간섭에 의해 서로를 강하게 하는 점, 약하게 하는 점은 항상 일정한 장소에 생긴다.

[그림 2] **두 개의 파동이 서로를 강하게 하는 점, 약하게 하는 점**

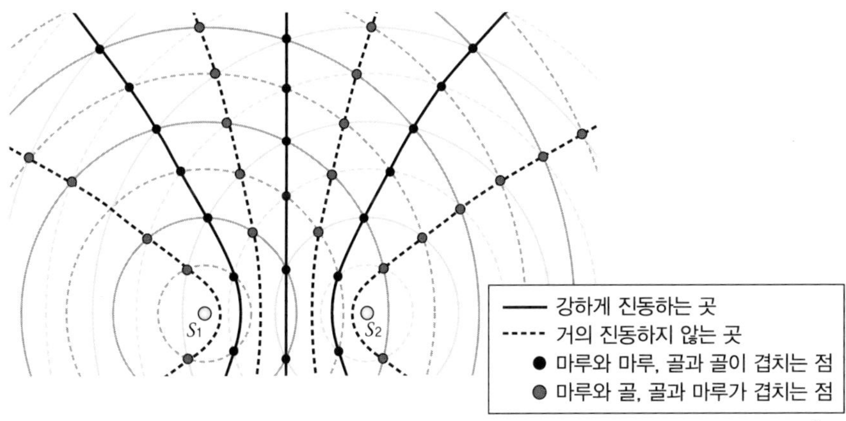

 빛의 파동성을 결정지은 영의 실험

영의 이중 슬릿 실험은 빛의 파동성을 결정짓는 증거가 되었다. 이중 슬릿이란, 좁은 틈을 나란히 두 개 놓은 것이다. 두 개의 틈이 그림 2의 파원 S_1, S_2에 해당한다. 이 이중 슬릿을 빠져나간 빛은 하위헌스의 원리에 따라 회절·간섭을 해 스크린에 밝고 어두운 띠로 이루어진 무늬를 만든다.

빛의 파장은 0.5㎛ 정도로 매우 짧기 때문에 관찰할 수 있는 간섭무늬를 만드는 데는 이중 슬릿의 간격을 상당히 좁힐 필요가 있다. 현대에는 레이저를 사용해 비교적 쉽게 실험할 수 있다.

투명한 판 1㎜ 안에 수백 개의 같은 간격으로 평행선을 그은 것을 '회절격자(그레이팅)'라고 한다. 영의 실험에서는 두 개였던 슬릿을 무수히 늘린 것이라고 생각할 수 있다.

회절격자는 빛을 파장별로 나누는 분광기로 이용된다. 프리즘보다 좋은 도구를 만들 수 있는 분해능(분광기가 서로 접근한 두 개의 스펙트럼선을 분리할 수 있는 정도)이 현대 분광학의 주역이다.

이렇게 쓰인다!

CD, DVD의 구조

CD와 DVD의 데이터를 읽는 데는 빛의 간섭이 교묘히 사용된다. 음악용 CD-DA(CD에 음악을 비롯한 음성을 담는 규격)를 예로 설명하자.

CD의 기록면(은색 면)을 확대하면 그림 3과 같은 구조로 되어 있다. 알루미늄 박막을 증착(진공 중에서 금속이나 화합물 등을 가열, 증발시켜 그 증기를 물체 표면에 얇은 막으로 입힘)한 평면 위에 섬 같은 피트가 줄을 맞춰 늘어서 있다. 이 줄을 트랙이라고 한다. 트랙을 따라 레이저 빔을 쏴서 피트의 유무를 읽는다.

사실 피트는 플라스틱 내 빛의 파장의 $\frac{1}{4}$높이로 만들어졌다. 그래서 피트에 부딪힌 빛은 랜드에서 반사한 빛보다 왕복으로 $\frac{1}{2}$파장(반파장)만큼 짧은 거리로 돌아오게 된다.

$\frac{1}{2}$파장 차이가 난다는 것은 마루와 골이 역전한다는 것과 같기 때문에 피트의 반사광과 주변에 있는 랜드의 반사광으로 간섭이 일어나 서로 상쇄해 반사광이 약해진다. 피트가 없는 곳은 랜드에서만 반사되는 반사광 세기 그대로 돌아오기 때문에 피트의 유무를 반사광의 강도 변화로 읽을 수 있다.

[그림 3] **CD의 기록면(확대)**

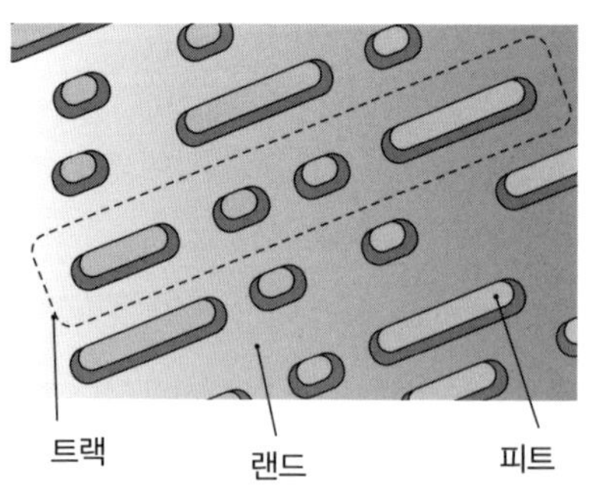

[그림 4] **반파장 차이 나는 구조**

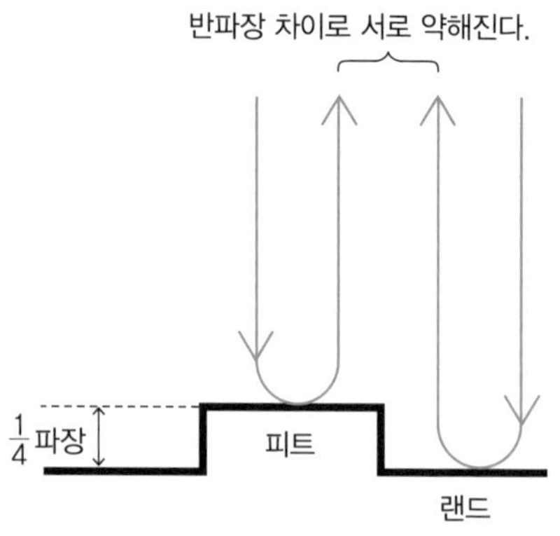

CD와 DVD의 기록 면이 무지개 색깔인 이유

CD와 DVD의 은색 면에 빛이 닿으면 무지개 색깔이 보인다. 이것은 기록 면의 규칙적인 트랙 간격이 회절 간격과 같은 작용을 해서 간섭이 일어나 백색광을 분광하기 때문이다.

CD와 DVD의 기록 면을 비교하면 DVD의 무지개 무늬가 넓다. 이것은 기록 밀도가 높은 DVD 쪽이 트랙 피치가 좁기 때문에 같은 파장의 빛에서도 서로 강하게 하는 각도가 커진다.

고밀도의 기록이 가능한 블루레이 디스크(DVD의 후속인 광디스크)에서는 이런 무지개 색깔을 볼 수 없다. 그것은 트랙 피치가 너무 좁아져서 가시광선의 파장으로는 간섭이 일어나지 못하기 때문이다.

모든 물질이 전달되는 구조

파동

도플러 효과

운동에 의해 파동의 진동수가 변한다.
속도위반 측정과 우주의 팽창도 알 수 있다.

발견의 계기!

—— '도플러 효과'로 이름을 남긴 분은 물리학자, 수학자, 천문학자인 크리스티안 도플러 선생님입니다. 어떤 계기로 이 효과를 발견하셨나요?

'음원과 관측자가 운동하면 소리의 높이가 본래의 소리와 다르게 들린다'는 현상은 이전부터 경험적으로 알려진 거예요. 나는 이 현상을 파동의 전파를 토대로 설명해 이중성의 색깔 변화를 설명하려고 했죠.

—— 그것이 1842년에 발표한 「이중성 및 그 밖의 몇 개 항성의 착색광에 관하여」라는 논문이군요.

빛의 색은 진동수를 반영하니까 색의 차이는 별의 운동 결과가 아닐까 추론한 거죠.

—— 원래 목적은 소리가 아니라 별빛이었군요. 참고로, 별의 색은 표면 온도로 결정되죠?

그걸 안 것은 내가 죽은 뒤의 이야기에요……. 결과적으로, 나의 예상은 빗나갔지만.

—— 하지만 소리에 대한 고찰은 옳았기 때문에 후세에 이름을 남기셨죠.

감사합니다. 도플러 효과는 1845년에 보이스 발롯이 실험으로 확인해 주었어요. 내가 이론을 발표하고 3년이 지난 뒤에 벌어진 일이죠. 발롯에게 감사해야겠네요.

원리를 알자!

- 음원과 관측자의 운동에 의해 음원이 내는 소리와 다른 진동수(높이)의 음이 관측되는 현상을 '도플러 효과'라고 한다.
- 음원이 가까이 다가올 때는 원래 소리보다 높게, 멀어질 때는 낮게 들린다.

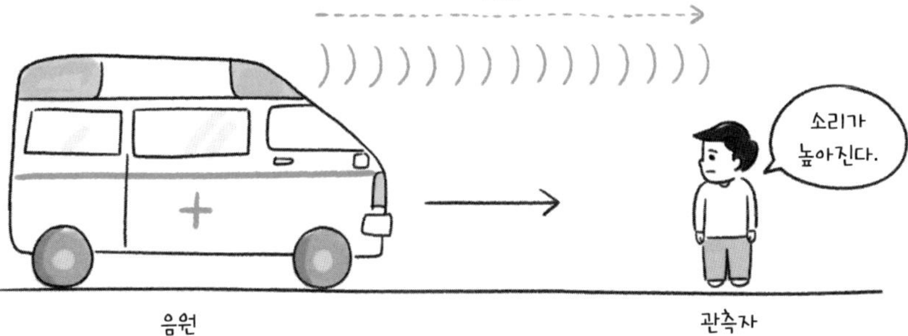

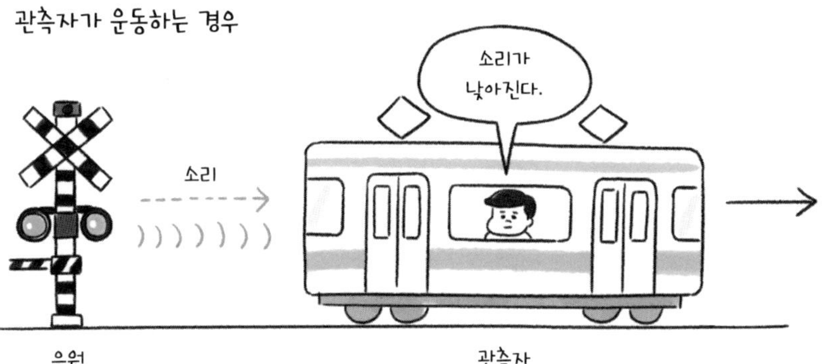

음원과 관측자가 가까워질 때는 원음보다 높게, 서로 멀어질 때는 낮게 들인다.

도플러 효과의 식을 유도한다

도플러 효과의 예로, 구급차가 옆을 지날 때 사이렌 소리의 변화를 들 수 있다. 이 경우 음원이 가까워질 때는 원래 소리보다 높게, 멀어질 때는 낮게 들린다. 왜 그럴까. 직선상을 음원 S가 속도 u_s, 관측자 O가 속도 u_o로 운동할 때 음원이 내는 소리의 진동수 f_s와 관측자가 듣는 소리의 진동수 f_o의 관계는 다음과 같이 나타낼 수 있다. $f_o > f_s$라면 원래 소리보다 높게 들린다.

$$f_o = \frac{v-u_o}{v-u_s} \cdot f_s \quad \cdots\cdots ①$$

'파동의 파장과 진동수'에서 설명한 파동 기본식 $v=f\lambda$를 토대로 생각해 보자 (163쪽). 소리는 눈에 보이지 않지만 만일 소리의 파면이 보인다면, 같은 간격으로 방출된 파면이 음속 v로 차례로 퍼지는 것처럼 보일 것이다. 단, v는 매질(공기)에 대한 속도로, 바람은 불지 않는 것으로 한다.

속도 u_s로 달리는 음원 S에서 보면 자신의 속도를 뺀 상대 속도 $v-u_s$로 소리가 진행하는 것처럼 보일 것이다. 반면에 속도 u_o로 진행하는 관측자 O가 보면 퍼지는 소리는 상대 속도 $v-u_o$로 자신을 향해 오는 것처럼 보일 것이다(이것들을 상대 음속이라 부르기로 한다).

음의 고저는 진동수의 대소에 대응한다. 음원이 내는 소리의 진동수를 f_s, 관측자가 듣는 소리의 진동수를 f_o이라고 하면 파동의 기본식 $v=f\lambda$에서, 각각이 보는 파장(파면의 간격) λ는, 음원에 대해서 $\lambda = \frac{v-u_s}{f_s}$, 관측자에 대해서 $\lambda = \frac{v-u_o}{f_o}$가 된다. 단, v에는 상대 음속을 대입했다. 그러나 λ는 같은 길이를 보는 것이니까 누가 보든, 또 운동하면서 보든 변하지 않으므로 두 식을 같다고 두면 $\lambda = \frac{v-u_s}{f_s} = \frac{v-u_o}{f_o}$이 된다. 이 식을 변형하면 식 ①을 얻는다.

또, 식 ①을 $\frac{f_o}{f_s} = \frac{v-u_o}{v-u_s}$로 변형하면, 이것은 '다른 운동을 하는 O와 S가 각각 듣는 소리의 진동수의 비는, 양자에 대한 상대 음속의 비와 같다'가 된다. 진동수를 '같은 간격으로 늘어선 파면을 1초 동안에 방출하거나 받는 수'라고 생각하면 상상하기 쉽다.

[그림 1] **도플러 효과가 일어나는 이유**

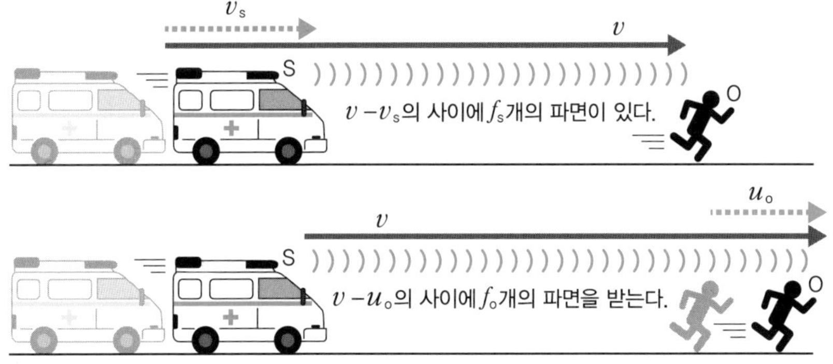

오른쪽 방향으로 움직이는 파원으로부터 일정한 주기로 방출되는 원형파를 물결파 투영 장치로 가시화한 화상을 그림 2에 나타냈다. 자신이 방출한 물결파를 좇듯이 파원이 진행하는 전방(오른쪽)에서 파장이 짧고, 후방(왼쪽)에서 파장이 길어지는 것을 알 수 있다. 음파도 마찬가지로 퍼진다고 상상하자.

[그림 2] **물결파 투영 장치로 도플러 효과를 가시화하면…….**

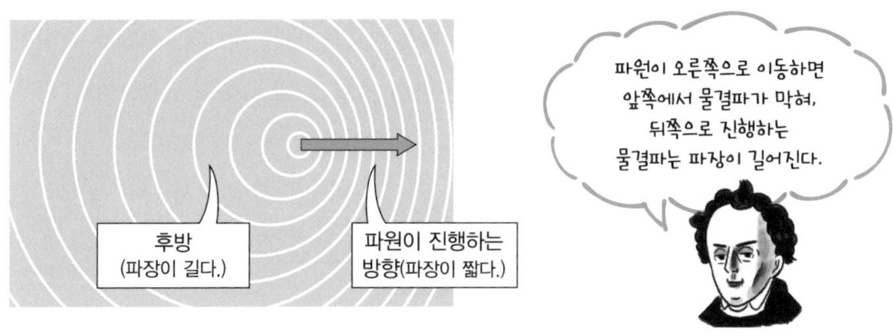

바위스 발롯의 실험

네덜란드의 화학자이자 기상학자 바위스 발롯(Buys Ballot, 1817~1890)은 1845년에 네덜란드의 위트레흐트에서 도플러 효과의 검증 실험을 했다. 지붕이 없는 기차에 트럼펫 연주자를 태우고 일정한 높이의 소리를 내며 여러 속도로 달리게 했다. 그리고 철도 옆의 관측 지점에는 절대 음감의 음악가를 여러 명 배치해, 가까워지고 멀어지는 트럼펫 소리의 높이를 듣고 기록했다. 아직 주파수 측정기가 없고, 갓 개통된 철도가 가장 빠른 교통 수단이었던 시대의 이야기다.

이렇게 쓰인다!

자동차 속도위반 단속

도플러 효과는 야구에서 구속을 측정하는 '스피드 건', 자동차의 속도위반을 찾아내는 과속 감시 카메라에도 사용된다. 원리는 양쪽 모두 같아서, 측정 대상인 물체를 향해 전파(마이크로파) 펄스를 발사해, 도플러 효과를 통해 변화한 반대파의 진동수로부터 대상 물체의 속도를 계산한다.

기상용 레이더에도 이 기술이 응용된다. 이 경우, 대상 물체는 공중을 낙하 중인 빗방울이다. 바람의 영향으로 움직이는 빗방울에서 반사되는 마이크로파를 측정하여 레이더에 가까워지는 바람의 속도와 멀어지는 바람의 속도를 측정한다. 대기의 강한 회전을 검출해서 회오리바람 예보 등에 도움이 된다.

[그림 3] **속도위반 단속 장치**

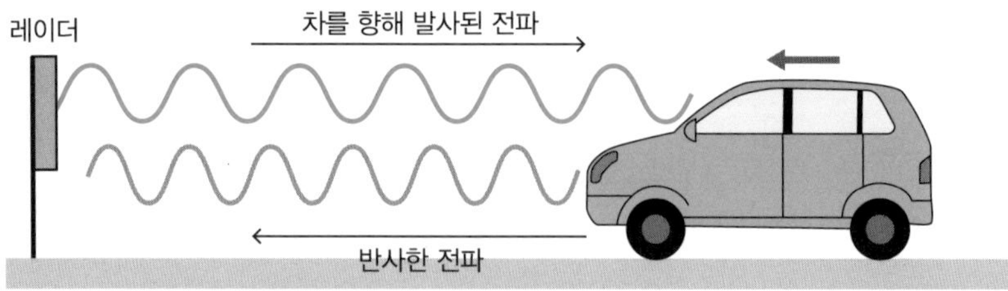

레이더 장치에서 발사된 전파는 움직이는 자동차에서 반사할 때 도플러 효과로 파장이 짧아진다. 진동수의 변화로 차의 속도를 계산할 수 있다.

 우주의 팽창과 외계 행성의 존재도 도플러 효과로 알았다

1912년, 미국의 천문학자 슬라이퍼(Vesto Melvin Slipher, 1875~1969)가 멀리 떨어진 은하의 스펙트럼을 볼 수 있는 흡수선(프라운호퍼선, 201쪽)이 본래 위치보다 빨강 쪽으로 이동한 것을 발견했다. 즉 진동수가 감소한 것이다.

이 현상은 '적색 편이'로, 은하가 지구로부터 멀어지는 운동을 하고 있음을 의미한다. 1929년에 미국의 천문학자 허블(Edwin Powell Hubble, 1889~1953)이 은하까지의 거리와 적색 편이로부터 산출되는 후퇴 속도 사이에 비례 관계가 있다는 사실을 찾아내어 '우주의 팽창'과 '빅뱅'이라는 대발견으로 이어졌다.

2019년 노벨 물리학상은 처음으로 태양계 외 행성을 발견한 스위스 사람 마요르(Michel Mayor)와 켈로((Didier Queloz)가 수상했다. 마요르와 켈로가 페가수스자리 51번 별 주위를 도는 보이지 않는 행성의 검출에 사용한 방법은 '시선 속도법(radial velocity method)'이다. 이 방법은 '행성의 중력으로 항성에 작은 주기적 운동이 생기는 현상을 정밀한 빛의 도플러 효과 측정으로 확인'하는 것이다.

이것은 도플러가 이중성(어떤 중심점의 둘레를 계속 공전하는 두 개 이상의 항성) 연구에 적용한 것과 같은 발상이다. 관측 기술의 발전이 이것을 가능하게 했다.

빛의 도플러 효과가 가져온 관측 사실은 우리의 우주관을 180도 바꿔 놓았다. 도플러는 이들의 성과를 틀림없이 기뻐할 것이다.

유체

기체와 액체는 어떻게 움직일까?

기체와 액체는 어떻게 움직일까?

유체

아르키메데스의 원리

물체가 액체에 뜨는 원리,
흘수 검정과 잠수함에도 활약

발견의 계기!

——— '아르키메데스의 원리'는 고대 그리스의 과학자 아르키메데스 선생님이 발견했죠. 당시 그리스 도시 국가인 시칠리아 섬의 시라쿠사 출신으로, 이집트 알렉산드리아에서 교육을 받으셨어요. 뒤에 시라쿠사에 돌아와 수학, 물리학, 공학 등 여러 분야에서 공적을 남기셨죠. 아르키메데스 선생님, 죄송한데, 제 말 좀…….

(지면에 어떤 도형을 그리고 있다.)

——— 아, 이 발견은 '부력의 원리'라고도 하죠. 저기, 죄송한데, 말씀 좀…….

……뭐야, 당신. 당신의 큰 그림자 때문에 하마터면 소리를 지를 뻔했잖소. 황금의 관 이야기를 듣고 싶다는 건가요?

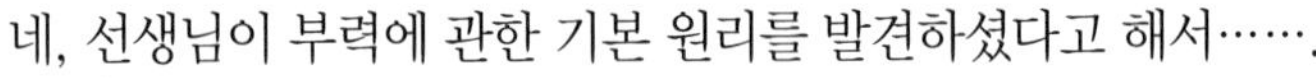
——— 네, 선생님이 부력에 관한 기본 원리를 발견하셨다고 해서…….

뒤에 '아르키메데스의 원리'라 불리는 것 같던데. 그건 원래 시라쿠사의 왕 히에론 2세에게서 부탁받은 일이었어요.

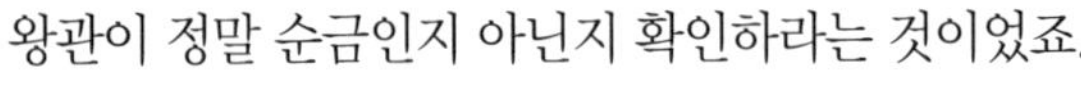
——— 왕관이 정말 순금인지 아닌지 확인하라는 것이었죠.

공중목욕탕의 탕에 들어갔을 때 물이 넘치는 것을 보고 그 방법이 떠올랐죠. 너무 기뻐서 알몸으로 '유레카(알았다)!'라고 외치며 집까지 뛰어갔어요.

——— (연구에 몰두하면 자신도 잊어버리는 타입이군.)

원리를 알자!

- 유체(기체나 액체)에 물체의 일부나 전체가 잠겨 정지하고 있으면 그 물체가 밀어낸 유체의 무게만큼 위쪽으로 힘이 작용한다.
- 이것을 부력이라 하고 다음 식으로 나타낼 수 있다.

$$F = \rho V g$$

F는 부력
ρ는 유체의 밀도
V는 물체가 유체 중에 있는 부피
g는 중력 가속도

ρV는 유체의 밀도×부피로, 유체의 질량을 나타내므로 ρVg는 유체의 무게가 된다.

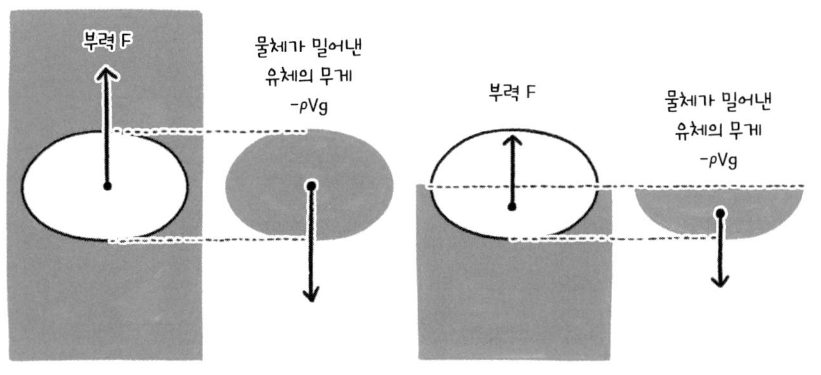

우리 몸도 공기를 밀어내고 있으므로
몸의 부피만큼 공기 무게와
똑같은 부력을 받는다.

물체에 작용하는 부력은 물체가 밀어낸 유체의 무게와 같다.

치환된 유체의 무게와 부력의 관계

아르키메데스는 저서 『부유하는 물체에 대하여』에서, 유체 중에 있는 물체에 관계하는 힘에 대해 언급한다. 이것은 뒤에 '아르키메데스의 원리'라 불리는 원리의 기본적인 생각이다. 단순화한 모델로 생각해 보자.

부피가 100㎤로 똑같고 밀도가 다른 정육면체 A, B, C를 준비한다(각각의 밀도는 A 2g/㎤, B 1g/㎤, C 0.5g/㎤로 한다). 이 정육면체들이 물속에 완전히 잠긴 경우를 생각한다. 물의 밀도는 1g/㎤로 일정하다고 하자.

[그림 1] **부피가 같고 밀도가 다른 정육면체**

A

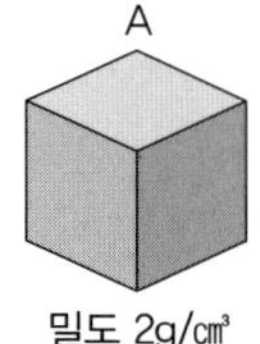

밀도 2g/㎤

B

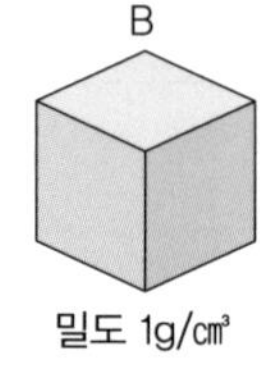

밀도 1g/㎤

C

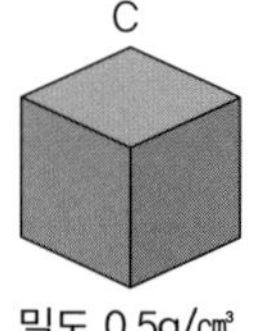

밀도 0.5g/㎤

이때 정육면체에 작용하는 부력은 치환된 유체(지금의 경우는 물)의 무게와 같은 100그램중으로, 위쪽으로 작용한다(국제단위계에서 무게의 단위는 뉴튼[N]인데, 여기서는 알기 쉽게 그램중으로 한다). 그램중은 1그램당 가해지는 중력 가속도의 힘을 말한다. 기호는 gw이다.

또, 정육면체에는 중력이 작용하므로 정육면체는 아래를 향하는 힘(무게)을 갖는다. 정육면체 A, B, C의 무게는 각각 200그램중, 100그램중, 50그램중이 된다. 물속에 잠긴 정육면체에는 부력과 중력이라는 반대되는 두 힘이 작용하는 것이다.

정육면체 A에서는 위로 100그램중, 아래로 200그램중의 힘을 받으므로 작용하는 힘은 아래로 100그램중이 되어서 정육면체는 바닥으로 가라앉는다(그림 2-a).

정육면체 B는 위로 100그램중, 아래로 100그램중의 힘을 받기 때문에 차이가 0이 되어 정육면체는 상승도 하강도 하지 않고 그 위치에 머문다(그림 2-b).

정육면체 C는 위로 50그램중의 힘이 작용하기 때문에 위로 뜬다(그림 2-c). 지금의 경우는 점성과 마찰에 의한 에너지 소비를 생각하지 않았으므로, 이 정육

[그림 2] **물속에 완전히 잠긴 정육면체에 작용하는 힘**

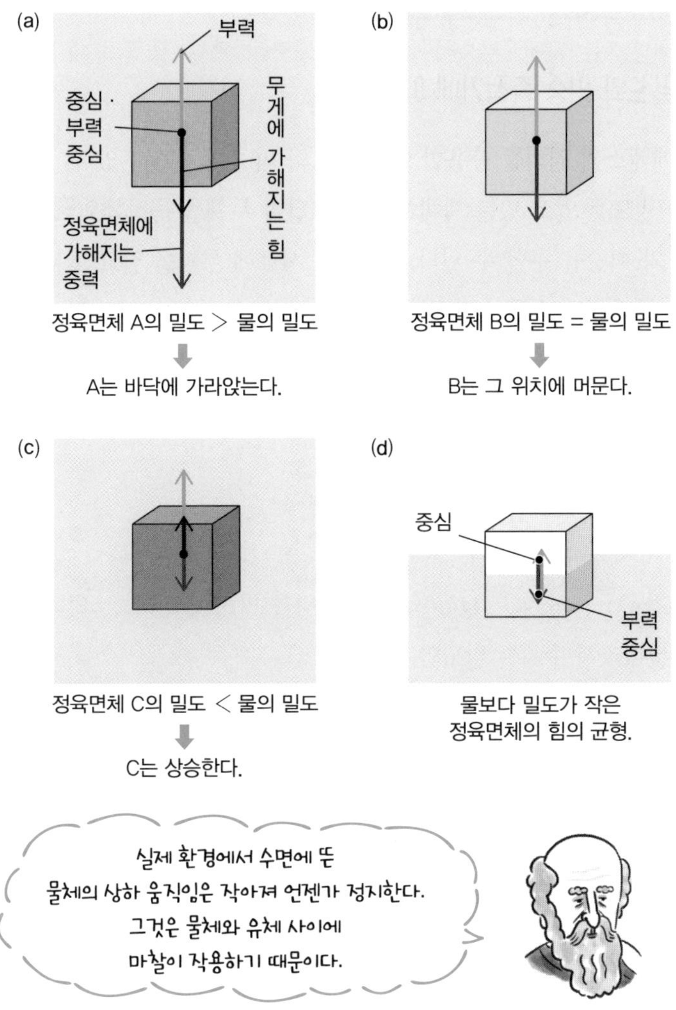

면체는 가속도를 갖고 상승하고, 최종적으로 수면에 도달하면 거기서 상하로 진동을 계속하게 된다. 균형이란 정육면체가 정지한 상태에서 떠 있는 경우로 생각해야 한다. 정육면체 C가 이 상태라면 정육면체의 무게 50g과 같은 크기의 부력이 되는 부피 50㎤만큼 물을 밀어내서(그 부피만큼 수면 아래에 잠겨서) 뜰 것이다(그림 2-d).

이렇게 쓰인다!

밀도와 비중 측정기에 이용된다

아르키메데스의 원리를 응용한 예로 밀도와 비중 측정기가 있다. 고체 시료를 공기 중과 밀도를 알고 있는 액체 속에서 매달아 무게를 측정함으로써 부력으로부터 밀도와 비중을 구할 수 있다. 또, 액체 시료에 부피를 알고 있는 추를 담가 추가 받는 부력으로 액체의 밀도를 구한다.

가령, 공기 중에서 5그램중인 고체가 있다. 이것을 밀도 1g/㎤에서 4℃ 물속에 넣어 무게를 측정하니 4그램중이었다. 그럼,

$$\frac{\text{공기 중에서의 무게}}{\text{공기 중에서의 무게} - \text{물속에서의 무게}} = \frac{5}{5-4} = 5$$

가 되어 고체의 비중은 5다.

비중이란 4℃ 물의 밀도(1g/㎤)와의 밀도비를 말하며, 단위는 없다. 실제로는 1로 나눌 뿐이라서 수치는 밀도와 같아진다.

배의 적하, 잠수함 등 바다에서도 대활약!

아르키메데스의 원리는 배에 싣는 화물의 무게를 측정할 때 사용한다. 이것은 '흘수 검정(Draft survey)'이라는 방법으로, 배에 짐을 싣지 않았을 때와 짐을 실었을 때의 흘수(배가 떠 있을 때 수면에서 물에 잠긴 배의 가장 밑 부분까지의 수직 거리)가 내려간 만큼(부력이 감소한 만큼)을 화물의 무게로 친다.

심해 잠수정도 아르키메데스의 원리를 응용한다. 공기를 채운 작은 유리구슬을 합성수지로 굳힌 부력재, 추가 되는 쇠의 무게, 해수가 자유로이 출입하는 밸러스트 탱크(평형수 탱크)를 사용해 부력을 조절해서 잠수와 부상을 한다.

아르키메데스의 원리에 충실한 방법

시라쿠사의 왕 히에론 2세는 금 세공사가 만든 순금 왕관에 은이 섞여 있다는 소문을 들었다. 그래서 아르키메데스에게 왕관을 부수지 않고 진위를 확인하라고 부탁했다.

아르키메데스는 왕관과 똑같은 무게의 금과 은을 준비했다. 그리고 물을 가득 채운 커다란 꽃병에 은을 넣어 밖으로 넘친 물의 무게를 측정했다. 금과 왕관도 같은 방법으로 하여 왕관의 금과 은의 혼합비를 구했다.

그러나 실제는 이 방법으로 왕관의 진위를 확인하기는 어려웠을 것이라는 견해도 있다. 왜냐하면 금은 얇게 펴서 세공할 수 있는 금속이다. 현존하는 이런 종류의 왕관은 겉으로 봤을 때의 크기에 비해 사용되는 금의 양이 적다.

발견 에피소드가 진짜든 가짜든 간에, 아르키메데스가 이 원리로 나타낸 것을 주의 깊게 그리고 정확히 읽으면, 넘쳐흐른 물의 무게를 측정하는 것이 아니라 다른 방법으로 보다 정확하게 '왕관이 금만으로 만들어졌나'를 조사하는 방법이 있음을 알 수 있다.

그것은, 왕관과 같은 무게의 금을 천칭에 달아 물속에 가라앉히는 방법이다. 균형을 이룬다면 둘의 부피가 같으므로, 왕관은 순금으로 만들어졌다고 할 수 있다. 만일 왕관에 금보다 밀도가 작은 은이 섞여 있다면 금보다 부피가 커지기 때문에 부력이 커져서 천칭은 기울어질 것이다.

[그림 3] **물속에 담근 천칭**

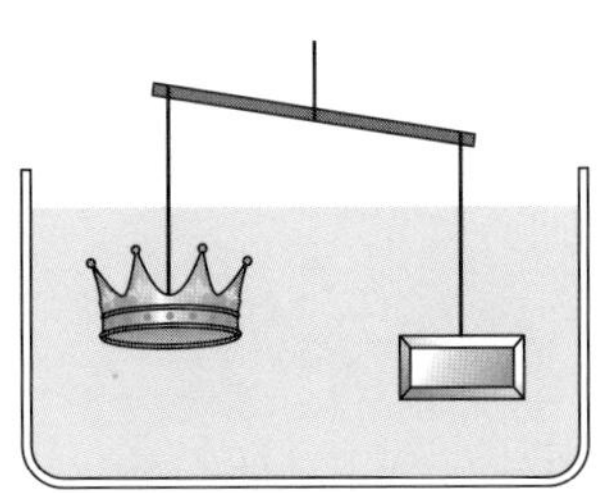

유체

파스칼의 원리

기체와 액체에 압력을 가하면 어떻게 될까?
치약부터 자동차의 브레이크까지

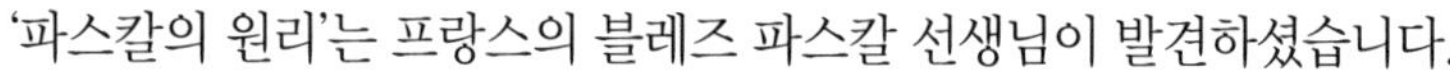

발견의 계기!

'파스칼의 원리'는 프랑스의 블레즈 파스칼 선생님이 발견하셨습니다.

여러분이 '파스칼의 원리'라 부르는 것을 내가 어떻게 발견했는지 알고 싶은 거군요, 그렇죠? 고대 그리스의 위대한 철학자 아리스토텔레스는 '자연은 진공을 싫어한다'는 말을 남겼는데, 아시나요?

아리스토텔레스는 천체를 구성하는 '에테르'라는 물질을 주장했죠. 그러나 에테르는 진공 상태를 설명할 때 큰 문제를 제기하게 되었잖아요.(157쪽)

나의 과학적 흥미 중 하나가 '진공은 존재할까' 하는 것이었어요. 나는 그것을 증명하는 과정에서 주변의 공기, 즉 대기에 무게가 있다는 사실을 알았죠. 거기서 다시 대기와 물 같은 유동성이 있는 것, 유체 속에서 힘이 전해지는 구조에 대해 생각하게 되었어요.

그렇군요. 꾸준한 실험과 치밀한 고찰을 거듭해서 이 원리를 발견하신 거군요. 그런데 파스칼 선생님은 '인간은 생각하는 갈대'라는 유명한 말을 남기셨어요.

네. 우주의 크기와 그 시간에 비하면 우리 인간은 작고 하찮은 존재라고 생각되지 않나요? 그러나 '생각하다'는 행위로 우리는 그런 우주도 품을 수 있는 존재가 되기도 한답니다.

원리를 알자!

▸ 밀폐된 용기 내에 정지해 있는 유체의 어느 한 부분에서 생기는 압력의 변화가 유체의 다른 부분과 용기 벽면에 손실 없이 전달된다. 즉, 물과 같은 유체는 모든 방향으로 같은 압력이 작용한다. 이것을 파스칼의 원리라 하고 다음의 식으로 나타낼 수 있다.

$$P = \frac{F_n}{A_n}$$

P는 압력 변화,
그것에 따라 유체의 임의의 면에 가해지는 힘을 F_n,
그 면의 면적을 A_n이라 한다.

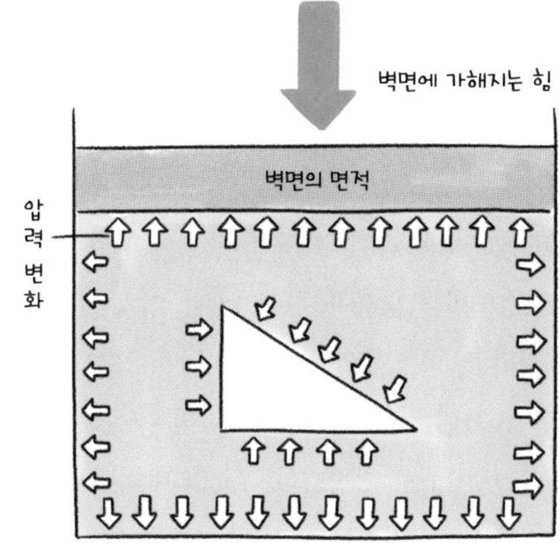

압력은 벽면에 대해 수직으로 누르는 힘이다. 가해지는 압력(화살표)은 어디서든 똑같아진다.

밀폐 용기 내에서는 유체에 가해지는 압력이 모든 장소에서 같다.

압력의 단위 [Pa]는 파스칼의 이름에서 유래

파스칼은 정지 상태의 유체(기체와 액체를 합쳐서 부르는 말)에 압력이 가해지면 그 힘은 유체 속 모든 방향에 같은 세기로 작용한다는 사실을 발견했다.

[그림 1] **유체에 압력을 가하면…….**

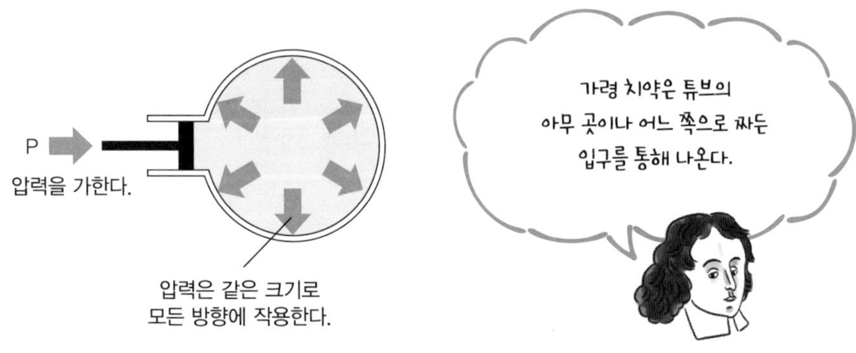

파스칼의 원리는 1663년에 출판된 『액체의 평형에 관한 논문집』에 기록되었다. 이 책에 의해 유체 정역학(유체 역학의 한 분야로, 정지한 유체에 관한 과학)이라는 학문의 개요가 완성되고, 파스칼은 과학사에 남는 공헌을 했다. 파스칼이 사망하고 약 300년 뒤인 1971년, 제14회 국제 도량형 총회에서 압력의 단위를 파스칼의 이름을 따서 파스칼[Pa]로 결정했다. 1㎡의 면적에 1N의 힘(1kg의 질량을 가진 물체에 $1m/s^2$의 가속도를 발생시키는 힘)이 작용했을 때 합력은 1Pa다.

파스칼의 원리에서는 '밀폐 용기 내 유체의 일부에 가해진 압력은 손실 없이 유체의 다른 부분에 전달된다'고 되어 있다. 그럼 압력이 전달되는 데 시간이 걸릴까? 전달에 걸리는 속도는 음속이다. 유체에 따라 음속은 다른데, 가령 물에서의 음속은 약 1500m/s로 매우 빠르다. 따라서 우리가 파스칼의 원리를 측정할 수 있는 범위에서는, 압력은 순식간에 전달된다고 생각하면 된다.

유체 압력의 전달 원리

'압력이 같은 크기로 전달된다'는 파스칼의 원리를 좀 더 자세히 살펴보자.

그림처럼 내부에 비압축성(힘을 가해도 부피가 줄지 않는 성질) 액체가 채워져 있고 개구부에 피스톤이 달린 두 개의 실린더가 파이프라인으로 이어져 있다. 개구부의 단면적은 1㎡와 5㎡로 다르다.

압력은 단위 면적에 수직으로 가해지는 힘이므로 단면적 1㎡인 실린더의 피스톤을 1N의 힘으로 누르면 내부의 액체에 가해지는 압력은 1Pa이 된다. 두 개의 실린더에 가해지는 압력은 같으므로(파스칼의 원리), 단면적이 5㎡인 실린더가 받은 압력도 1Pa가 될 것이다. 따라서 그때의 힘은 5N이 된다. 즉, 단면적의 비율이 1:5인 실린더가 있을 때 작은 쪽 실린더에 힘을 가하면 5배 큰 피스톤을 들어 올릴 수 있다.

[그림 2] **단면적이 1:5인 실린더를 사용하면 힘은 증폭한다?**

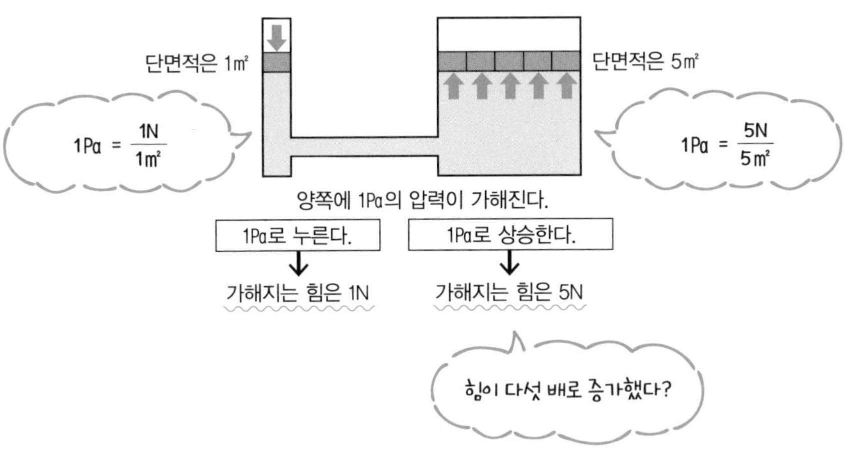

마치 아무것도 없는 곳에서 다섯 배의 힘을 만들어내는 마법의 장치 같다. 이것만 생각하면 '그런 일이 정말 일어날까?' 기묘한 감각을 느낄 수 있다.

여기서 피스톤을 눌러 이동한 액체의 부피를 생각해 보자.

사실은 양쪽 실린더에서 이동한 액체의 부피는 같다. 가령 단면적 1㎡인 피스톤을 1m 누르면 1㎥의 액체가 이동한다. 그럼 이때 단면적 5㎡의 피스톤은 똑같이 1m 상승할까? 답은 '아니요'다.

이 경우, 단면적 5㎡인 피스톤에서는 액체의 이동 거리가 $\frac{1}{5}$인 0.2m 상승한다. 즉, 단면적이 작은 피스톤은 작은 힘으로 움직일 수 있지만, 단면적이 큰 피스톤을 움직이기 위해서는 크게 누르지 않으면 안 된다. 두 개의 피스톤이 한 일은 똑같고, 5배의 힘을 만들어낸 것은 아니다.

[그림 3] **이동한 액체의 양을 비교하면…….**

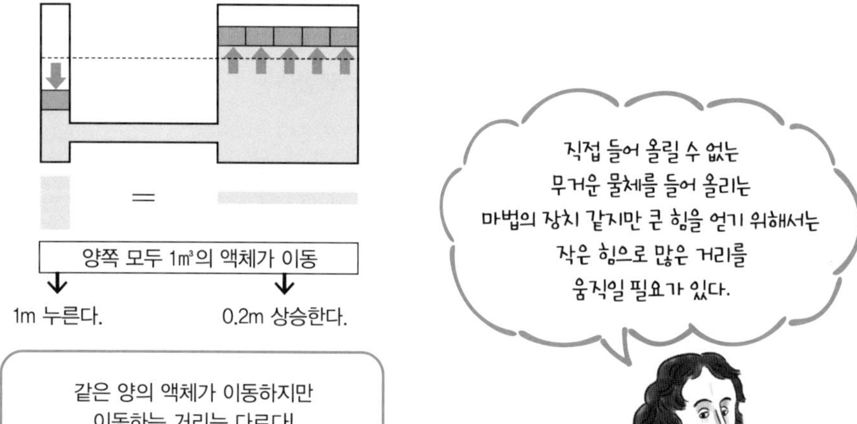

이렇게 쓰인다!

자동차의 제동 장치에 최적

자동차는 대부분 유압식 제동 시스템을 사용한다. 유압식 제동 시스템은 '브레이크 페달을 밟으면 여기에 연결되어 있는 피스톤이 실린더에 채워진 브레이크 오일에 압력을 가하는 구조'인데 여기에 파스칼의 원리가 이용된다.

타이어를 정지시키기 위해서 브레이크 페달로 밀리는 피스톤보다 더 큰 피스톤이 사용된다. 이것으로 발의 힘으로 브레이크 페달을 누르기만 해도 빠른 속도로 주행하는 자동차를 멈출 수 있을 만큼의 큰 힘이 된다.

또, 타이어에 제동이 가해질 때 타이어마다 힘의 크기와 타이밍에 차이가 생기면 차체가 불안정하게 움직여서 매우 위험하다. 파스칼의 원리로 우리는 '유체에 가해진 압력은 같은 크기로 순식간에 전달된다'는 사실을 알았는데, 이 성질은 제동 시스템에 안성맞춤이다.

[그림 4] **제동 시스템의 구조**

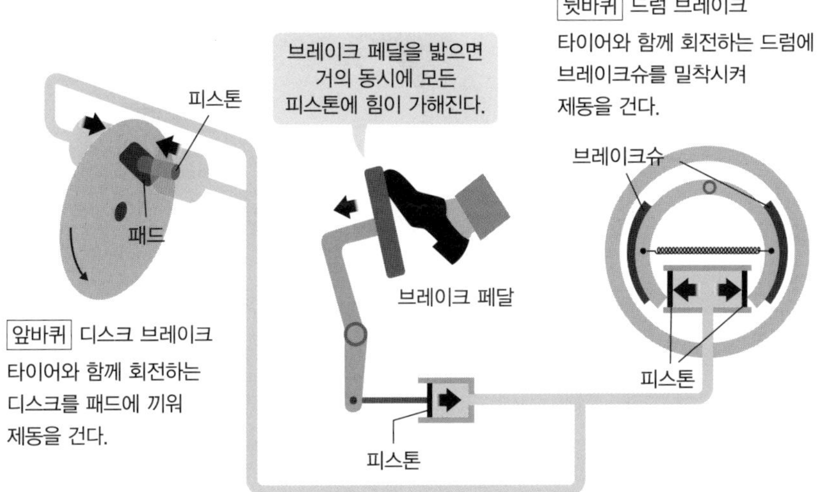

사람의 손을 닮은 '로봇 핸드'에도 응용된다

사람의 손을 모방해 물건을 움켜잡거나 집는 '로봇 핸드'라는 기계가 있다. 일상에서는 거의 볼 일이 없지만, 여기에도 파스칼의 원리가 응용된다.

부드러운 소재로 만들어진 로봇 핸드는 안에 넣는 공기의 양을 조절해 손가락이 벌어지거나 닫혀 섬세하게 힘을 조절할 수 있는 구조다. 로봇 핸드는 모양이 다양하거나, 부드러워서 깨지기 쉬운 물건을 감싸듯이 집어 올릴 수 있어서 주로 식품 공장 등에서 사용된다.

이와는 대조적으로 유압을 사용한, 재해 시 중작업을 하는 로봇 핸드도 개발되었다. 산사태나 건물이 붕괴한 현장 등에서 큰 힘을 발휘하면서도 소형이라 다루기 편한 로봇 핸드 시스템은 자연재해가 생겼을 때 많은 도움을 주는 믿음직스러운 기술이다.

[그림 5] **다양한 용도로 사용되는 로봇 핸드**

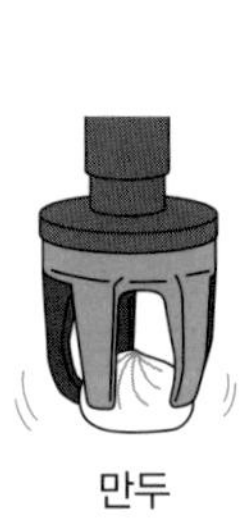

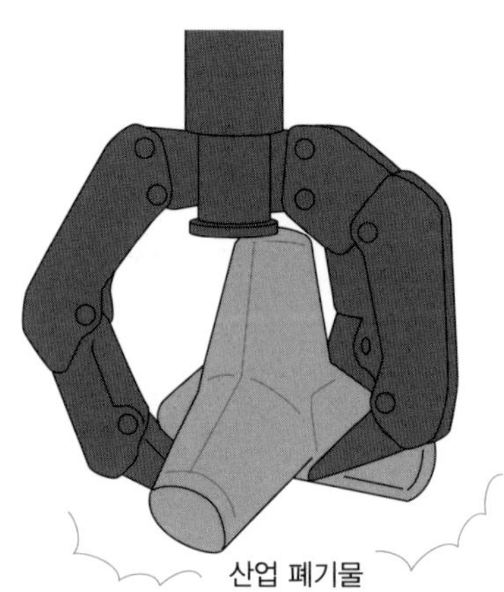

조숙한 천재와 교육열 강한 아버지

39살이라는 젊은 나이로 사망한 천재 파스칼. 파스칼은 물리학 이외의 분야에서도 많은 공적을 남겼다. 활동 기간은 짧았지만 주로 전기에는 수학과 물리학, 후기는 신학과 철학에 몰두했다.

이런 배경에는 세무 관계 행정관이었던 교육열 강한 아버지의 영향이 컸을 것이다. 아버지는 파스칼이 폭넓은 분야의 교양을 익힐 수 있도록 교육시켰다. 그때 어학 공부에 방해가 되지 않도록 15살 이전에는 수학을 공부하지 못하게 집에 있는 수학책은 전부 감춰 버렸다고 한다. 물리학과 수학에 남긴 파스칼의 업적을 생각하면 의외다.

그러나 파스칼은 12살 때 기하학을 스스로 공부해 삼각형 내각의 합이 180°라는 것(그림 6)을 발견했다. 그 일을 계기로 아버지가 수학 공부를 허락했다고 한다.

[그림 6] **삼각형의 내각의 합**

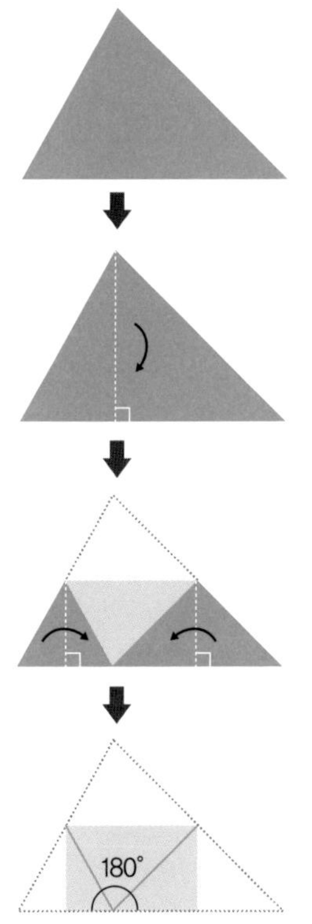

베르누이의 정리

비행기 기술에도 응용되는,
유체에서의 에너지 보존의 법칙

발견의 계기!

'베르누이의 정리'는 수학자, 물리학자, 식물학자이며 의사이기도 한 다니엘 베르누이 선생님이 발견하셨죠.

안녕하세요, 다니엘 베르누이입니다.

원래는 수학과 물리학 공부를 했던 것이 아니라고 들었는데, 이 정리를 발견하신 배경을 가르쳐 주세요.

대학원에서 의학 공부를 하던 20살 무렵에 아버지의 독자적인 발상인 '에너지 보존'의 생각을 배운 것이 계기가 됐죠.

의학을 공부하셨군요. 베르누이 가문은 유명한 수학자 집안으로, 아버지 요한 베르누이 선생님도 수학자였다고 들었습니다.

아버지의 생각을 토대로 나는 호흡의 구조에 관한 박사 연구 논문을 썼어요. 하지만 그 뒤 수학과 물리학으로 연구 중심을 옮겼고, 그러던 중에 베르누이의 정리를 발견했습니다.

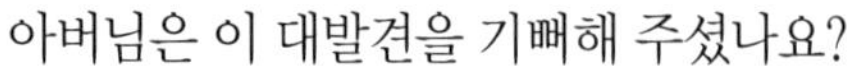
아버님은 이 대발견을 기뻐해 주셨나요?

그게, 반대로 아버지의 기분을 상하게 만들어서…….

대발견의 이면에 그런 고민이 있었는지 몰랐습니다.

네, 베르누이의 정리는 '유체에서 에너지 보존의 법칙'이라고 할 수 있어요.

아버지에게 배운 것이 뒤에 정리 발견으로 이어진 거군요.

원리를 알자!

- 유체의 속도 v와 압력 p와 위치 에너지 h는 각각 증가·감소를 보충하도록 변화한다.
- 유체 내 에너지의 합은 유선 상에서 일정하다. 이것을 베르누이의 정리라고 한다.
- 베르누이의 정리는 유체가 비점성(운동해도 저항이 생기지 않는 성질), 비압축성(힘을 가해도 부피가 줄지 않는 성질)이고, 같은 방향으로 일정한 속도로 흐를 때 성립한다.

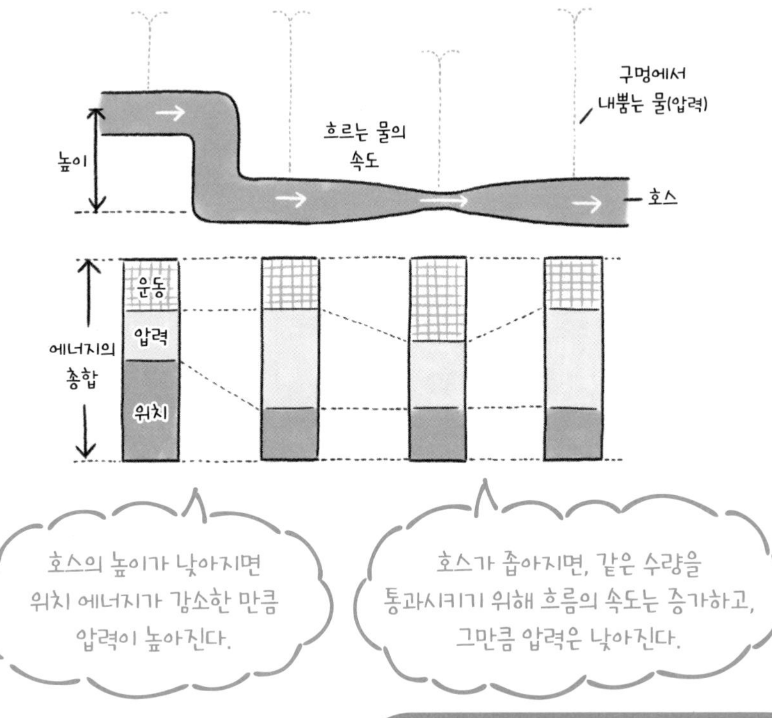

※비점성, 비압축성인 유체란 보통의 물이나 공기를 말한다.

흐름의 어디서든 운동과 위치와 압력의 에너지를 더한 값은 변하지 않는다.

유체 내 에너지의 움직임

'비점성, 비압축성인 유체 내 에너지의 합은 유선 상에서 일정하다'는 이 정리는 '유체에서 에너지 보존의 법칙'이라고도 한다.

비점성이란 운동하려고 할 때 저항이 생기지 않는 성질을 말하고, 비압축성이란 힘을 가해도 부피가 줄지 않는 성질을 말한다. 유선이란 어느 순간 유체의 흐름을 나타내는 곡선으로, 유체에서 촘촘히 점을 찍어 각 점에 대한 접선의 방향이 유체가 흐르는 방향과 일치하도록 그은 것이다(그림 1). 베르누이의 정리를 그림으로 설명하면 그림 2와 같다.

[그림 1] **유선**

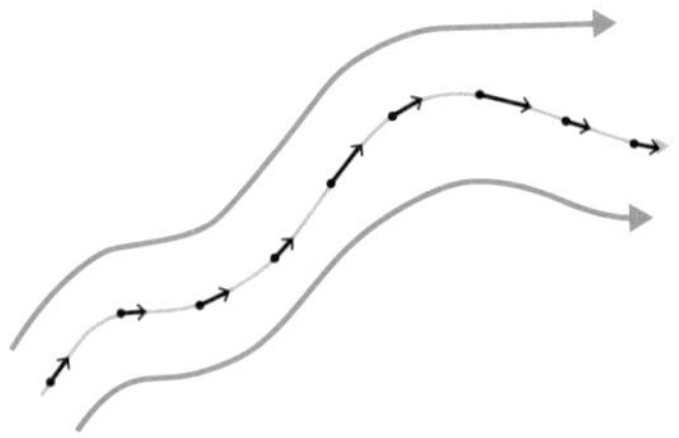

[그림 2] **베르누이의 정리(도해)**

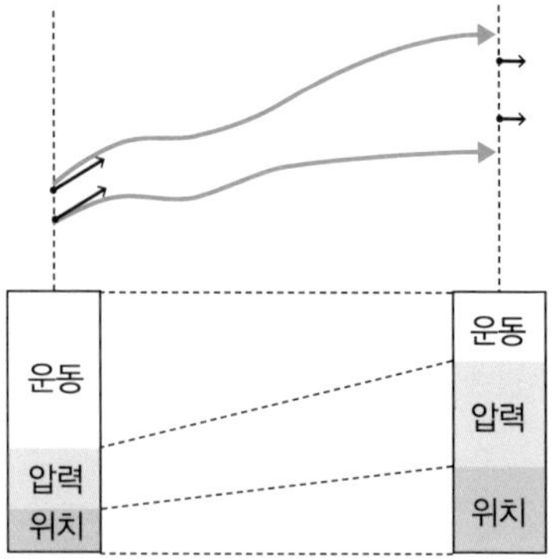

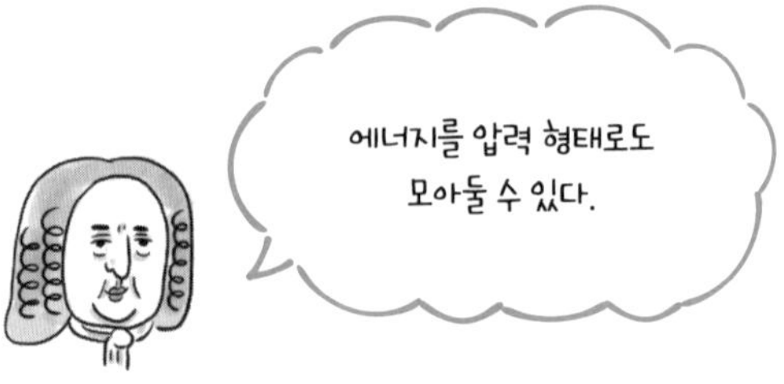

베르누이의 정리는 수학자 오일러와 보낸 의미 있는 시대에 생겼났다

베르누이의 정리는 1738년에 출판된 『유체 역학』에 기술되어 있다. 그러나 이 원고는 실제로 베르누이가 상트페테르부르크의 러시아 과학 아카데미에서 연구했던 때에 쓰였다.

상트페테르부르크에 갓 왔을 무렵, 베르누이는 형의 죽음과 추운 날씨로 우울해 있었다. 그래서 수학자인 아버지 요한은 뒤에 위대한 수학자가 되는 애제자 레온하르트 오일러(Leonhard Euler)를 아들이 있는 곳에 보냈다. 베르누이와 오일러는 1727년부터 1733년까지, 상트페테르부르크에서 같이 연구를 했다. 이 기간이 과학자 베르누이에게 있어 가장 창조적인 시간이었다고 한다.

유체에서의 비압축성

베르누이는 정리 발견의 실험을 액체로 했다. 기체에서도 어느 정도 정확하게 베르누이의 정리가 성립한다. 거기에는 유체에서의 비압축성이라는 성질을 이해할 필요가 있다.

직감적으로도 기체는 액체에 비해 압축성이 높을 것이라고 생각된다. 가령, 실린더 안에 공기를 넣고 피스톤으로 밀면 부피를 작게 할 수 있다. 사실 대기의 압축률은 높아서 액체의 1만 배 정도다.

그러나 실외에 부는 바람과 선풍기 바람을 떠올려 보자. 잔잔한 흐름 속에 있는 공기는 압축되지 않고 밀도가 거의 일정한 채 연속적으로 이동한다. 이런 조건에 있는 경우의 기체는 비압축성이라 가정하고 다룰 수 있다.

이 조건을 적용할 수 없는 경우는 흐름의 속도가 음속과 비교할 만큼 빠를 때이다. 보통은 유체의 속도가 그 유체 속에서 음속의 30%(마하수 0.3이라고 한다.)를 넘으면 압축성 유체로 다뤄지므로, 그 조건하에서는 베르누이의 정리를 사용할 수 없다.

프레리도그의 땅굴

북아메리카 초원에 서식하는 프레리도그는 땅굴을 만들 때 베르누이의 정리를 이용한다. 프레리도그는 여러 개의 출입구가 있는 거대하고 복잡한 땅굴을 만드는데, 내부 환기를 어떻게 하는지 수수께끼였다.

프레리도그는 지상으로 이어지는 출입구를 볼록 솟게 만드는데, 한쪽은 높게 쌓아 올리고, 다른 한쪽을 낮게 만든다. 그렇게 하면 초원에 바람이 불었을 때 높게 쌓아 올린 입구에서는 낮은 쪽에 비해 풍속이 커지기 때문에 베르누이의 정리에 따라 기압이 낮아진다. 그로 인해 낮은 출입구에서 높은 출입구로 공기가 흐른다. 이렇게 해서 환기가 이루어진다는 사실이 연구를 통해 확인되었다.

[그림 3] **프레리도그의 땅굴**

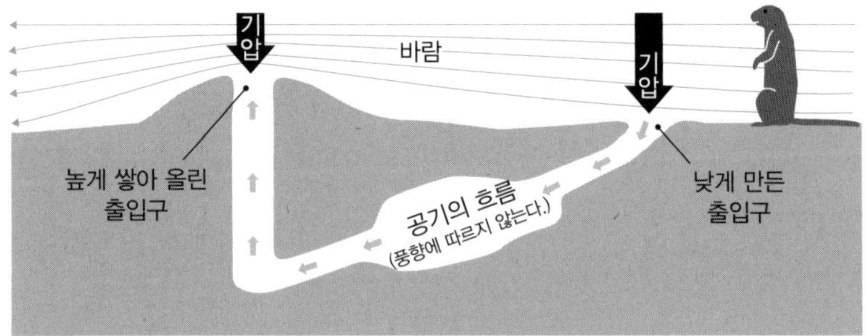

1. 한쪽 출입구를 높게 하면 그 위에서는 풍속이 증가하기 때문에 기압이 낮아진다.
2. 낮은 출입구와의 기압 차로 땅굴 내부에 공기가 흘러서 환기가 된다.
3. 풍향에 따르지 않고 바람이 불면 항상 높은 출입구에서 기압이 떨어지기 때문에 땅굴에서 공기가 흐르는 방향은 일정하다.

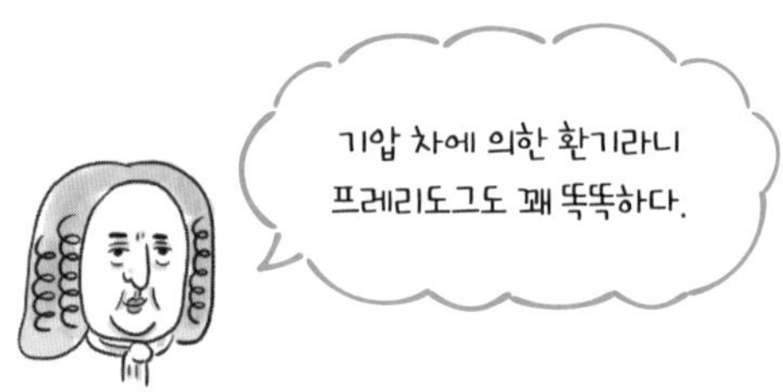

이렇게 쓰인다!

비행기의 양력 계산, 속도계에 사용된다

베르누이의 정리는 '유체의 속도' '압력' '위치 에너지'에 관계한다. 우리 생활에서 이것과 관계있는 물체가 바로 비행기다. 비행기의 양력 계산은 베르누이의 정리를 응용한다. 양력이란 유체 속에서 물체가 운동할 때, 그 운동 방향에 대하여 직각으로 작용하는 힘으로, 비행기에서는 기체를 밀어 올리도록 위쪽으로 작용하는 힘을 말한다.

날개 윗면과 아랫면에서의 공기 흐름의 속도 분포를 정확히 측정할 수 있으면 베르누이의 정리를 이용해 날개의 양쪽 면에 가해지는 압력을 구할 수 있고, 그 차이에 의해 높은 정밀도로 양력을 계산할 수 있다.

또, 항공기와 포뮬러1(트랙에서 경주용 자동차를 이용해 벌이는 경기)에 사용되는 피토관(기체나 액체의 유속을 구하는 장치)은 베르누이의 정리를 응용한 속도계다. 피토관은 진행 방향의 정면과 측면 방향에 작은 구멍이 있는 관으로 압력을 측정한다. 공기의 흐름을 정면으로 받으면 흐름이 막혀서 속도가 0이 되고, 그만큼 압력이 높아진다. 반면에 측면 방향에서는 그대로의 속도와 압력이 된다. 그 압력 차를 측정하여 비행기의 속도를 구한다.

[그림 4] **피토관의 원리**

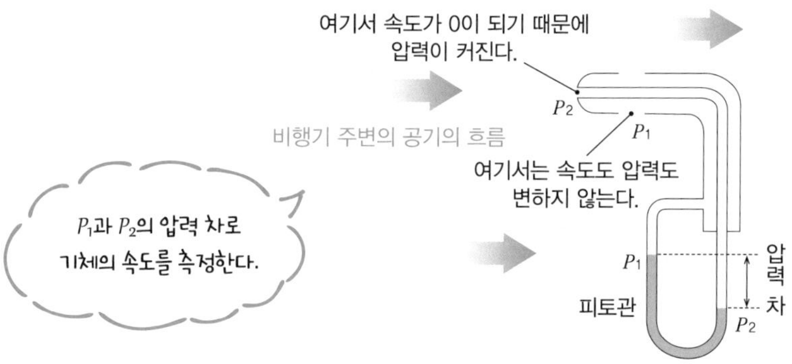

쿠타·주코프스키의 정리

비행기는 왜 날 수 있을까?
공이 휘는 이유는 무엇일까?

발견의 계기!

'쿠타 · 주코프스키의 정리'는 일정한 흐름 속에 있는 물체에 작용하는 양력에 관한 정리입니다. 독일의 마르틴 쿠타(Martin Wilhelm Kutta, 1867~1944)와 러시아의 니콜라이 주코프스키 선생님이 각각 따로 발견하셨죠.

주코프스키입니다. 오늘은 내가 대표로 왔어요. 이 정리는 비행기가 나는 구조에 대해 생각할 때 매우 중요한 이론입니다.

어떻게 발견하셨나요?

나는 공기보다 훨씬 무거운 기계로 하늘을 나는 일에 흥미를 가졌어요. 그래서 1895년에 베를린으로 항공 역학의 선구자인 오토 릴리엔탈(Otto Lilienthal)을 찾아갔는데 글라이더로 비행 실험을 보여 주었죠.

일반용으로 판매한 글라이더 여덟 대 중 한 대를 구입하셨다고요?

네, 나는 이론적인 연구에서도 실험과 관측이 중요하다고 생각했거든요. 이 연구의 성과로 1906년에 두 편의 논문을 출판했는데, 논문에서 비행 날개의 양력을 수식으로 이끌었습니다.

그 방정식은 1902년 쿠타 선생님의 교수 자격 논문에도 나왔죠. 그래서 이 발견은 '쿠타 · 주코프스키의 정리'로 알려지게 됐어요. 또, 라이트 형제가 세계 최초로 1903년에 유인 동력 비행에 성공합니다. 이렇게 하늘에 대한 인류의 동경이 현실이 되었죠!

원리를 알자!

- 유체(액체와 기체) 내부의 물체가 수직 방향으로 받는 힘을 양력이라고 한다.
- 양력은 유체의 밀도와 유체의 속도(유속), 물체 주위의 순환을 곱한 것이다. 이것을 쿠타 · 주코프스키의 정리라고 한다.
- 쿠타 · 주코프스키의 정리는 유체가 비점성(운동해도 저항이 생기지 않는 성질)일 때 성립한다.

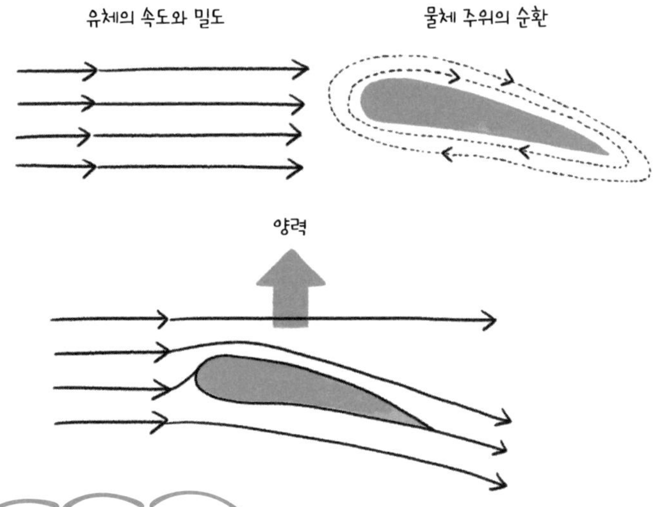

유체 내부에서 작용하는 양력은 유체의 밀도와 흐름의 속도가 크고, 물체 주변의 순환이 클수록 커진다.

날개 윗면에서 유체의 흐름이 빠르고 아랫면에서 느릴 때 양력이 발생한다. 이 변화는 순환에 의해 일어난다.

비행 기술 연구의 벽

쿠타와 주코프스키는 '운동할 때 저항을 만들지 않는, 비점성의 성질을 가진 유체의 일정한 흐름 속에, 어떤 형태의 단면을 가진 물체를 두면 그 물체에는 양력이 작용한다'고 말한다. 양력이란 유체 내부에 있는 물체가 흐름의 방향에 대해 수직으로 받는 힘이므로 물체가 유체 내부를 이동할 경우에도 마찬가지로 생각할 수 있다.

19세기 후반부터 쿠타 · 주코프스키의 정리가 발견된 20세기 초는 현재의 비행기 같은 구조로 사람이 하늘을 나는 것을 동경하던 시대였다. 비행 기술의 연구는 모형을 사용해 실제로 날개가 받는 힘을 계측하는 실험으로 진전되고 있었다. 반면에, 이론적인 연구는 큰 벽에 부딪힌 것처럼 진전이 없었다.

그것을 타개한 것이 쿠타 · 주코프스키의 정리다. 이 정리의 놀라운 점은 양력의 설명에 순환을 포함시킨 것이었다. 여기서 말하는 순환은 유체 역학 용어로 그림을 이용해 설명할 수 있다.

지금까지 이론에 의해 계산되는 비행기 날개 주변의 흐름은 그림 1과 같았다. 그러나 실제로 계측되는 날개 주위의 흐름은 그림 2와 같다.

[그림 1] **이론상의 비행 날개 주위의 흐름**

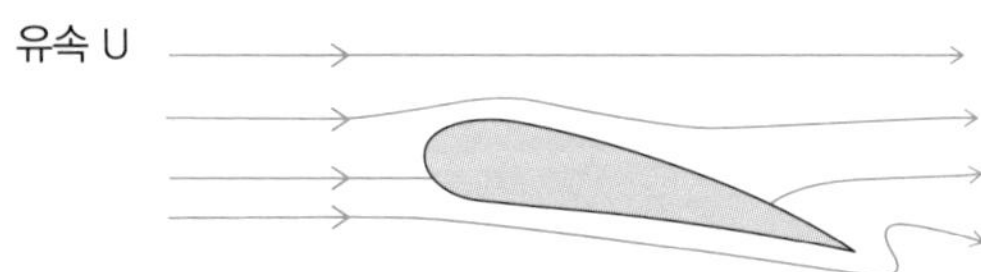

[그림 2] **실험으로 계측되는 비행 날개 주위의 흐름**

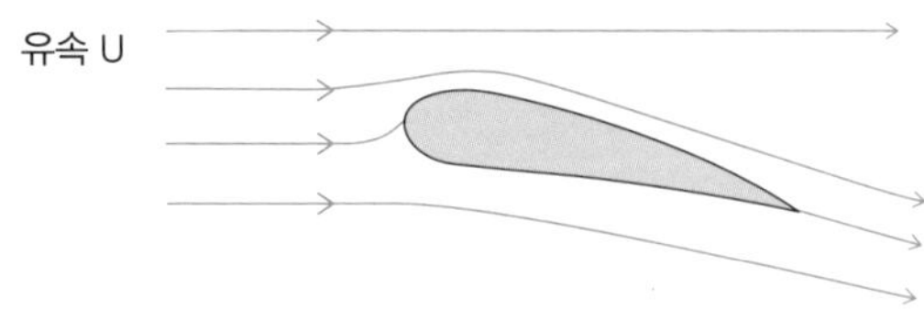

쿠타와 주코프스키가 발견한, 순환에 의한 양력 발생

이론으로 계산되는 흐름(그림 1)을 실제 흐름(그림 2)으로 하기 위해서는 그림 3처럼 날개 주위를 도는 흐름이 필요하다. 쿠타와 주코프스키는 이 흐름의 성분을 만들어내는 것이 '순환'이라는 사실을 알았다. 비행기 날개 위쪽에서는, 이론에 의한 흐름과 비행 날개를 도는 순환 방향이 같으므로 서로 더해져서 흐름이 빨라진다. 반대로 비행기 날개 아래쪽에서는 흐름이 반대 방향이 되기 때문에 느려진다. 베르누이의 정리(230쪽)에 의해 흐름이 빨라지는 날개 위쪽의 압력은 작아지고, 흐름이 느려지는 날개 아래쪽의 압력은 커진다. 이 압력 차가 위로 들어 올리는 양력이 된다(그림 4).

순환 작용에 의해 만들어진 비행기 날개 주위 유체 흐름의 속도와 압력의 관계는 베르누이의 정리를 만족시킨다. 핵심은, 베르누이의 정리에 의해 날개 주위의 속도로부터 양력은 계산할 수 있는데, 베르누이의 정리에서는 비행기 날개가 왜 양력을 갖는지 그 구조는 설명되지 않는다. 그것을 설명하는 것이 쿠타와 주코프스키가 발견한 날개 주위의 순환이다.

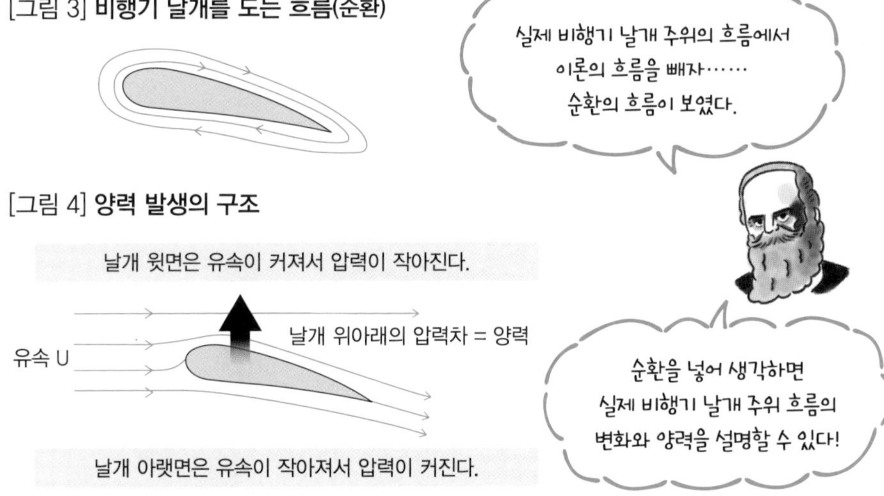

이렇게 쓰인다!

비행기의 양력 계산, 공을 사용하는 스포츠의 변화구, 환경을 배려한 선박

지금까지 설명했듯이 쿠타 · 주코프스키의 정리에 의해 비행기 날개의 양력을 이론적으로 이끌어 낼 수 있게 되었다. 이 정리는 일정한 흐름 속에서 어떤 단면을 갖는 기둥과 널빤지 형태의 물체에 대해 설명하는 것인데, 공 같은 형상의 물체에도 성립한다.

야구의 변화구, 축구의 코너킥에서는 공이 휘어지는 궤도를 보인다. 어떻게 그런 궤도를 그릴 수 있을까? 그것은 공에 회전을 걸어 순환을 만들어냄으로써 작용하는 양력으로 설명이 가능하다. 또, 1924년, 독일인 항공 기술자 플레트너(Anton Flettner)가 큰 원통을 회전시켜 바다에 부는 바람을 이용해 항해하는 배를 발명했다. 한동안 관심을 받지 못했지만, 1980년대 이후 연료 효율이 높다는 점에서 재인식되어 환경 대책으로 연구가 진행되고 있다.

[그림 5] **야구에서의 변화구(스크루볼)의 구조(위에서 봤을 때)**

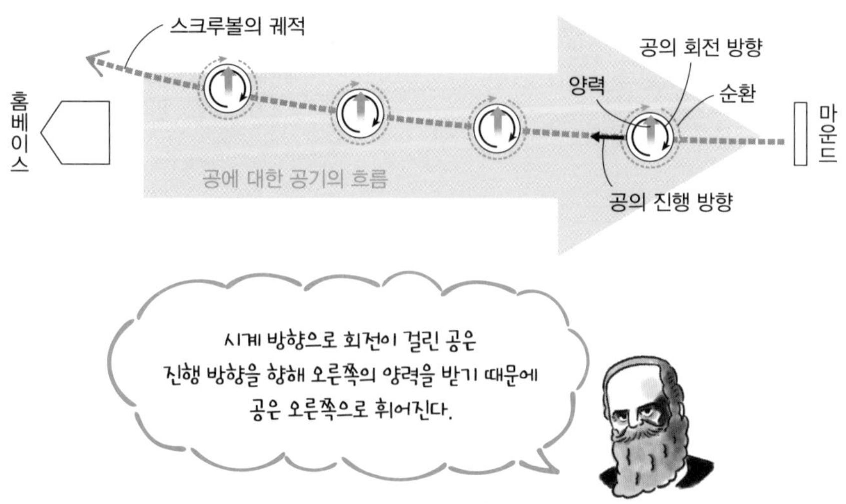

두 사람을 연결하는 오토 릴리엔탈

마틴 쿠타와 니콜라이 주코프스키는 각각 이 정리를 발견했는데, 두 사람에게 공통으로 영향을 준 인물이 있다. 바로 독일의 오트 릴리엔탈이다.

릴리엔탈은 '항공 역학의 아버지'로 불리는 영국인 공학자 조지 케일리(George Cayley)가 고안한 글라이더를 실제로 제조해 수차례 비행 시험에 성공했다. 실제 모습이 세계에 보도되었고 촬영된 사진이 출판되면서 많은 사람과 과학계는 유인 비행 기계에 대한 흥미를 갖게 되었다.

앞서 말했듯이 주코프스키는 릴리엔탈을 실제로 찾아가 실험을 관찰했고 글라이더를 구입했다. 한편 쿠타도 릴리엔탈의 비행 사진을 보고 흥미를 갖게 되어 대학 교수 자격 논문의 연구 주제로 비행기 날개의 이론을 선택했다고 한다.

1896년, 릴리엔탈은 시험 비행에서 글라이더를 통제하지 못하고 고도 15m에서 추락했다. 이때 경추를 다쳐 의식불명 상태에 빠졌다. 여러 방법을 써 봤지만 릴리엔탈은 사고 발생 뒤 36시간 만에 사망했다.

기체와 액체는 어떻게 움직일까?

유체

레이놀즈의 상사 법칙

항공기의 기체 설계, 배의 추진 프로펠러 설계, 화성 탐사선에도 활용

발견의 계기!

'레이놀즈의 상사 법칙'은 영국의 오스본 레이놀즈 선생님이 발견하셨습니다.

오늘은 1883년에 했던 파이프 속 흐름의 실험을 보여드리죠. 법칙을 이해하는 데 도움이 될 겁니다.

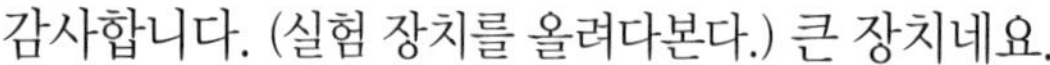

감사합니다. (실험 장치를 올려다본다.) 큰 장치네요.

(손을 움직이면서) 준비가 될 때까지 내가 연구를 시작한 계기라도 말해드리죠. 아버지는 영국 국교회(영국 성공회) 사제였는데 수학을 잘해서 농업 기계를 개량해 받은 특허를 여러 개 갖고 있었어요. 그런 환경이 영향을 주었는지 나도 자연스럽게 기계에 흥미를 갖게 되었죠.

왜 유체 역학 분야를 선택하셨나요?

대학에 들어가기 전 1년 동안 유명한 조선 기술자의 공장에서 견습공으로 일하며 연안을 운항하는 증기선의 제조와 정비를 경험했어요. 그래서 배의 안전성과 흐름에 대한 연구를 하자고 생각했죠.

배는 크기가 커서 안전성 시험을 하고 싶어도 '실물'로 하기는 쉽지 않죠.

네, 그래서 실제와 똑같은 배의 움직임을 작은 모형으로 재현하기 위한 척도를 생각하다 상사 법칙을 발견했습니다. 이 법칙은 배를 건조할 때 도움이 됩니다. ……자, 준비가 끝났습니다. 실험을 시작하죠!

원리를 알자!

- 레이놀즈 수는 유체가 어떻게 움직여 주위에 작용하나 흐름의 특징을 나타내는 수를 말한다. 이 수치를 같게 하면 흐름 내부의 물체의 크기를 바꿔도 물체 주변 흐름의 양상이 같아진다. 이것을 레이놀즈의 상사 법칙이라고 한다.
- 확대나 축소를 해서 완전히 겹쳐질 수 있는 모양을 한 물체나 환경 내부(파이프 등)를 통과하는 두 개의 흐름이 있을 때 두 개의 레이놀즈 수가 같으면 두 개의 흐름은 같아진다.

레이놀즈 수가 같으면
같은 식으로 쓸 수 있고
같은 일이 일어나므로 모형으로
시뮬레이션할 수 있다.

레이놀즈 수를 같게 하면
물체의 크기를 바꿔도
주위 흐름을 재현할 수 있다.

레이놀즈의 실험

레이놀즈의 실험은 그림 1과 같은 장치를 이용했다. 받침대 위에 물을 채운 커다란 수조가 있고, 그 안에 나팔처럼 한쪽 입구가 벌어진 유리 파이프가 설치되어 있다. 파이프는 수조의 벽을 관통해 밖으로 이어져 수조 내 물의 양을 조절해 배수할 수 있다. 배수량을 늘리면 파이프 안의 유속이 빨라지고, 줄이면 느려진다(나팔처럼 입구가 벌어진 이유는 빨아들일 때 물에 난류가 생기지 않게 하기 위해서다).

입구에는, 반대쪽으로부터 가느다란 관이 파이프 단면의 중심에 오도록 꽂혀 있다. 가느다란 관은 수조 위의 착색액이 든 플라스크까지 뻗어 있어서, 착색액이 파이프 안의 물의 흐름을 가는 선을 그은 것처럼 보이도록 한다.

[그림 1] **레이놀즈의 실험 장치**

이 장치는 현재도 영국 맨체스터 대학에 보관되어 있다.

파이프 안의 유속이 충분히 작을 때 착색액이 보여 주는 흐름은, 직선으로 파이프 안을 통과한다(그림 2-a). 그러나 조금씩 유속을 크게 하면 착색액은 어느 부분에서 주위의 물과 혼합되기 시작한다. 그보다 하류의 물은 착색액과 혼합되어 버렸다(그림 2-b).

레이놀즈는 이 실험을 파이프의 지름과 유속, 물이 갖는 점성을 결정하는 온도를 다양하게 바꿔가며 실행했다. 그래서 흐름의 양상이 같아지는 조건으로서 레이놀즈 수를 발견했다.

[그림 2] **파이프 내 흐름의 모습**

(a) **충분히 유속이 작을 때**

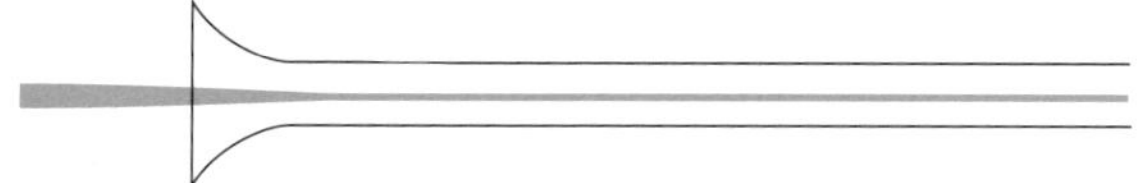

(b) **유속을 단계적으로 크게 해서 난류가 생겼을 때**

레이놀즈 수는 무엇을 나타낼까?

'모형'과 '실물'처럼 모양은 똑같고 크기만 다른 물체가 각각 유체 내부에 놓여 있을 경우 레이놀즈는 레이놀즈 수가 같으면 두 개의 흐름은 똑같이 움직인다고 설명한다.

레이놀즈 수는 '유속, 그 유체 내부에서의 물체의 길이, 유체의 점도' 이 세 가지로 구할 수 있는 수치다. 레이놀즈 수를 R_e, 유속을 U, 유체 내부에서의 물체의 길이를 L, 유체의 점도를 v라고 하면 다음의 식으로 나타낼 수 있다.

$$R_e = \frac{UL}{v}$$

이 관계식의 분자, 분모 양쪽에 유체의 밀도를 곱해 식이 갖는 의미를 알 수 있는 양으로 하면, 레이놀즈 수 = $\frac{\text{관성력}}{\text{점성력}}$이 된다. 즉, 레이놀즈 수는 관성력과 점성력의 비를 나타낸다(관성력이란 받는 힘대로 움직이려는 힘, 점성력이란 주위와 연결되어 같이 움직이려는 힘이라고 생각할 수 있다).

따라서 레이놀즈 수가 작을 때(점성력이 클 때)는 흐름은 일정하고, 레이놀즈 수가 클 때(관성력이 클 때)는 흐름에 난류가 생긴다.

이렇게 쓰인다!

항공기의 기체 및 배의 추진 프로펠러 설계

항공기 기체를 설계할 경우, 실제로는 100m가 넘는 경우도 있다. 그래서 레이놀즈의 상사 법칙에 따라 작은 모형을 이용한 시험을 한다. 모형을 풍동(어떤 물체가 공기 중에서 움직일 때 나타나는 영향이나 공기 저항을 연구하기 위해 인공적으로 빠르고 강한 공기 흐름을 일으키는 장치) 내에 고정하고 공기를 움직여 기체 주위의 공기 흐름과 그것이 미치는 힘을 측정한다. 이것은 기체 설계의 정확성과 필요한 엔진 성능의 확인을 위해 매우 중요한 과정이다.

선박 설계에서는, 선체 자체는 파도에 의한 동요 같은 효과가 중요하므로, 상사 법칙을 토대로 한 모형 시험이 이루어진다. 그러나 배의 추진기인 프로펠러는 단독 성능을 알기 위해 레이놀즈 수를 토대로 한 수조 실험을 한다.

지하철과 해저 터널, 자동차 도로 같은 길이가 수킬로미터 이상인 터널에서 필요한 환기 성능을 얻기 위해 설계 단계의 모형 실험에서 레이놀즈의 상사 법칙이 사용된다.

[그림 3] **항공기의 풍동 시험**

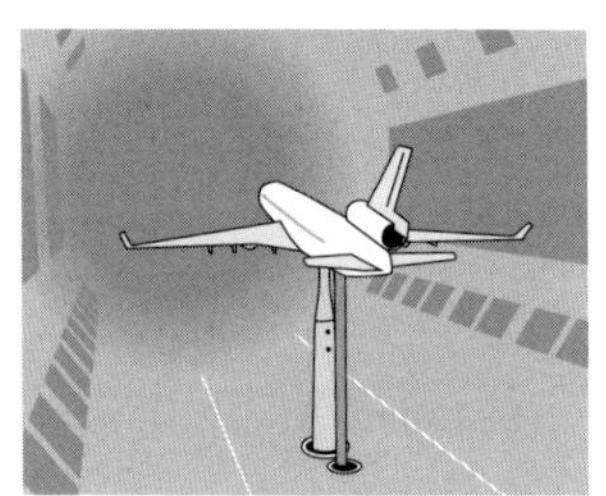

화성 탐사에도!

태양계에서 지구 옆에 위치하는 화성은 지금까지 화성 궤도를 도는 인공위성과 착륙 탐사기로 탐사가 이루어졌다. 이런 움직임 속에서 인공위성보다 높은 분해능과 착륙기보다 지형에 방해받지 않고 높은 기동성을 가진 탐사기를 만드는 연구가 이루어지고 있다. 화성의 대기는 지구와 성질이 크게 다르기 때문에 화성에서 비행을 재현하기 위한 '화성 대기 풍동' 장치를 개발해 화성에서 비행할 수 있는 항공기 연구가 이루어지고 있다.

아름다운 상사형

겨울이 되면 기상 위성 화상에 신비한 구름 모양이 나타나 화제가 된다(그림 4-a). 찬바람이 불기 시작하면 제주도와 야쿠시마, 홋카이도의 리시리 섬 등의 풍하 측(바람이 산을 향해 불어 넘어간 산의 뒷면)에 소용돌이 줄이 생길 때가 있다. 이것은 '카르만 소용돌이(Karman vortex)'라고 유체 중에 원기둥 같은 장애물을 놓았을 때 레이놀즈 수가 40~1000 정도에서 발생하는 현상이다.

카르만 소용돌이는 식탁에서도 만들 수 있다. 그림 4-b는 깊이가 얕은 그릇에 우유를 넣고 그릇의 한쪽 구석에 농축 커피액을 조금 넣은 다음 젓가락을 빠르게 움직였을 때 볼 수 있는 모양이다.

왼쪽 화상은 1000㎞, 오른쪽 화상은 10㎝의 크기인데, 양쪽의 모양이 모두 같은 것을 볼 수 있다.

[그림 4] **카르만 소용돌이**

(a) **기상 위성으로 관측된 제주도에 생긴 구름의 카르만 소용돌이**

(b) **우유와 농축 커피액으로 만든 카르만 소용돌이**

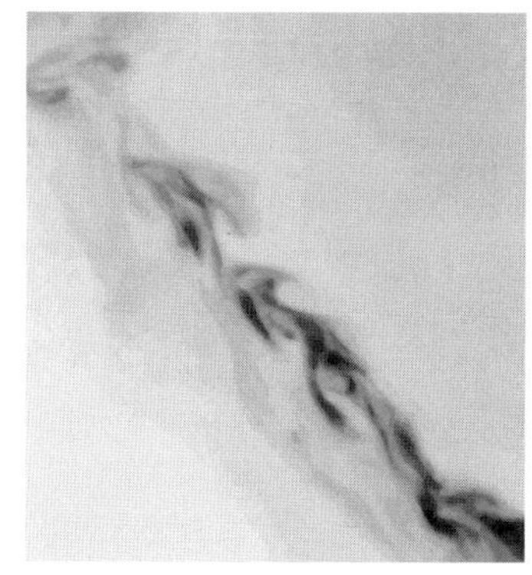

열

열은 어떻게 발생할까?

열과 온도

열의 정체는 물질적인 열소가 아니라 운동이다!

발견의 계기!

18세기에는 '열은 열소(caloric)라는 무게가 없는, 일종의 유체'라고 생각했습니다. 물체에 열소가 흘러 들어가면 온도가 오르고, 흘러나오면 온도가 떨어진다고 생각했죠. 그런데 대포 기사였던 벤저민 톰슨 럼퍼드 백작이 열소설의 운명을 크게 좌우하는 생각을 발표했습니다.

일을 하던 중에 대포에 탄환을 넣지 않고 발포하자 탄환을 넣었을 때보다 포신이 훨씬 뜨거워지는 것을 보고, '화약은 탄환을 대신해 포신의 금속 입자에 강한 운동을 준 것이 아닐까' 하고 생각했습니다. 또, 대포의 포신을 깎는 작업 중에 열이 대량으로 발생하는 것을 알고, 그 열을 측정했죠. 아무래도 작업을 계속하는 한 열은 계속 나오는 것 같았어요.

'열소설이 옳다면 포함되어 있는 열소에는 한계가 있기 때문에 이것은 이상하다'고 의문을 가진 거군요.

그래서 실험을 해 봤어요. 포신과 똑같은 금속으로 원통형의 쇠막대를 만들어 여기에 구멍을 뚫는 드릴을 대고 2마력의 힘으로 급속히 회전시켰죠. 원통 내부는 70℃까지 뜨거워졌습니다(1798년 왕립협회에서 발표).

'열이 발생하는 원인은 열소가 아니라 운동이다.' 말하자면 일종의 에너지라고 생각한 거군요. 그 뒤 에너지 보존의 법칙(열역학 제1 법칙)의 확립으로 열소설이 뒤집혔군요.

원리를 알자!

- 일상적으로 온도라고 하면, 우리나라에서는 셀시우스 온도(섭씨)를 말한다. 셀시우스 온도란 1기압(대기압)하에서 물과 얼음이 공존하는 온도를 0℃, 물과 수증기가 공존하는 온도를 100℃로 하고, 그 온도 간격을 100등분한 온도다.
- 물질을 구성하는 원자 운동이 없어지는 온도를 절대 온도라 하고, 단위는 K(켈빈)이다. 절대 온도 TK와 셀시우스 온도 t℃는 같은 온도 간격으로, T = t + 273.15의 관계다.
- 열의 실체는 에너지로, 열량은 원자와 분자의 진동 에너지와 운동 에너지의 총량이다. 열량의 단위는 J(줄)이다.

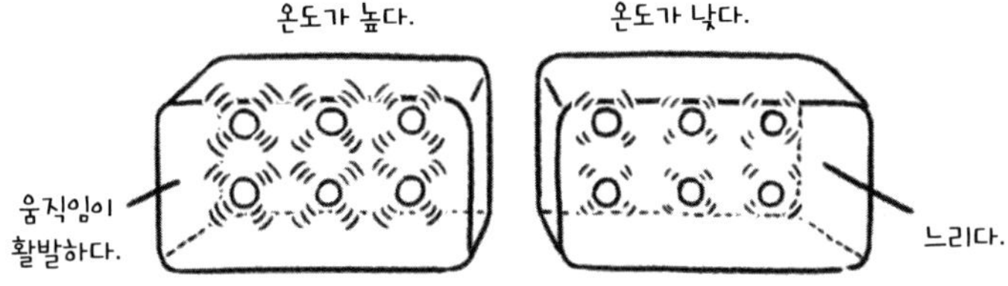

물체의 온도는 그 물체를 구성하는 분자와 원자의 열운동의 활발함 정도를 나타내는 것이라고도 할 수 있다.

온도란 원자와 분자 세계에서 원자와 분자의 열운동의 활발함 정도다.

럼퍼드의 실험은 열소설에 큰 타격을 주었다

열소설 옹호자는, 럼퍼드의 실험에서 '열은 원통 내부의 공기에서 발생했다'고 주장했는데 럼퍼드는 장치 전체를 물속에 넣어 공기가 없는 상태에서 실험해 보았다. 불을 사용하지 않고도 1시간 반 만에 다량의 물이 증발했다.

럼퍼드의 실험에서, 외부에서 열이 전해질 가능성이 배제되었고 또, 열의 발생을 동반하는 화학 변화도 일어나지 않았기 때문에 포신을 깎을 때 유일하게 열이 발생하는 원인은 운동이라는 설이 남았던 것이다.

온도의 미세한 이미지

물체는 원자와 분자로 이루어졌다. 어느 쪽이든 온도와 열을 생각할 때는 같으므로 분자로 이루어졌다고 하자. 물체를 만드는 분자는 전부 끊임없이 자유롭게 운동한다. 이 운동을 열운동이라고 한다. 고체에서는 부르르 떨며 진동한다.

미시 세계에서 온도란 '분자 운동의 활발함 정도'다. 운동이 활발하면 고온, 느려지면 저온이다. 온도가 낮아진다는 것은 분자의 운동이 점점 느려지는 것이다. 온도가 계속 낮아지면 마지막에는 분자의 운동이 정지된다. 저온에는 한계가 있다는 뜻이다. 분자 운동이 멈췄을 때의 온도는 −273.15℃(0K)로, 이보다 낮은 온도는 없다.

온도의 상한은 어떨까? 분자가 점점 활발히 운동하면 온도는 올라간다. 몇

[그림 1] **온도는 분자 운동의 활발함의 정도**

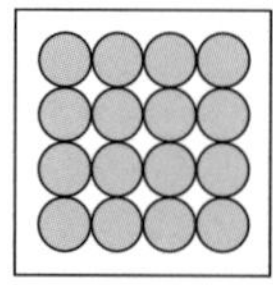

절대 온도 0K
(분자는 정지 상태)

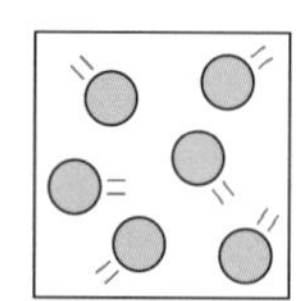

저온
(분자는 완만한 운동)

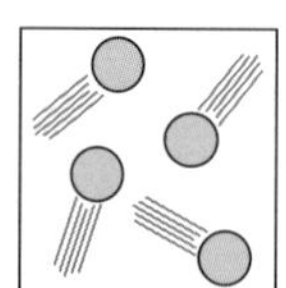

고온
(분자는 활발한 운동)

만℃, 몇 억℃, 몇 조℃라는 온도가 있을 수 있다. 그때, 분자는 깨져서 플라스마 상태가 된다. 플라스마는 분자가 전리해 양이온과 전자로 나뉘어 자유롭게 움직이는 상태가 된 것으로, 물질의 고체, 액체, 기체에 이어 제4의 상태다(296쪽).

열용량과 비열(비열 용량)

물체를 가열하면 온도가 올라간다. 그 물체를 구성하는 분자와 원자의 운동이 활발해지기 때문이다. 이때 물체가 얻은 열운동 에너지의 양을 열량이라 하고, 열량의 단위는 J(줄)을 사용한다.

같은 열량을 가해도 온도의 상승이 큰 것과 그렇지 않은 것이 있다. 그래서 물체의 온도를 1K 올리는 데 필요한 열량을 생각해, 이것을 그 물체의 열용량이라고 한다. 단위는 J/K을 사용한다.

열용량을 C[J/K]로 나타내면, 온도가 ΔT[K]만큼 상승했을 때 필요한 열량 Q[J]는 $Q=C\Delta T$가 된다. 가한 열량을 Q[J], 물체의 비열을 C[J/($g \cdot$K)], 물체의 질량을 m[g], 온도 차를 ΔT[K]라고 하면 이것들에는 $Q=mC\Delta T$라는 관계가 있다.

여러 물질 가운데 물의 비열은 매우 크다. 물처럼 비열이 큰 것일수록 데우는 데 많은 열량이 필요하다.

[그림 2] **다양한 물질의 비열**

물질	비열[J/(g·k)]
납	0.13
은	0.24
구리	0.38
철	0.45
콘크리트	0.8
알루미늄	0.9
목재(20℃)	1.3
바닷물(17℃)	3.9
물	4.2

(25℃에서의 비열)

이렇게 쓰인다!

온도계, 체온계

일상에서 사용하는 유리로 된 막대 모양의 온도계에는 은색 액체, 빨간색 액체, 파란색 액체가 들어 있는 것이 있다. 은색 액체는 수은이다. 빨간색 혹은 파란색 액체는 석유계 액체(케로신. 등유 성분)를 착색한 것이다. 또, 일반적으로 사용되는 온도계의 내용물은 등유지만 알코올을 사용하는 것도 있기 때문에 합쳐서 알코올 온도계라고 한다.

수은과 등유는 온도가 올라가면 팽창하는 성질이 있는데 온도계는 이 성질을 이용한다.

이들 온도계로 체온을 측정할 경우 바로 체온이 표시되지 않는다. 몸은 열을 내고 있기 때문에 온도계 자체가 체온과 같은 온도가 될 때까지 몸에서 체온계로 열의 이동이 일어난다. 그래서 시간이 조금 필요하다.

또, 일반적인 온도계로 체온을 측정하면, 체온을 확인하려고 몸에서 뗄 때 주위 공기의 영향을 받는다. 그래서 체온계는 몸에서 떼도 처음으로 돌아가지 않도록 되어 있다. 처음으로 돌아가기 위해서는 체온계를 세게 흔들어야 한다.

전자 체온계는 온도에 따라 전류의 흐름이 다른 반도체 성질을 이용해 온도를 측정한다. 그 외에도 체표면에서 나오는 적외선으로 체온을 측정하는 비접촉식 체온계도 있다. 모든 물체는 온도에 따라 적외선을 방사하는 성질을 이용하는 것이다.

 '섭씨'의 유래

우리가 생활에서 사용하는 온도는 셀시우스 온도, 줄여서 섭씨온도라고 한다.

'섭씨'는 이 온도 눈금을 발명한 셀시우스의 중국어 표기 '섭이수사(攝爾修斯)'에서 첫 글자를 따온 것이다(김씨, 이씨 하듯이 '섭이수사'를 '섭씨'라고 한 것이다).

셀시우스는 1기압에서의 물의 녹는점과 끓는점을 각각 100℃, 0℃로 하는 온도를 고안했는데(1742년), 온도가 높은 쪽의 숫자가 작은 것은 부자연스럽다는 이유로 각각 0℃, 100℃로 고쳐졌다.

현재는 절대 온도를 우선 정의하고, 이 절대 온도를 이용해 셀시우스 온도를 정의한다. 구체적으로, 절대 온도 1K는 물이 기체, 액체, 고체 세 가지 상태로 공존할 수 있는 온도(물의 삼중점 온도)의 273.16분의 1이라고 정의되어 있다. 숫자가 딱 떨어지지 않는 이유는 절대 온도가 사용되기 전까지 이미 널리 사용되었던 셀시우스 온도의 1℃와 절대 온도 1K를 거의 같은 크기로 맞추려 했기 때문이다.

보일 · 샤를의 법칙

보일의 법칙+샤를의 법칙,
기체의 팽창 원리가 밝혀졌다!

발견의 계기!

영국의 로버트 보일 선생님이 젊었을 때 선생님에게 가장 큰 영향을 준 사람이 독일의 과학자 게리케(Otto von Guericke)였다고 들었습니다.

내가 31살 때(1658년), 게리케가 말을 이용해 진행한 마그데부르크 반구 실험을 알았어요. '가장자리가 딱 맞는 구리로 된 반구 두 개를 맞붙여 하나로 만든 뒤 진공 펌프로 안의 공기를 빼내면 양쪽에서 각각 말 여덟 마리가 서로 반대 방향으로 끌어도 떨어지지 않았다' 하는 실험입니다. 그래서 나도 진공 펌프를 만들어 여러 가지 실험을 해 보자고 생각했죠.

당시, 가난한 학생이었던 로버트 훅(16쪽) 선생님을 조수로 두었죠.

네, 훅의 협력으로 당시 최고의 펌프를 만들 수 있었습니다. 그래서 여러 가지 실험을 했어요. 그 성과를 『공기의 탄력에 대한 자극과 그 효과에 관한 새로운 물리 역학적 실험들』(1660년)로 출판했습니다. 그리고 2판(1661년)에서 '기체의 압력과 부피는 반비례한다.'는 사실을 정식화했죠. 이것을 '보일의 법칙'이라고 합니다.

지금은 이 보일의 법칙과 프랑스의 샤를(Jacques Alexandre César Charles, 1746~1823)이 1787년에 발견한 '샤를의 법칙'(압력이 일정하면 기체의 열팽창은 기체의 종류에 상관없이 온도 상승에 비례한다.)을 묶어서 '보일 · 샤를의 법칙'이라고 합니다.

원리를 알자!

- 일정 온도하에서 일정 질량의 기체의 부피 V는 압력 P에 반비례하는 것을 보일의 법칙이라고 한다.

  $P \times V =$ 일정

- 압력과 질량이 일정할 때 기체의 절대 온도 T는 부피 V에 비례하는 것을 샤를의 법칙이라고 한다.

  $\frac{V}{T} =$ 일정

- 보일의 법칙과 샤를의 법칙을 종합한 것을 보일 · 샤를의 법칙이라고 한다.

$$\frac{PV}{T} = \text{일정}$$

P는 기체의 압력, V는 기체의 부피, T는 절대 온도.

※ 온도를 T_1에서 T_2로 변화시켜서, 부피가 V_1에서 V_2로 변화했다고 하면, '$\frac{P_1V_1}{T_1} = \frac{P_2V_2}{T_2} =$ 일정'이라는 식이 성립한다.

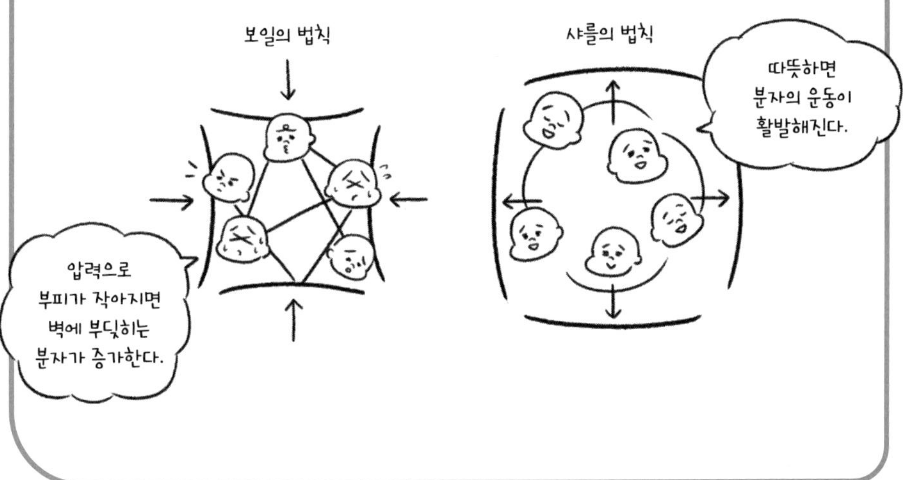

기압의 압력이란?

운동하는 기체 분자가 용기의 벽에 부딪치면 벽에 힘을 가한다. 이때 단위 면적(1㎡)에 작용하는 힘을 압력이라고 한다.

압력은 파스칼(Pa)이라는 단위로 나타낸다. 1Pa은 1㎡의 면적에 1N의 힘이 작용했을 때의 압력이다. 즉 1N/㎡다. 기상 예보 등에서 대기압은 숫자가 커지므로 보통은 헥토파스칼(hPa, 1hPa=100Pa)로 나타낸다.

보일의 법칙과 기체의 분자 운동

가령, 부피 V_1인 주사기에 기체를 넣었을 때, 주사기 벽에 미치는 압력이 P_1이었다고 하자. 주사기를 움직여서 부피가 V_2가 되었다 하고, 그때의 압력 P_2를 생각해 보자.

부피를 원래의 $\frac{1}{n}$로 하면($v_2 = \frac{1}{n}V_1$), 단위 부피 중 분자 수는 n배가 되어 주사기 벽의 단위 면적당 충돌 분자 수도 n배가 된다. 따라서 주사기 벽에 미치는 압력도 n배가 된다($P_2 = nP_1$).

즉, $P_2V_2 = (nP_1) \times (\frac{1}{n}V_1) = P_1V_1$이 된다.

[그림 1] **보일의 법칙**

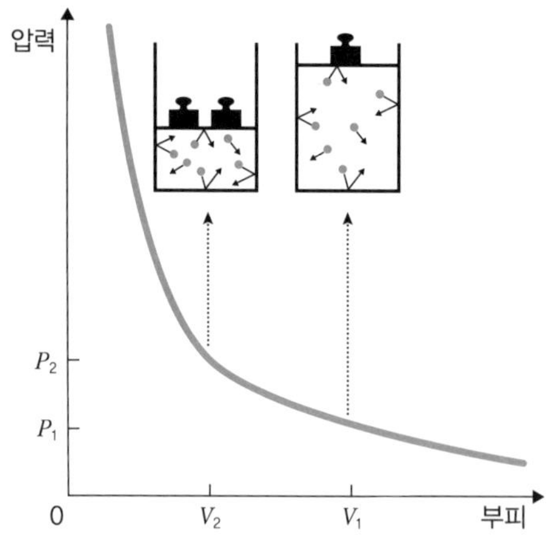

샤를의 법칙과 기체의 분자 운동

샤를의 법칙을 기체 분자의 운동으로 보면, 온도를 높이면 기체 분자의 평균 속도는 커지므로 주사기 벽과 충돌하는 횟수는 늘어나고 충돌 시 벽을 미는 힘도 커진다.

절대 온도 T와 부피 V의 관계를 그래프로 나타내면 원점을 지나는 직선이 된다. 만일 샤를의 법칙이 어느 온도에서나 성립한다고 하면 온도를 낮췄을 때 그에 따라 부피가 감소한다. 그래서 $T = 0$ (약-273℃)에서는 $V = 0$이 된다. 부피는 마이너스가 되는 경우는 없으니까, -273℃ 이하의 온도는 없는 것이 된다.

영국의 켈빈 경은 -273℃를 가장 낮은 온도라고 생각해 절대 영도(0K)로 정했다. 이 온도를 기준으로 해서, 온도 간격은 섭씨온도와 같은 눈금으로 표시한 온도를 '절대 온도'라고 한다.

[그림 2] **샤를의 법칙**

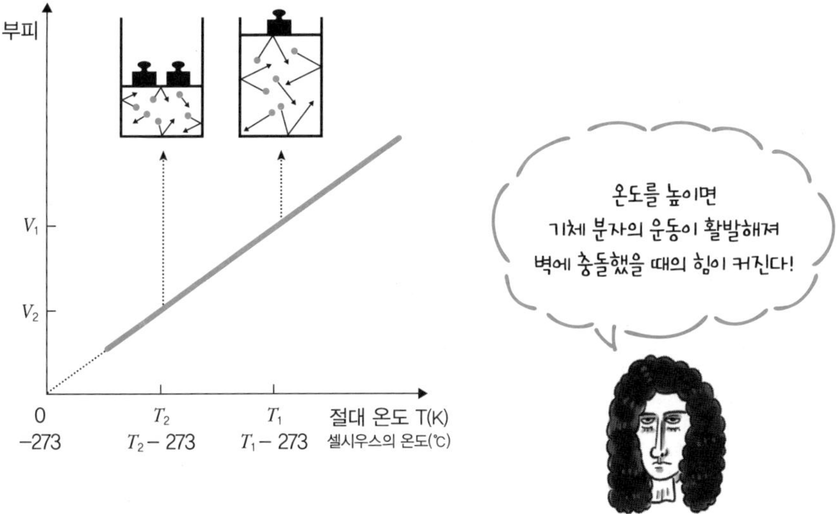

보일 · 샤를의 법칙

보일의 법칙과 샤를의 법칙을 합하면, 압력과 온도가 동시에 변화했을 때의 관계를 이끌어 낼 수 있다. 일정량의 기체의 압력 P, 온도 T, 부피 V의 관계는 다음과 같이 정리할 수 있다.

$\frac{PV}{T}$ = 일정

정량의 기체라면 아무리 압력과 온도를 바꿔 봐도 항상 이 관계가 성립한다.

보일 · 샤를의 법칙이 성립하는 기체는 '이상 기체'

샤를의 법칙에 의하면 기체의 부피는 기체의 종류에 관계없이 일정 압력하에서 온도가 1℃ 오르내림에 따라 0℃일 때 부피의 $\frac{1}{273}$씩 증가 혹은 감소한다. 그럼, 기체는 절대 영도(-273℃)까지 기체일 것이다.

그런데 가령 공기는 -183℃~-196℃ 정도가 되면, 먼저 산소가 액체가 되고 다음으로 질소가 액체가 되려 하기 때문에 부피가 급격히 작아져서 보일 · 샤를의 법칙, 기체의 상태 방정식이 성립하지 않는다.

이것은 실제 기체에서는 온도가 극단적으로 낮아지면 분자 간 힘이 기체 분자의 열운동에 비해 무시할 수 없게 되어, 분자가 서로 당겨서 부피가 작아지려 하기 때문이다. 온도가 극단적으로 낮지 않아도 온도가 낮을수록 이상 기체의 성질에서 벗어날 것으로 예상된다.

보일 · 샤를의 법칙, 기체의 상태 방정식이 성립하는 기체는 다음과 같다.

① 기체의 부피에 비해 분자 하나하나의 부피를 무시할 수 있다.

② 분자 간 힘을 무시할 수 있다.

이것을 '이상 기체'라고 한다. 실재 기체는 이 두 가지 조건을 무시할 수 없으므로 압력과 부피에 다소의 보정이 필요하다. 실제 기체는 분자가 드문드문 존재하면 ①과 ②의 조건에 맞으므로, 압력이 작고 온도가 높을 때는 이상 기체에 근접한다.

이렇게 쓰인다!

주위에서 볼 수 있는 보일의 법칙의 예

초등학교 과학 실험에 '밀폐된 통에 물과 공기를 넣고 피스톤으로 밀면(압력을 가하면) 물은 압축되지 않는데 공기는 크게 압축해 반발하는 힘도 커진다' 하는 실험이 있다.

[그림 3] **공기는 밀면 압축한다.**

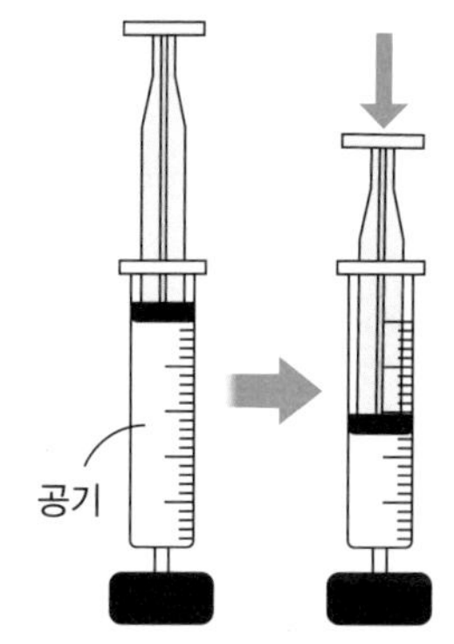

이것은 물질의 성분이나 성질을 밝히는 정성적인 보일의 법칙 실험이다.

고무공을 꽉 움켜쥐면 공이 작아진다. 압력으로 공 안에 있는 기체의 부피가 작아졌기 때문이다. 부피를 작게 하면 공 안에 있는 기체의 압력이 커져 반발이 커진다.

높은 산에 밀폐된 과자 봉지를 갖고 가면 봉지가 빵빵하게 부푼다. 이것은 높은 곳일수록 공기가 희박해져 주위에서 봉지를 누르는 대기압이 작아지기 때문이다.

샤를의 법칙

찌그러진 탁구공을 따뜻하게 하면 공 안의 공기가 팽창해 원래 모양으로 돌아온다. 기체는 온도를 높이면 팽창한다.

열기구는 풍선(구피) 안의 공기를 버너로 뜨겁게 해서 안쪽 공기가 팽창해 가벼워지기 때문에 위로 떠오른다.

햇빛으로 뜨거워진 지면 부근의 공기 덩어리는 팽창해 가벼워져서 위로 올라가기 때문에 상승 기류가 된다.

열역학 제0 법칙

열역학 제1 법칙과 제1 법칙의 전제가 되는, 온도의 의미를 나타내는 법칙!

발견의 계기!

—— 열역학에서는 먼저, 온도, 열 등이 정의되는 열평형(열역학적 평형 상태)의 존재를 생각하죠. 그것이 '열역학 제0 법칙'입니다. 이번에는 영국의 물리학자 맥스웰 선생님을 모시겠습니다.

열역학 제0 법칙은 열역학 제1 법칙과 제2 법칙의 전제가 되는 법칙입니다. 열평형은 꽤 오래전부터 알려졌는데, 법칙으로는 정리되지 않았어요. 그래서 20세기 초에 열역학 제0 법칙이라고 이름 붙여진 겁니다.

—— 이미 열역학 제1 법칙과 제2 법칙은 뿌리를 내렸기 때문에 법칙의 번호를 하나씩 뒤로 밀어 새로 고칠 수 없었다고 합니다. 그런데 맥스웰 선생님은 어떤 연구를 하셨나요?

나는 패러데이(148쪽)의 역선(자력선, 전기력선)에 주목해 그것을 수학화하는 연구를 했습니다. 그 뒤 토성의 고리는 작은 암석으로 구성되었는데, 암석들이 서로 충돌하면서 안정되어 있다는 사실을 밝혀냈죠. 이 연구를 통해 기체의 분자 운동을 통계적, 확률적으로 다루는 이론을 고안한 겁니다.

—— 맥스웰 선생님의 기체 분자 운동론은 토성의 고리 연구를 계기로 시작된 거군요!

원리를 알자!

- 온도가 다른 두 개의 물체를 접촉시키면 온도가 높은 물체에서 온도가 낮은 물체로 열이 흐른다. 충분한 시간이 지나면 둘의 온도가 같아지고 열의 이동은 멈춘다. 이 상태를 '열평형'이라고 한다. 이것을 열역학 제0 법칙이라고 한다.
- 열평형은 상태를 특징짓는 압력, 부피, 온도 등이 변화하지 않는 상태다.
- 열평형일 때 외부와의 사이에서 열의 출입이 없으면 고온의 물체가 잃는 열량과 저온의 물체가 얻는 열량은 같다. 이것을 '열량의 보존'이라고 한다.

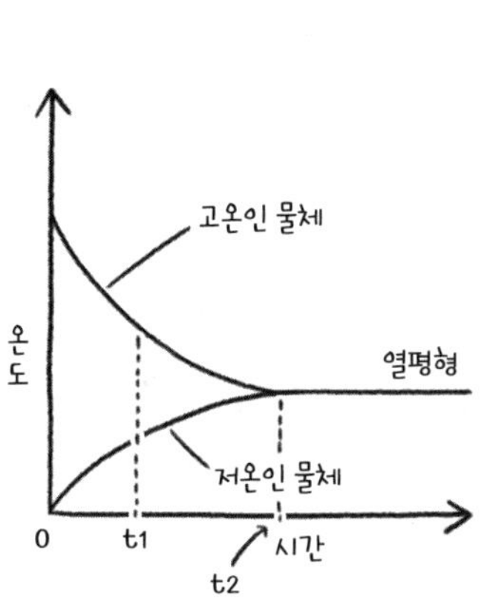

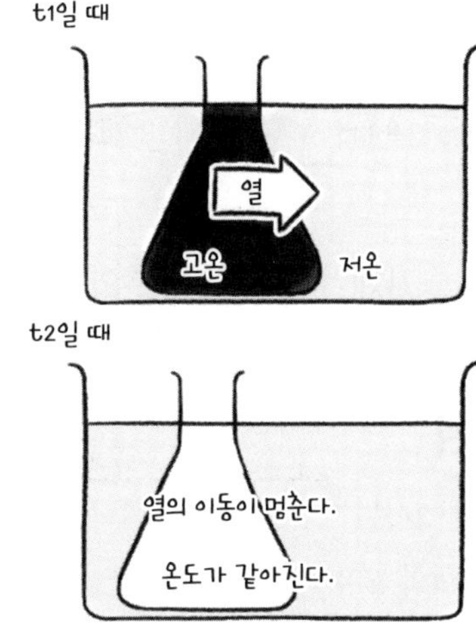

두 기체가 섞이면, 압력, 온도는 어느 부분에서도 같아진다.

열역학 제0 법칙

고온의 물체와 저온의 물체를 접촉시키면 고온인 물체의 온도는 내려간다. 반대로 저온인 물체의 온도는 올라가 같은 온도가 되면 변화가 멈춘다. 이때, 고온인 물체에서 저온인 물체로 '무엇인가'가 이동했다고 생각한다. 이 '무엇인가'가 열이다.

같은 온도가 되었을 때 열의 이동은 사라진다. 이때를 '열평형 상태'라고 한다. 이 열평형은 경험으로 유도된 법칙으로, 열역학 제0 법칙이라고 한다. 열역학 제0 법칙은 온도의 성질의 의미를 결정하는 법칙이다.

[그림 1] **고체의 열평형**

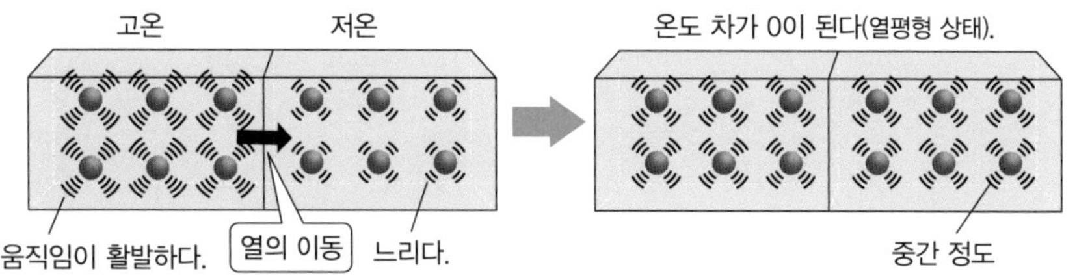

기체의 분자 운동론과 열평형

하나하나의 기체 분자에 주목해 미시적으로 다루는 방법을 분자 운동론이라고 한다.

기체에서는 다수의 분자가 무질서한 방향으로 끊임없이 움직인다. 분자의 속도는 기체의 온도가 높으면 커지고 기체의 온도가 낮으면 작아진다. 즉, 온도가 높으면 분자의 운동 에너지가 평균적으로 높고, 온도가 낮으면 분자의 운동 에너지가 평균적으로 낮다. 분자가 돌아다니는 속도가 가장 작은 상태란, 모든 분자가 정지한 상태다. 이때의 온도는 온도 중에서 가장 낮은 상태로, 이것이 절대 영도다. '평균적'이라고 한 것은, 어떤 온도의 기체 분자에는 빠른 것도 있고, 느린 것도 있기 때문이다. 또, 온도에 따라 각각의 속도에서 분자 수의 분포가 다르다. 온도가 높은 쪽이 낮을 때보다 빠른 분자가 많아진다. 이것을 맥스웰 분포라고 한다.

고온의 기체와 저온의 기체를 서로 섞이지 않게 사이에 칸막이를 설치한 상자에 넣고 그 뒤 칸막이를 제거할 때를 생각해 보자. 칸막이를 제거하고 수 시간 뒤에는 전체가 같은 온도가 된다.

고온의 기체와 저온의 기체를 접촉시키면, 고온의 기체 분자와 저온의 기체 분자가 충돌한다. 그때 고온의 기체 분자에서 저온의 기체 분자로 운동 에너지가 전달된다. 저온의 기체 분자는 운동 에너지를 받아 분자 운동이 활발해져서 온도가 상승한다. 그리고 고온의 기체 분자는 운동 에너지를 잃고 움직임이 약해져서 온도가 내려간다.

[그림 2] **맥스웰 분포**

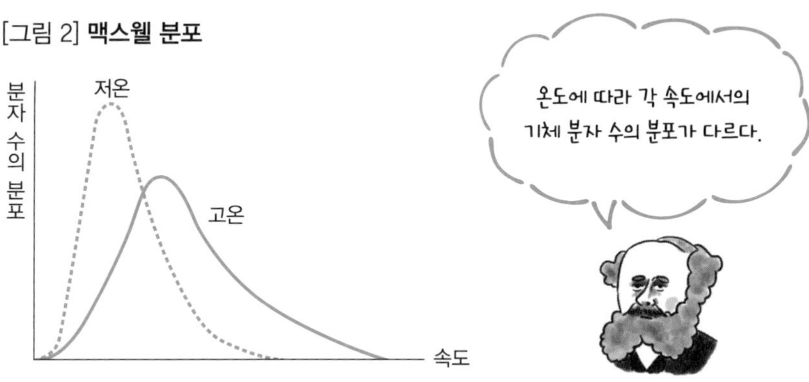

[그림 3] **기체의 열평형**

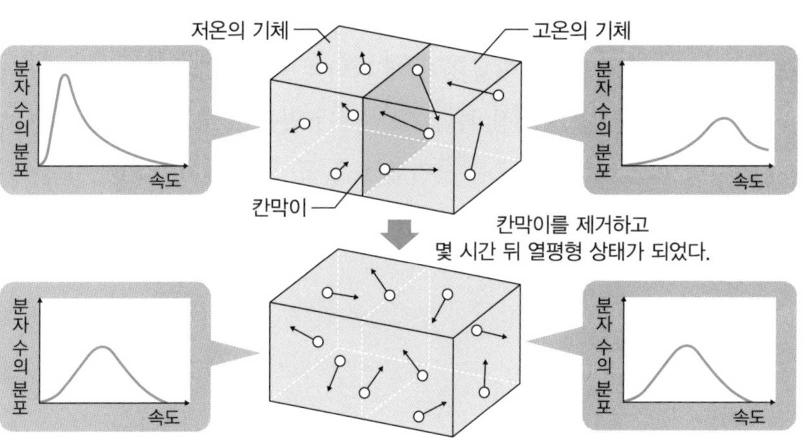

액체와 고체에서의 열평형

공기 같은 기체뿐 아니라 액체와 고체에서도 마찬가지다. 액체와 고체의 경우에는 분자는 기체 때처럼 무질서하게 움직이지는 않는다. 그러나 액체와 고체를 만드는 분자도 활발하게 운동(열운동)할 때는 온도가 높고, 느리게 운동할 때는 온도가 낮다. 고온 물체와 저온 물체를 접촉(혹은 혼합)시키면 기체와 마찬가지로 분자가 충돌해 분자의 운동 에너지를 주고받아서 열평형 상태가 된다.

가령 20℃의 물 200g과 60℃의 물 300g을 혼합하면 몇℃가 될까. 열량=질량×비열×온도 차로 비열은 같으므로, 저온인 쪽이 얻은 열량=고온인 쪽이 잃은 열량이 된다. 물이 x℃가 된다면, $200(x-20)=300(60-x)$를 계산하면, $x=44$℃를 구할 수 있다.

이렇게 쓰인다!

뜨거운 돌을 이용한 찜 요리

뜨겁게 달군 돌멩이를 물에 넣으면 돌멩이의 온도는 내려가고 물의 온도는 올라간다. 여러 번 뜨거운 돌멩이를 물에 넣다 보면 물이 끓어오를 정도가 된다.

필자가 피지와 통가 왕국에 여행 갔을 때 파티에 참석한 적이 있다. 그곳에서 흙을 판 구멍에 뜨겁게 달군 돌멩이를 놓고 바나나 잎을 깐 다음 그 위에 잎과 알루미늄 포일로 감싼 여러 식재료를 올리고 흙을 덮어서 찌는 요리를 맛보았다. 이 고온의 돌멩이를 사용해 요리하는 방법은 가스레인지로 뜨겁게 한 냄비의 역할을 한다.

프라이팬의 손잡이가 나무로 된 이유는?

25℃ 실내에 철판과 발포 폴리스티렌 널빤지가 있다고 하자. 얼마 뒤 열평형 상태가 되었다면 철판과 발포 폴리스티렌 널빤지의 온도는 양쪽이 같을 것이다. 실제로 접촉하지 않아도 온도를 측정할 수 있는 방사 온도계로 재면 같은 온도를 나타낸다(방사 온도계는 물체가 온도에 따라 적외선과 가시광선의 강도가 다른 점을 이용해 측정한다). 그런데도 우리는 철판이 차갑다고 느낀다. 왜일까.

실온 25℃는 사람의 체온보다 낮은 온도다. 그럼 온도가 높은 사람의 손에서 온도가 낮은 철로 열이 흐른다. 일반적으로 금속은 다른 물체에 비해 열을 전달하기 쉽다. 따라서 손에서 많은 열이 금속으로 흘러 손의 온도는 크게 내려간다.

반면에 발포 폴리스티렌은 열을 전달하기 어려운 물질이다. 열을 전하기 어려운 기포가 많이 포함되어 있기 때문이다. 따라서 철에 비해 열이 거의 이동하지 않아, 손의 온도는 그다지 내려가지 않는다.

만일 온도가 50℃인 방에 두었다면 철과 발포 폴리스티렌 모두 50℃가 된다. 이것을 손으로 만지면 이번에는 철 → 손, 발포 폴리스티렌 → 손으로 열이 흐른다. 철을 만지면 손은 뜨겁게 느껴질 것이다. 기온이 높은 날에 자동차 보닛을 만지면 뜨거운 이유가 바로 이 때문이다. 반대로 발포 폴리스티렌은 거의 뜨거움을 느끼지 않는다. 프라이팬과 냄비 같은 조리기구의 손잡이가 나무나 플라스틱으로 되어 있는 이유는 금속보다 열을 쉽게 전달하지 않기 때문이다.

[그림 4] **손잡이가 플라스틱으로 되어 있는 프라이팬**

열역학 제1 법칙

일과 열은 에너지로, 그 총량은 보존된다.

발견의 계기!

—— '열역학 제1 법칙'은 19세기경, 몇몇 과학자에 의해 발견되고 확립되었습니다. 그 대표로, 영국의 과학자 제임스 줄 선생님께 이야기를 듣겠습니다.

줄입니다. …… 나는 과학을 정말 좋아해요.

—— 듣기로는, 가업이 양조업으로, 양조장 한쪽에 연구실을 만들어서 독학으로 실험을 한, 이색적인 경력의 소유자시던데. 정말 과학을 좋아하셨나 봐요. 줄 선생님은 어떤 것을 발견하셨나요?

열역학에서 일이란 '이동 방향의 힘×이동 거리'라는 의미인데, 그전까지는 관계없다고 생각했던 열과 일이 서로 변환할 수 있다는 사실을 발견했어요. 일과 전기에서 열을 만들어 내는 실험으로 열 · 전기 · 운동 등의 여러 상태가 서로 변환 가능하다는 사실을 밝힌 거죠.

—— 많은 실험을 하셨군요. 게다가 그것을 독학으로 계속하셨다니! 이렇게 해서 열역학의 발전으로 산업 혁명이 한층 더 추진되었죠.

원래 나는 어릴 때도 학교에 가지 않고 집에서 공부를 했기 때문에 그런 환경에는 저항이 없었던 것 같아요. 에너지의 단위에 나의 이름을 붙여 주어 영광으로 생각합니다.

원리를 알자!

- 물체에 공급한 열량을 Q, 물체에 가한 일(에너지)을 W라고 하면 물체의 내부 에너지 U의 증가분 ΔU는 다음의 식으로 표시된다.

$$\Delta U = Q + W$$

에너지 U의 단위는 J[kg·m²/s²]

- 열역학 제1 법칙은 에너지 보존 법칙이기도 하다. 에너지의 총량은 항상 일정하고, 보존된다.

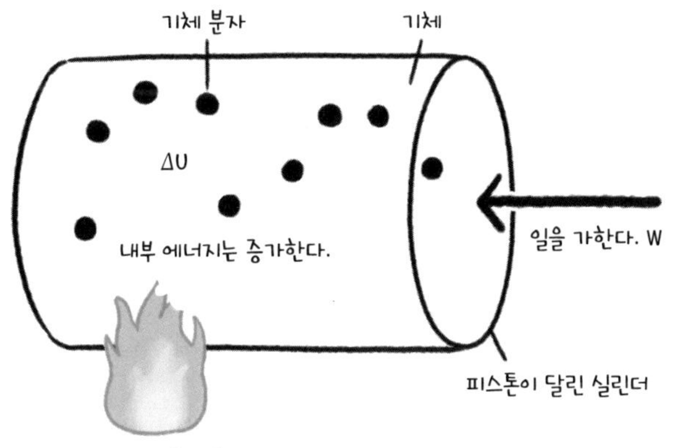

에너지는 늘거나 줄지 않는다.
그 총량은 보존된다.

외부에서 일을 가하거나 열을 공급하면
내부 에너지는 증가한다.

열역학 제1 법칙은 에너지 보존 법칙

열역학 제1 법칙은 역학적인 에너지 보존 법칙(86쪽)에 열에 관한 에너지를 합체시킨 것이다. 즉, 모든 에너지에 관한 보존 법칙이라고 할 수 있다. 에너지는 무에서 발생하거나 사라지지 않고, 외부와 주고받는 것이 없으면 증가하거나 줄지 않는다는 것이 에너지 보존 법칙이다.

가령, 피스톤이 달린 실린더 안에 기체를 투입한 경우를 생각해 보자. 기체 안에는 매우 많은 기체 분자가 불규칙하게 끊임없이 움직이고 있어서 분자의 에너지를 전부 더한 것을 기체의 내부 에너지 U라고 한다. 이 실린더에 열을 가하고 피스톤을 안쪽으로 밀어 준다고 하자. 이때 기체에 공급한 열량을 Q, 기체에 가한 일을 W라고 한다.

물체는 열을 가하거나 압축하면 분자의 속도가 증가해 온도가 올라가고, 에너지가 증가한다. 에너지 보존의 법칙에 의해 모든 에너지가 보존되므로 이때의 내부 에너지의 증가분을 ΔU라고 하면 $\Delta U=Q+W$가 된다. 이 식은 기체에 가한 열과 일의 합은 내부 에너지의 증가분과 같다는 것을 나타낸다.

[그림 1] **피스톤이 달린 실린더에 에너지를 공급하면…….**

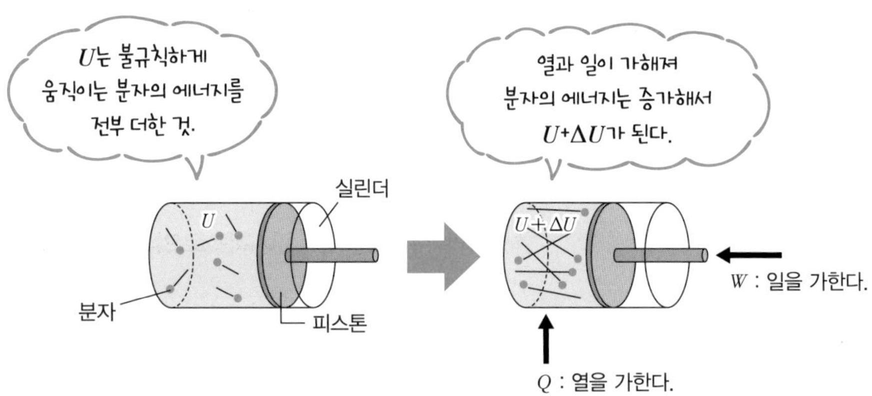

이렇게 쓰인다!

열기관

'열기관'이란 열을 일로 바꾸는 기계를 말한다. 가령, 그림 2의 실린더에 열을 가하면 기체가 팽창해 피스톤을 밀고, 피스톤은 차바퀴를 회전시키는 등, 외부로 일을 할 수 있다.

그러나 그대로는 한 번 피스톤을 밀면 일이 끝나 버리므로, 피스톤을 원래 위치로 되돌려야 한다. 그래서 이번에는 냉수를 뿌리거나 해서 실린더를 냉각해 열을 빼앗는다. 그것으로 기체가 수축해 피스톤은 처음 상태로 돌아간다. 이 동작을 반복하는 것으로 열기관은 운전을 계속할 수 있게 된다. 이런 구조에서 알 수 있듯이 열기관에는 고열원과 저열원이 필요하다.

[그림 2] **열기관의 개념**

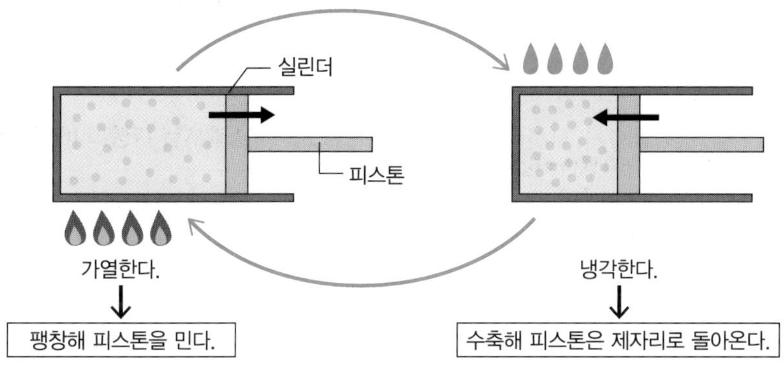

열기관에는 두 종류가 있다. 실린더 내부에 가솔린 등을 폭발시키는 '내연 기관'과 외부에서 열을 조절하는 '외연 기관'이다. 내연 기관은 자동차나 선박, 비행기 등에, 외연 기관은 증기 기관차와 증기 터빈 등에 이용된다.

증기 기관차에서는 석탄을 태운 열을 일로 바꾼다. 증기 기관차는 석탄을 태워 열을 발생시켜(고열원) 물을 데운다. 이때 발생한 수증기로 피스톤을 미는 일을 하여 바퀴를 회전시키는 것이다. 그리고 피스톤 안의 수증기를 저열원인 밖으로 방출해 남은 열을 버린다. 열을 배출하지 않으면 다음에 피스톤이 일을 할 수 없어 멈춰 버린다.

버려지는 에너지를 재활용할 수 있다?

조금은 귀에 익지 않은 말일 수 있는데, '스털링 엔진(Stirling Engine)'이란 것이 있다. 스털링 엔진은 외연 기관으로, 여기에도 제1 법칙의 원리가 사용된다. 이것은 19세기에 스코틀랜드의 목사 로버트 스털링(Robert Stirling)이 발명했다.

스털링 엔진은 가솔린 엔진처럼 폭발적인 연소를 동반하지 않고 매우 조용하다. 그래서 잠수선의 보조 엔진 등에 사용되기도 한다. 그러나 일반적으로는 제조 비용 및 기술적인 문제로, 거의 보급되지 않았다.

현재 스털링 엔진은 과학 완구로 판매되고 있다. 장난감이라고는 해도 원리는 같아서, 가령 어떤 장난감은 '장치의 아랫면에서 데워진 기체를 장치 윗면에서 식힌다'를 반복하여 피스톤을 움직여 휠을 회전한다(그림 3). 실외 온도가 낮을 때는 손바닥 열로도 회전한다. 실제로 열이 에너지로 변하는 것을 관찰할 수 있어 재미있다.

[그림 3] **스털링 엔진**

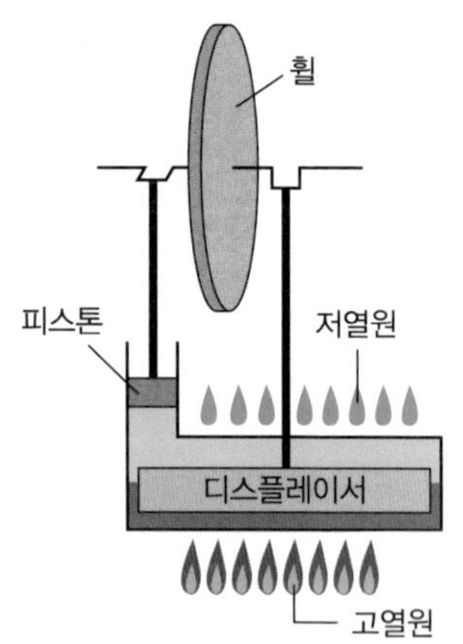

최근 스털링 엔진은 자동차와 에어컨의 열, 지열 등 그대로 버려지는 에너지를 재활용할 수 있는 시스템으로서 다시 주목받고 있다.

영구 기관의 꿈이 열역학을 발전시켰다

'영구 기관'이란 무엇일까? 한 번 외부에서 에너지를 전달받으면 더는 다른 도움 없이 일을 계속할 수 있는 꿈의 기계다. 그중에서도 제1종 영구 기관이라 불리는 것은, 에너지원이 없는데도 에너지를 발생시킬 수 있다고 여겼다.

그림 4는 제1종 영구 기관으로 생각한 예다. 차바퀴의 오른쪽에 오는 추는 왼쪽에 오는 추에 비해 바퀴에서 멀리 떨어져 있다. 따라서 항상 오른쪽으로 도는 회전력(모멘트)이 생겨 바퀴는 영원히 회전을 계속할 것이다. 그리고 위쪽에 온 추는 오른쪽으로 툭 넘어져 회전의 힘을 더욱 늘린다.

그러나 실제로 이 장치를 움직여도 도중에 균형을 이뤄 정지해 버린다. 이 장치뿐 아니라 많은 영구 기관이 고안되었지만 전부 실패로 끝났다. 그러나 이런 실패를 거듭해 열역학의 법칙이 생겨났다고 할 수 있다.

[그림 4] **제1종 영구 기관의 예**

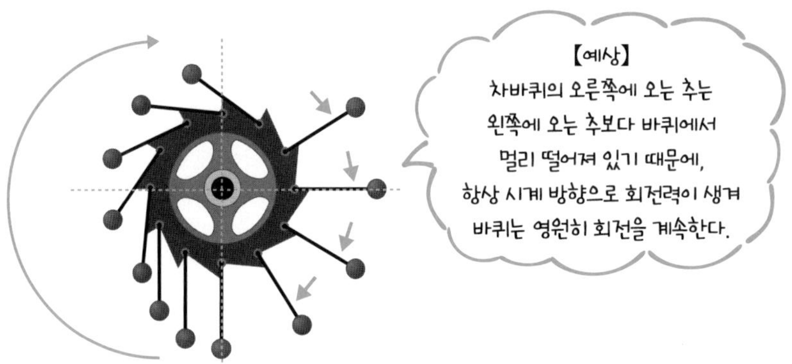

열역학 제2 법칙

열의 이동은 불가역적이다,
산업 혁명과 함께 발전한 열의 기본 원리

발견의 계기!

'열역학 제2 법칙'은 다양한 열기관 연구를 계속하던 중 발견하고 발전한 법칙입니다. 오늘은 그 주인공인 켈빈 경(윌리엄 톰슨)과 클라우지우스 선생님, 두 분께 이야기를 듣겠습니다.

내가 켈빈 경입니다. 이름은 윌리엄 톰슨인데, 명예롭게 작위를 받아서 켈빈 경이 되었죠. 나는 오랫동안 '왜 자연에서는 열이 고온인 물체에서 저온인 물체로만 흐를까?' 하고 고민했는데…… 클라우지우스가 재빠르게 해결했어요.

루돌프 클라우지우스입니다. 켈빈 경이 고민했던 것에 대해서는 당시 모두가 아무리 생각해도 답을 찾을 수 없었어요. 그래서 나는 과감히 이것을 기본적인 원리로 인정하기로 했죠.

많은 일류 과학자가 생각해도 결국 알 수 없었던 문제였나요? 그래서 '일단 자연은 그렇게 만들어졌다고 인정한다'라는 클라우지우스 선생님의 생각이 주류가 되었군요. 이런 일이 물리학에서는 자주 있나요?

네. '자연은 그렇게 되어 있다'라고 인정하고 앞으로 나가자고 생각하죠. 이 열의 성질을 '열역학 제2 법칙'으로서 기본 원리로 인정해 버리면 많은 것이 해결되어 더욱 새로운 지식을 얻을 수 있어요. 내 입으로 말하기 뭐하지만 획기적인 생각이었죠.

원리를 알자!

- 열은 고온의 물체에서 저온의 물체로 이동하고, 그 반대 변화는 자연에서는 일어나지 않는다. 자연 현상은 불가역이다.
- 열원으로부터 열을 꺼내 그 전부를 일로 바꿀 수는 없다.
- 엔트로피는 증가한다. 엔트로피란 현상의 불가역성을 나타내는 지표다. 무질서를 나타내는 양이라고 할 수 있다.

불가역성

커피에 우유를 넣으면 확산해서 처음 상태로 돌아가지 않는다.

열도 고온의 물체에서
저온의 물체로 이동하고
이전으로 돌아가지 않는다.

열역학 제2 법칙은
열의 이동, 엔트로피의 확대 등
여러 가지로 표현한다.

열은 고온의 물체로부터 저온의 물체로 이동하고, 그 반대 변화는 자연에서는 일어나지 않는다

컵에 뜨거운 물을 붓고 방치하는 경우를 생각해 보자. 뜨거운 물은 차츰 식어서 결국에는 주위 공기와 같은 온도가 된다. 즉, 고열원인 컵의 물에서 저열원인 주위로 열이 이동한 것이다. 그러나 그 반대 현상은 자연에서는 일어나지 않는다. 식은 물을 방치하면 주위로 이동한 열을 다시 모아 물이 끓는다…… 하는 일은 자연에서는 일어날 수 없다. 이 '원래 상태로 돌아갈 수 없는 변화'를 '불가역 변화'라고 한다.

방치하면 열은 반드시 고열원에서 저열원으로 이동하고, 그 반대 변화는 없다는 것은, 잘 생각해 보면 신기한 성질이다. 다른 물리 현상에서는 열의 방출만 없으면 반대의 변화도 있을 수 있기 때문이다. 가령 진자는 에너지를 잃지 않으면 같은 동작을 반복한다.

켈빈 경도 왜 열은 일방통행일까를 생각했지만, 답을 찾지 못했다(참고로, 현재도 확실히 모른다). 그래서 클라우지우스가 이것을 사실로 받아들이고 물리학에서의 기본 원리 중 하나로 정한 것이다.

열원으로부터 열을 꺼내 그 전부를 일로 바꿀 수는 없다

18세기 중반에서 19세기에 걸쳐 산업 혁명이 일어났는데, 그 당시 '가능한 적은 연료로 열기관에 많은 일을 시키고 싶다'는 요청으로 기관의 열효율(공급한 열 가운데 얼마나 일로 바꿀 수 있는지를 나타내는 수치)에 관한 연구가 활발히 이루어졌다.

그런데 경험상, 이 열효율을 100%로 하는 것은 절대 불가능하다는 사실을 알았다(참고로, 자동차를 움직이는 가솔린 엔진의 열효율은 20~30% 정도라고 한다). 즉, 열기관은 고열원에서 받은 열을 전부 일로 변환할 수 없어서 저열원에서 반드시 열을 버릴 필요가 있다. 즉 온도 차가 있는 열원이 두 개 이상 필요하다(그림 1). 그리고 이것은 앞에서 말한, 열원에서 열을 꺼내 그 전부를 일로 바꿀 수 없다와 같다는 사실을 알았다.

[그림 1] **열기관은 온도 차가 있는 열원이 두 개 이상 필요하다.**

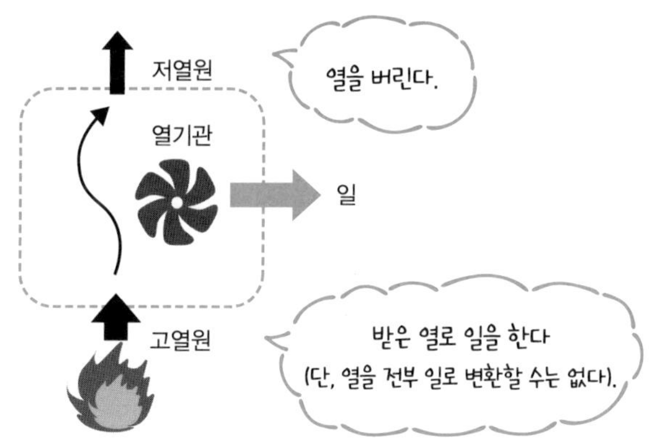

엔트로피는 증가한다

엔트로피는 무질서도를 나타내는 양으로, 열역학의 물리량이다. 온도가 T로, Q의 열량을 흡수할 때 엔트로피 S의 증가분 ΔS는 다음의 식으로 나타낼 수 있다. 열역학에서는 약 -273℃를 0K로 하는, 절대 온도 T를 이용한다.

$$\Delta S = \frac{Q}{T}$$

지금, 두 개의 열원이 있을 때 온도가 높은 쪽의 절대 온도를 $T_{고}$, 낮은 쪽을 $T_{저}$라고 하자. 이때 Q의 열량이 고열원에서 저열원으로 이동했다고 하자(그림 2).

[그림 2] **엔트로피는 어떻게 변화할까?**

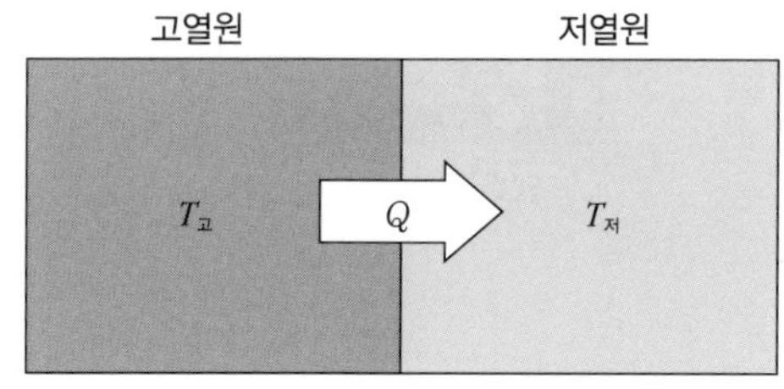

엔트로피의 변화분을 더하면
반드시 양수가 된다.

$$-\frac{Q}{T_{고}} + \frac{Q}{T_{저}} > 0$$

↓

엔트로피는 증가했다!

그때 열량 Q를 절대 온도 T로 나눈 양은 $-\frac{Q}{T_{고}}$(유출이므로 $-Q$가 된다), $\frac{Q}{T_{저}}$이다. 이것들을 더해 주면 (단, Q가 매우 작을 때를 생각한다),

$$-\frac{Q}{T_{고}}+\frac{Q}{T_{저}} \cdots\cdots ①$$

열역학 제2 법칙에서 열은 반드시 고열원에서 저열원으로 흐르고, 그 반대 변화는 없다. 따라서 $T_{고}$에 관계하는 열 Q는 반드시 음수가 된다. 또, 당연히 $T_{고} > T_{저}$이므로 ①의 식의 값은 반드시 양수가 된다.

즉, 열 현상을 동반하는 자연은 반드시 엔트로피가 증가하는 방향으로 진행한다. 이것이 '엔트로피 증가의 법칙'이다. 자연 현상은 불가역 현상으로, 우주 전체를 생각하면 모든 엔트로피는 시간과 함께 계속 증가하게 된다.

엔트로피가 증가하는 현상은 어떤 것일까? 엔트로피가 증가하면 에너지는 사용하기 어려운 상태가 된다. 이 때문에 엔트로피는 무질서도를 나타낸다고도 표현한다. 가령, 책이 잘 정리된 책장과 무질서하게 꽂혀 있는 책장과 같다. 양쪽 모두 책의 수(에너지)는 같지만 무질서한(엔트로피가 증가한) 책장은 사용하기 어렵다. 즉 에너지의 질은 엔트로피가 증가함에 따라 저하하고, 사용하기 어려워진다.

[그림 3] **엔트로피와 무질서도**

정리된 책장

엔트로피 작다.

이렇게 쓰인다!

에너지를 소비한다?

'에너지를 소비한다'는 말을 자주 듣는다. 그러나 열역학 제1 법칙에 따르면 에너지는 없어지는 것이 아니라 다른 에너지로 변환될 뿐이다.

자동차를 운전할 때 가솔린이 갖고 있던 에너지는 열과 운동 에너지로 변환되기 때문에 자동차가 달린다. 그러나 자동차가 정지하면 운동 에너지는 전부 열에너지로 바뀌어 버린다. 즉, 가솔린이 갖고 있었던 에너지는 마지막에는 전부 열에너지가 된다. 이 열에너지는 다른 에너지에 비하면 재활용하기 어려운 에너지다(역학 · 화학 · 전기 에너지는 사용하기 쉬운 에너지다). 그 열의 대부분은 확산해 버려(엔트로피가 증가해서) 재활용하기 어려워지기 때문이다.

앞으로의 지구 환경과 자원의 고갈에 대해 생각했을 때 쓸데없이 방출되는 열에너지를 줄이고 이 열에너지를 재활용할 수 있는 방법을 생각하는 것도 중요하다.

제2종 영구 기관과 톰슨의 원리

제2종 영구 기관이란 '하나의 열원의 열을 전부 일로 바꿀 수 있는 기관'을 말한다.

가령, 지구의 대기로부터 저온의 열원 없이 열을 꺼내 일을 시킬 수 있다면 온난화한 지구를 식히면서 에너지도 절약할 수 있으므로 일석이조다. 게다가 이 기관은 열역학 제1 법칙에는 위배되지 않는다.

그러나 켈빈 경은 톰슨의 원리에서 '단 하나의 열원으로부터 열을 받아 그것을 전부 일로 바꾸고 그 이외의 어떤 변화도 남기지 않는 과정은 실현 불가능하다'고 말한다. 즉, 열역학 제2 법칙에 의하면 위와 같은 제2종 영구 기관은 불가능하다.

영구 기관을 발명했다고 가끔 특허 출원이 되기도 하는데, 현대에서는 열역학의 법칙에 위배되는 것은 불가능하다고 여겨 전부 거절된다.

열역학 제3 법칙

절대 영도는 만들 수 없다,
인간에 의한 냉각 조작의 가능성과 한계

발견의 계기!

―― 온도에 '하한'은 있을까? 1905년, 이 문제에 관해 발터 네른스트 선생님이 『네른스트의 열 정리』를 발표하셨죠. 현재는 '열역학 제3 법칙'이라고 합니다.

온도의 하한은 있습니다. 이것을 '절대 영도'라고 합니다. 섭씨온도로 -273.15℃가 되죠. 하한을 0으로 하는 것이 켈빈의 절대 온도입니다.

―― 그런 저온은 상상이 안 되는데, 만들 수 있나요?

열역학 제2 법칙이 말하듯이 그냥 방치만 해선 물체는 차가워지지 않아요. 일반적으로 물체를 차게 하려면 그보다 낮은 온도의 물체를 접촉시켜서 열에너지를 빼앗아야 합니다. 하지만 절대 영도보다 낮은 것은 없으니까 그 조작은 기능하지 않죠.

―― 그럼, 기체 같은 분자 집단의 단열 팽창(열의 출입 없이 물체의 부피가 팽창하는 일)으로 온도를 떨어뜨리는 건요?

그렇죠, 하지만 온도를 일정하게 유지하면서 압축해 열을 배출하는 과정과 번갈아 해야 하기 때문에 영원히 그 조작을 계속해야 해요. 유한한 조작 과정으로는 도달할 수 없어요. 하한은 있지만 도달 불가능하죠.

―― 그렇군요. 절대 영도의 의미를 나타내면서도 '절대 영도는 만들 수 없다'는 것도 열역학 제3 법칙의 표현이군요. 현재 실험적으로 도달한 최저

온도는 1999년에 금속 로듐을 이용한 냉각 기법으로 기록한 100억 분의 1K=100pK(피코켈빈)입니다.

원리를 알자!

- 온도에는 '절대 영도'라는 하한이 있다.
- 열역학 제3 법칙이란 절대 영도에서 엔트로피는 0이 된다는 것이다.
- 열역학 제2 법칙에서는 엔트로피의 변화량만 도입했다. 그에 반해 열역학 제3 법칙에서는 그 절대치가 정해졌다.
- 열의 실체는 원자와 분자의 무작위적인 운동으로, 물체의 온도가 높으면 변칙적인 열운동이 활발해져서 엔트로피가 증가한다.
- 물체의 온도가 낮아지면 엔트로피는 감소한다. 그리고 절대 영도에 가까워지면 엔트로피는 0에 가까워진다.
- 엔트로피가 0이란, 하나의 상태에 고정되어 있는 것이라고도 말할 수 있다.

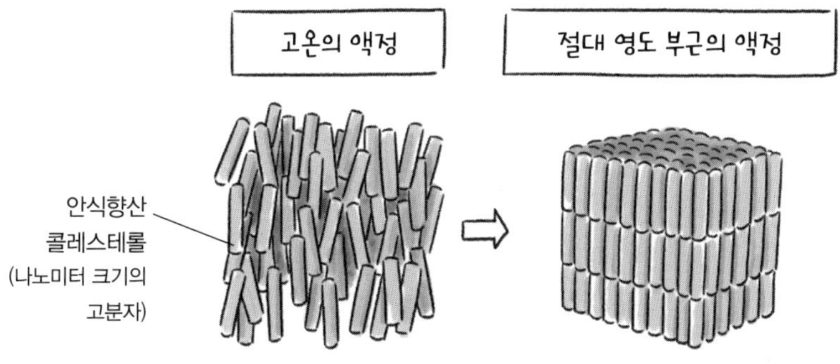

각각의 막대는 서로 긴 면이 모여 있는 것이 안정적이다. 고온에서는 위치와 방향이 흐트러져서 '배치의 가능성'이 압도적으로 크다(엔트로피가 크다). 이것을 차게 해 에너지를 빼앗으면 '질서' 있는 상태가 늘어나 엔트로피가 0에 가까워진다.

'절대 영도'에서는 원자와 분자의 열운동이 없어져 하나의 상태, 즉 엔트로피 0의 상태가 된다.

엔트로피와 물질의 상태

열의 실체는 원자와 분자의 무작위적인 운동이다. 물체의 온도가 높다는 것은 이 무작위적인 열운동이 활발하다는 뜻이다. 볼츠만(Ludwig Eduard Boltzmann, 1844~1906)은 이런 계의 '무질서의 가능성'이 엔트로피라고 생각했다.

온도가 절대 영도 상태에 가까워지면 완전한 정지 상태가 된다. 열역학 제3 법칙은 절대 영도에서 '원자와 분자가 전부 정렬해서 열운동이 정지하고 무질서의 여지가 없는 상태'라는 원리를 표현한다. '무질서의 가능성'이 없고 단 하나의 배치 양식이 되어 있다는 점이 '온도의 하한'으로 정의할 수 있는 것이다. '절대 영도'라 부르는 상태에 어울린다.

절대 영도를 0으로 하고, 온도의 간격을 섭씨온도와 똑같이 한 것을 켈빈 온도라 하고 K로 표기한다. 섭씨 0도(0℃)는 273.15K다. 이 같은 '온도의 원점'을 사용하면 어느 온도(양의 절대 온도) 상태에 있는 원자와 분자 집단이 갖는 엔트로피의 절대적인 값을 열량 측정으로 알 수 있다.

열역학 제2 법칙에서 소개된 것처럼 엔트로피의 변화량 ΔS와 거기에 관여하는 열량(변화량)ΔQ의 관계

$$\Delta S = \frac{\Delta Q}{T}$$

를 사용한다.

구체적으로 예를 들어 보자. 그림 1은 벤젠의 엔트로피를 0K에서 500K까지 그래프로 나타낸 것이다. 여기서는 0K는 실현할 수 없지만 엔트로피를 0으로 한다. 왼쪽 아래의 영점부터 온도가 상승함에 따라 고체 상태에서 액체 상태로, 또 액체 상태에서 기체 상태로 상태 변화를 한다. 고체 상태에서 액체 상태로 변화할 때 또, 액체 상태에서 기체 상태로 변화할 때 그래프에서 보면 열의 출입이 있음에도 불구하고 온도가 일정하게 유지된다. 이것을 전이점이라고 한다. 이때 흡수 · 방출하는 열을 잠열이라 한다. '융해열'이나 '기화열'이라고도 부른다.

이 현상은, 온도가 일정한 상황에서 엔트로피의 급격한 변화라고 할 수 있다.

이처럼 온도에 의한 엔트로피 변화의 그래프는 매우 도움이 되는 정보를 담고 있다.

[그림 1] **벤젠의 엔트로피**

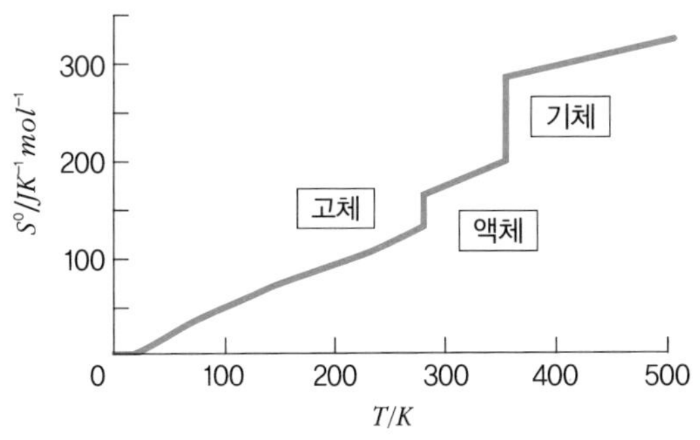

벤젠의 엔트로피가 온도와 함께 상승하는 모습.
가로축은 켈빈의 절대온도이고, 세로축은 1몰당 엔트로피의 절대치.

 양자 역학 효과

고체의 결정 상태에서 실제로는 절대 영도에 도달하기 전에, 절대 영도에서도 원자가 정지하지 않고 진동하는 영점 진동이라는 양자 역학적인 효과가 나타난다.

열역학 제3 법칙은 절대 영도의 도달이 불가능한 것임을 말하는데, 절대 영도에 점점 가까워지면 액체 헬륨의 초유동 등 열운동으로 감춰졌던 새로운 양자 효과의 세계가 열린다.

[그림 2] **액체 헬륨의 초유동성**

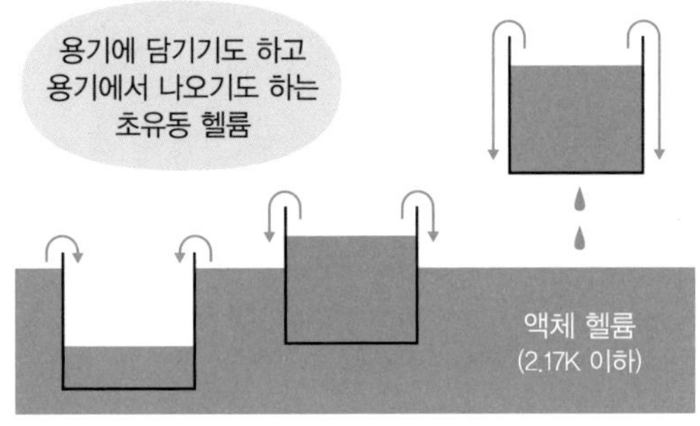

액체 헬륨은 얇은 막이 되어 용기에 들어가거나 벽면을 타고 용기 밖으로 나오는 현상을 볼 수 있다.

 극저온을 향한 도전

예전에 '영구기체'라는 별명을 가진 기체군이 있었다. 그 시대의 냉각 기술로는 액화할 수 없었던 기체다. 아무리 저온으로 하고 압력을 높여도 액체가 되지 않는다고 생각한 것이다. 실제로 공기의 주성분인 질소와 산소도 영구기체라고 여겼던 시기가 있었다.

19세기 말 무렵, 단열 팽창(기체의 압력 저하로 온도가 내려간다)의 원리를 사용해 질소와 산소가 액화되었다. 영구기체로 여겼던 기체에서 남은 것은 수소와 헬륨이었다. 단열성이 뛰어나 액체 질소 등의 보존용 보온병으로 유명한 듀어병에 이름을 남긴 영국의 과학자 듀어(James Dewar, 1842~1923)가 듀어병과 단열 팽창을 활용해 수소를 액화한 것이 1896년(1895년이라는 설도 있다)이다.

남은 헬륨의 액화에 많은 과학자가 도전했다. 네덜란드 라이덴 대학교의 오네스(K.Onnes)가 액화를 성공한 것은 1908년이었다. 그때 헬륨 액체의 온도는 약 4K였다.

극저온을 만들기 위해 단열 소자법도 개발되었다. 자기 모멘트로서 전자를 사용하는 방법으로 0.001K 정도, 원자핵을 사용하는 방법으로 0.000001K 정도를 얻을 수 있다.

최근에는 단열 과정과는 다른 수단으로써 '레이저 냉각'이라는, 원자에 광자를 부딪쳐 운동량을 직접 빼앗아 느린 원자의 존재 비율을 늘리는 방법이 있다. 이 방법으로 나트륨 원자 집단을 이용해 2003년에 0.00000045K를 얻을 수 있었다.

미시 세계

시간과 공간을 이루다

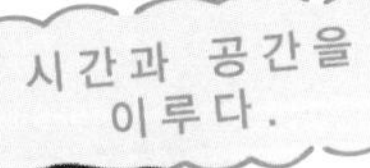

원자의 구조

원자는 원자 전체 중에서 얼마 안 되는 부피의 원자핵과 그 주위의 전자로 이루어진다.

발견의 계기!

원자 구조에서 물질로부터 전자가 튀어나오는 것이 확인되어 원자에는 (-)전기를 가진 전자가 있다는 사실이 밝혀졌습니다. 원자는 전기적으로 중성이므로 어딘가에 (+)전기를 가진 알맹이가 있을 것이라고 생각하기 시작했죠. 19세기 말에서 20세기 초에 영국의 켈빈 경(274쪽)과 나가오카 한타로가 원자 모델을 제안했습니다.

켈빈 경은 '전자와 전자의 (-)전기와 균형을 이루는 (+)전기가 구 형태의 원자 전체에 흩어져 있다'고 생각했고, 나는 토성 모델을 제안했습니다. '(+)전기를 띤 구체 주위에 다수의 전자가 토성의 고리처럼 원을 그리며 돌고 있다'는 거죠. 당시, 도쿄 대학교 이론물리학과 교수가 되어 원자물리학 연구를 시작했던 나는 1904년에 토성 모델의 논문을 발표했어요. 전자기 방정식으로 유명한 맥스웰 선생님(154쪽, 262쪽)의 '토성 고리 운동의 안정성'이라는 논문을 참고하였죠.

어느 쪽이 옳을까? 그때 등장한 것이 러더퍼드 선생님이었군요!

알파선이 헬륨 원자라는 것을 규명한 러더퍼드는 알파선을 얇은 금박에 입사시키는 실험을 했어요. 이 실험을 통해 원자 내에 (+)전기를 가진 원자핵이 존재한다는 것이 확실해졌고 토성 모델의 정확성을 인정받았죠.

원리를 알자!

- 원자는 전자와 원자핵으로 되어 있다.
- 원자는 약 1억 분의 1㎝ 정도의 크기다. 중심에 있는 원자핵의 크기는 원자의 10만 분의 1 정도의 크기다.
- 원자핵은 (+)전하를 가진 양성자와 전하를 갖지 않은 중성자로 이루어진다. 양성자와 중성자는 거의 질량이 같다.
- 원자핵에 포함되어 있는 양성자의 수는 원소에 따라 정해져 있고, 이 수를 원소의 원자 번호라고 한다.

원자의 크기를
축구장이라고 하면 원자핵의
크기는 콩 한 알 정도다.

- 원자핵 주위에 있는 전자는 매우 작아서 질량으로 생각하면 양성자와 중성자의 약 1800분의 1 정도다. 따라서 원자의 질량은 거의 원자핵의 질량이라고 생각하면 된다. 양성자의 수와 중성자의 수의 합을 '질량수'라고 한다.

헬륨 원자의 내부

약 10^{-10}m

2+

원자핵

전자(2개)

약 10^{-15}m

원자핵

중성자(2개)

양성자(2개)

원자 번호
= 양성자의 수(=전자의 수) = 2

질량수
= 양성자의 수 + 중성자의 수 = 4

원자는 원자핵(양성자와 중성자)과 전자로 이루어진다. 원자의 양성자 수를 원자 번호라 하고, 양성자 수와 중성자 수의 합을 질량수라고 한다.

러더퍼드의 실험

러더퍼드(Ernest Rutherford, Baron Rutherford of Nelson, 1871~1937)는 진공에서 얇은 금박에 라듐으로부터 방사되는 알파선(헬륨 원자)을 쏘자 대부분의 알파 입자는 금박을 직선으로 통과했지만 극히 일부의 알파 입자만 강하게 튕겨 나오는 것을 확인했다. 이 실험으로 '원자가 차지하는 공간은 틈이 많고, 중심에 (+)전하를 가진 알파선과 밀어내는 (+)전하를 가진 원자핵이 있다. 원자핵은 원자 전체에 비하면 매우 작다'는 것을 예상할 수 있었다.

러더퍼드는 이런 점들을 토대로 (+)전하를 띤 원자핵 주위를 전자가 돌고 있는 원자 모형을 제시했다. 러더퍼드의 원자 모형은 나가오카의 모형보다 원자핵이 훨씬 작은 것이 특징이다.

[그림 1] **러더퍼드의 실험**

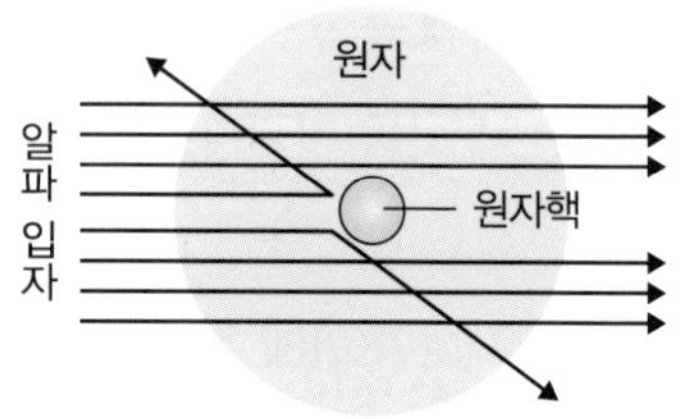

[그림 2] **다양한 원자 모델**

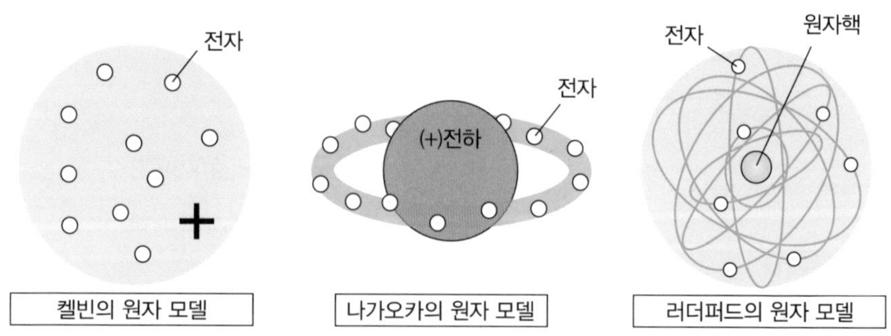

원자 안의 원자핵은 매우 작다

전자가 원자핵 주위를 운동하는 범위를 원자의 크기라고 생각하면, 수소 원자의 지름은 1.06×10^{-10}m(1억 분의 1.06㎝) 정도다. 수소의 원자핵은 양성자 1개로 되어 있는데, 그 지름은 1.8×10^{-15}m 정도다. 너무 작아서 이것을 1조 배 확대하면 원자핵의 지름은 1.8㎜, 원자의 지름은 106m가 된다. 노트에 연필로 수소 원자를 그리려면, 중앙에 지름 1㎝인 원자핵을 그린 뒤에는 연필을 들고 53m 떨어진 곳까지 뛰어가야만 원자의 지름을 그릴 수 있다.

1조 배로 확대해도 전자는 너무 작아서 보이지 않는다. 원자는, 전체적으로는 원자핵 주위의 틈이 많은 공간에 전자가 움직이고 있는 이미지다. 이 책에서도 원자 그림은 전부 실제 배율로 그린 것이 아니다.

전자껍질과 전자 배치

전자는 원자핵 주변을 몇 개의 층으로 나눠 운동한다. 이 층을 전자껍질이라 하며, 핵에 가까운 안쪽부터 K껍질, L껍질, M껍질, N껍질……이라고 한다. 각 전자껍질에 들어갈 수 있는 전자 수도 2, 8, 18, 32……로 정해져 있다.

각 원소의 원자는 원자 번호와 같은 수의 전자를 갖는데, 이것들은 안쪽 전자껍질부터 차례로 채워진다(안쪽이 아직 채워지지 않았는데 그보다 바깥쪽의 전자껍질에 들어가는 경우도 있다). 전자껍질에 전자가 배치되는 것을 전자 배열이라 하고, 전자가 들어 있는 가장 바깥쪽 전자껍질을 최외각 전자껍질이라고 한다. 최외각 전자껍질의 전자는 원자와 원자가 결합할 때 중요한 역할을 한다.

[그림 3] **전자 껍질의 모델**

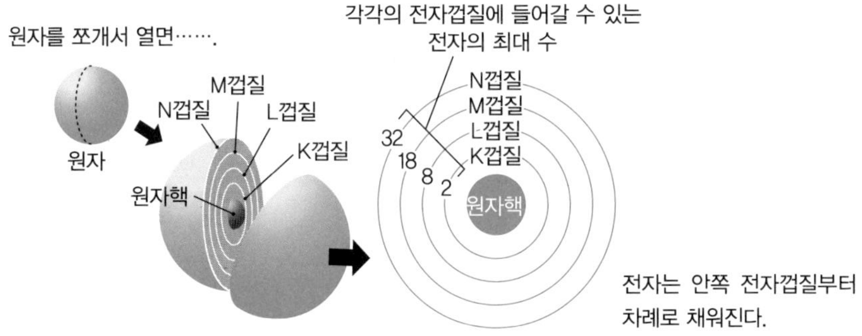

동위체(동위 원소)

주기율표의 같은 칸에 들어 있는 원소, 즉 원자 번호가 같은 원소이지만 사실은 원자핵이 다른 것이 몇 종류 포함되어 있는 경우가 있다. 원자 번호는 같고 질량수가 다른 것들은 원자핵의 중성자 수가 다르다. 이것을 동위체 혹은 동위 원소(isotope)라고 한다.

동위체에는 방사성을 갖지 않은 안정 동위체와 원자핵이 불안정하기 때문에 원자핵이 붕괴해 방사선을 방출하는 방사성 동위체(radioisotope)가 있다.

가령, 천연에 존재하는 우라늄(U)에는 양성자 수가 같은데 중성자 수가 다른 동위체가 세 종류 있다. 전부 방사성 동위체로 양성자 수는 92개인데, 중성자 수는 142, 143, 146개다. 이것들은 '핵종이 다르다'고 말한다.

동위 원소들을 구별하기 위해 양성자 수와 중성자 수를 더한 질량수를 ^{234}U, ^{235}U, ^{238}U처럼 원소 기호 왼쪽 위에 붙여서 기호화하여 각각 우라늄234, 우라늄235, 우라늄238로 구별한다.

경수와 중수

수소 동위체에는 주로 일반 수소(경수소)와 중수소가 있다.

경수소와 산소로 이루어진 보통의 물(경수), 중수소와 산소로 이루어진 중수가 있다. 우리가 마시는 물은 대부분 경수지만 중수가 약간 섞여 있다. 보통 물 1t당 중수가 약 160g 포함되어 있다.

경수와 중수는 성질에 차이가 있다. 둘 다 무색투명하고 굴절률도 거의 다르지 않아서 겉으로는 거의 차이가 없다. 녹는점 · 끓는점은 경수가 0℃ · 100℃, 중수가 3.82℃ · 101.42℃다. 최대 밀도는 경수가 약 4℃에 밀도가 1g/㎤, 중수 11.6℃에서 1.26g/㎤다. 단, 미량인 중수의 존재가 물의 성질에 영향을 주는 경우는 거의 없다.

원자의 새로운 모습

양자 역학에서는, 원자 안의 전자는 우리에게 낯익은 물체의 운동과 전혀 달라서, 매끄러운 한 가닥 길의 궤적으로 추적할 수 없다.

빛에 입자와 파동의 이중성이 있듯이 특히 전자처럼 가벼운 입자의 경우는 파동의 성격이 강하게 나타난다. 파동이 한 점에서 공간으로 퍼지듯이 전자도 원자 전체에 퍼진 존재가 되어 버린다. 파동으로서 행동하는 전자는 불확정성 원리(위치와 운동량 등과 같이 서로 관계가 있는 한 쌍의 물리량을 동시에 정확하게 측정할 수 없다는 원리)에 따라, 어느 시각에 어떤 장소에 있는지를 정확히 정할 수 없다.

그래서 전자가 존재하는 확률에 따라 밀도에 차이가 있는 전자구름이 원자핵 주변을 돌며 분포하는 모습으로 그려진다. 전자껍질의 이미지는 전자구름에서의 존재 확률이 높은 위치와 대응하므로 전자껍질의 이미지도 실태를 반영하는 면이 있다고 할 수 있다.

[그림 4] **수소 원자의 모습**

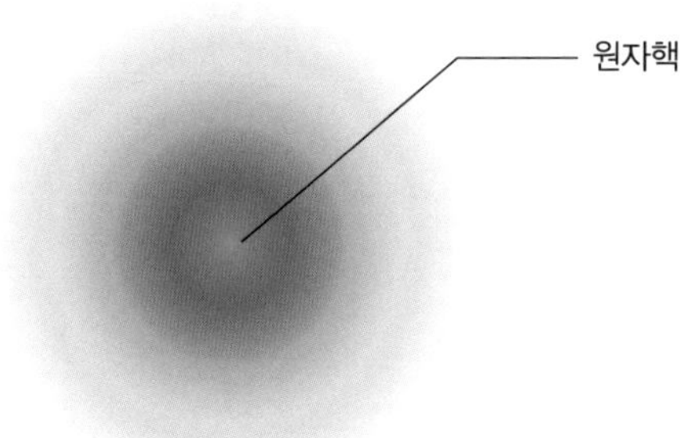

푸른 부분은 전자가 존재할 확률을 진하기로
표시한 것인데, 대부분 아무것도 없는 공간이다.

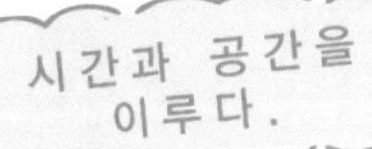

데모크리토스 (Demokritos, 기원전 470 년경~기원전 380 년경)

원자와 분자

우리 주변의 모든 물체는
원자와 분자로 이루어져 있다.

발견의 계기!

'원자(atom)'라는 개념을 가장 먼저 주장한 사람이 고대 그리스의 철학자 데모크리토스 선생님이라고 합니다!

모든 사물의 근원은 무수한 알갱이로 되어 있고, 그 한 알 한 알은 더는 쪼개지지 않는다. 그런 알갱이를 그리스어로 '쪼갤 수 없는 알갱이'라는 의미로 원자라고 부르기로 했죠.

데모크리토스 선생님은 '원자론'을 주장하셨어요.

사실, 나의 원자론은 '세상은 원자와 빈 공간으로만 이루어졌다'는 겁니다. 원자가 위치를 차지하거나 움직이기 위해서는 빈 공간이 없어서는 안 된다고 생각했죠.

데모크리스토 선생님이 말한 '빈 공간'은 지금의 과학 용어로 말하면 진공이군요.

원자 이외는 없는 텅 빈 공간 속에서 무수한 원자가 끊임없이 움직이며 충돌해 소용돌이를 만든다. 어떤 원자는 다른 여러 개의 원자와 결합해 하나의 덩어리가 되고, 그 덩어리가 언젠가 쪼개져서 원래의 원자로 돌아간다. 내 머리에 떠오른 것은 그런 세계입니다.

'원자의 배열 방식과 조합을 바꾸면 다른 종류의 물질을 만들 수도 있다. 만물은 원자의 조합으로 만들어진다.'라고요.

모든 물질은 '불, 공기, 물, 흙'으로 구성된다고 여겼는데, 나는 불, 공기, 물, 흙 역시 예외가 아니라고 생각했죠.

원리를 알자!

- 지구상의 모든 물질은 원자로 이루어진다.
- 원자는, 쉽게 다른 종류의 원자로 변하거나 없어지거나 새로 만들어지지 않는다.
- 현재는, 원소는 원자의 종류를 나타내며, 118종류(2020년)의 원소가 있고, 원소 주기율표로 정리되어 있다.
- 일반적으로, 분자는 여러 개의 원자가 결합한 것이다.

  예 : 수소, 물, 메탄, 이산화탄소

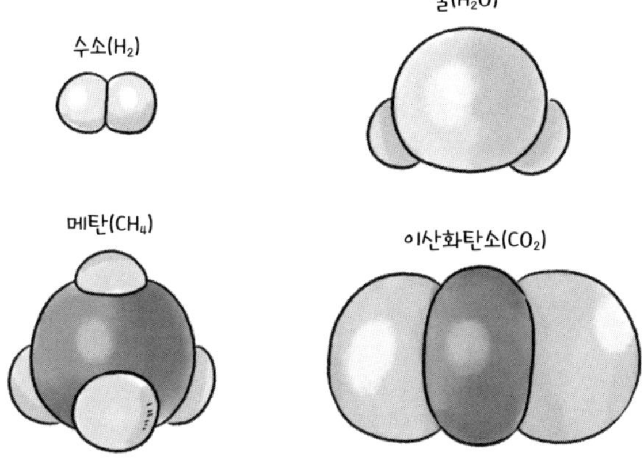

- 이온으로 이루어지는 물질(이온성 물질, 이온 결정)을 만드는 이온에는 (+)전하를 가진 양이온과 (-)전하를 가진 음이온이 있다.

모든 물질은 원자로 되어 있다.
또, 분자와 이온으로 이루어진 물질도 있다.

물질을 세 가지로 분류한다

물질은 금속, 이온성 물질(이온 결합성 물질. 대표적인 것이 염화소듐), 분자성 물질 등 크게 세 가지로 나눌 수 있다. 고체(결정)는 금속 결정, 이온 결정, 분자 결정을 나타낸다. 이온성 물질은 화합물로 이온성 화합물이라고도 한다.

금속, 이온성 물질, 분자성 물질을 만드는 원자는 크게 다음과 같다.

금속 : 금속 원소의 원자

이온성 물질 : 금속 원소의 원자 + 비금속 원소의 원자

분자성 물질 : 비금속 원소의 원자

좀 더 자세히 물질을 분류하면, 위의 세 가지 외에 거대 분자로 이루어지는 공유 결합 결정이 있는데 여러 개의 비금속 원소가 결합해 만들어진다. 단, 흑연, 다이아몬드, 규소, 이산화규소 등 소수의 예밖에 없다.

또, 유기 고분자 화합물(고분자 또는 고분자 화합물이라고도 한다)이라는, 분자량이 1만 이상인 거대 분자로 이루어진 유기화합물이 있다. 전분, 셀룰로스, 단백질, 합성 섬유, 플라스틱 등이다.

[그림 1] **금속 원소와 비금속 원소(원자 번호 113~118은 생략)**

비금속 원소 (음영) / 금속 원소 (흰색)

	1	2	3	4	5	6	7	8	9	10	11	12	13	14	15	16	17	18
1	H																	He
2	Li	Be											B	C	N	O	F	Ne
3	Na	Mg											Al	Si	P	S	Cl	Ar
4	K	Ca	Sc	Ti	V	Cr	Mn	Fe	Co	Ni	Cu	Zn	Ga	Ge	As	Se	Br	Kr
5	Rb	Sr	Y	Zr	Nb	Mo	Tc	Ru	Rh	Pd	Ag	Cd	In	Sn	Sb	Te	I	Xe
6	Cs	Ba		Hf	Ta	W	Re	Os	Ir	Pt	Au	Hg	Tl	Pb	Bi	Po	At	Rn
7	Fr	Ra		Rf	Db	Sg	Bh	Hs	Mt	Ds	Rg	Cn						

란타넘족	La	Ce	Pr	Nd	Pm	Sm	Eu	Gd	Tb	Dy	Ho	Er	Tm	Yb	Lu
악티늄족	Ac	Th	Pa	U	Np	Pu	Am	Cm	Bk	Cf	Es	Fm	Md	No	Lr

물질의 세 가지 상태(고체, 액체, 기체)

고체, 액체, 기체 세 가지 상태는 원자, 분자, 이온의 결합 방식의 차이에 의해 생긴다. 여기서는 분자로 이루어진 물질을 생각해 보자.

고체를 만드는 분자는 어느 한 점을 중심으로 진동한다. 고체에서는 분자 간의 결합이 강하고 규칙적으로 나열해 있다. 액체 상태에서는, 분자는 고체와 마찬가지로 분자끼리 서로 당기고 있지만, 정해진 장소에서 움직일 수 없는 고체 분자와 달리 여기저기 움직일 수 있다. 일반적으로 고체의 분자 결합보다 액체의 분자 결합은 느슨해서 서로 장소를 바꿀 수 있는 여유가 조금은 있다. 기체 분자는, 1초에 수백 미터를 나는 제트기보다 빠른 속도로 자유롭게 돌아다닌다. 그러나 공기는 1㎤ 중에 1조 3000만 배 정도의 분자가 있으므로 10만 분의 1㎝를 움직이면 금방 다른 분자와 충돌한다. 그래서 1초 동안에 1억 회 정도 충돌해 지그재그로 움직인다.

분자간 힘

분자가 결합해 액체나 고체가 되는 것은 분자 사이에 인력이 작용하기 때문이다. 분자 사이에 작용하는 힘을 분자간 힘이라고 한다. 분자간 힘에는 수소 결합, 쌍극자-쌍극자 힘, 반데르발스 힘이 있다. 분자간 당기는 힘의 세기는 수소 결합〉 쌍극자-쌍극자 힘〉 반데르발스 힘 순서다.

반데르발스 힘은 모든 분자 사이에 작용한다. 반데르발스 힘은 분자 1개의 질량이 클수록 강하게 작용한다.

만일 분자 사이에 서로 당기는 힘이 없다면
상온에서도 상당한 속도로
열운동을 하기 때문에 분자는 여기저기 흩어져
기체 상태가 될 수밖에 없다.

제4의 물질, 플라스마

얼음에 열에너지를 가하면 1기압하 녹는점 0℃에서 액체인 물이 된다. 물의 끓는점 100℃가 되지 않아도 얼음과 물의 표면으로부터 물 분자가 튀어나와 수증기가 되는 경우도 있다. 100℃에서는 액체 내부에서도 수증기의 기포가 나오는 비등 현상이 일어난다.

수증기를 가열하면 고온의 수증기가 된다. 가스버너로도 수백℃의 수증기를 만들 수 있는데, 수증기가 종이에 닿으면 종이가 탄다. 약 3000K(약 2727℃)에서는 물 분자가 해리해, 1개의 물 분자가 2개의 수소 원자와 1개의 산소 원자가 된다. 또, 약 1만K(약 9728℃)가 넘으면 원자를 만드는 원자핵과 전자의 결합이 풀려서 양이온과 전자로 나뉜 플라스마 상태가 된다.

전리층, 태양풍, 성간 가스 등이 플라스마 상태로, 플라스마 상태는 우주에서는 일반적이다. 생활 속에서는 촛불, 가스풍로의 불꽃에 플라스마가 약간 포함되어 있다. 번개와 오로라에도 플라스마가 발생한다.

[그림 2] **수소 원자의 모습**

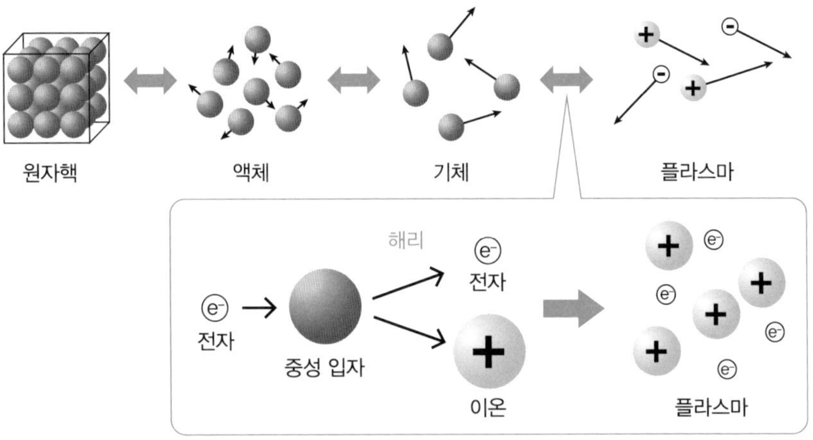

원자와 분자의 존재를 인정받은 실험

1㎛(1000분의 1㎜) 정도의 미립자를 물 등의 매질에 띄우면 조금씩 불규칙한 운동을 한다(200배 정도의 현미경으로 관찰할 수 있다). 이것을 브라운 운동이라고 한다.

1828년 영국의 식물학자 로버트 브라운(Robert Brown)이 발견해 「식물의 꽃가루에 포함된 미립자에 대하여」라는 논문에 발표했다. 꽃가루를 물에 담그면 꽃가루가 물을 흡수해 터진다. 그때 꽃가루 속에서 나오는 미립자를 현미경으로 관찰하자 수면 위를 불규칙하게 움직였다.

1905년 아인슈타인이 「열 분자 운동 이론이 필요한, 정지 상태의 액체 속에 떠 있는 작은 부유 입자들의 운동에 관하여」를 발표해 브라운 운동의 이론을 확립했다. 그 뒤 프랑스의 물리학자 장 바티스트 페렝(Jean Baptiste Perrin)이 브라운 운동에 대해 정밀한 실험을 했다.

이것으로 과학자들 사이에서 계속되었던 '원자와 분자는 실존할까?' 하는 논쟁에 종지부를 찍었고, 원자와 분자의 존재를 믿게 되었다. 아인슈타인의 위대한 업적 중 하나다.

[그림 3] **브라운이 발견한 미립자의 운동(브라운 운동)**

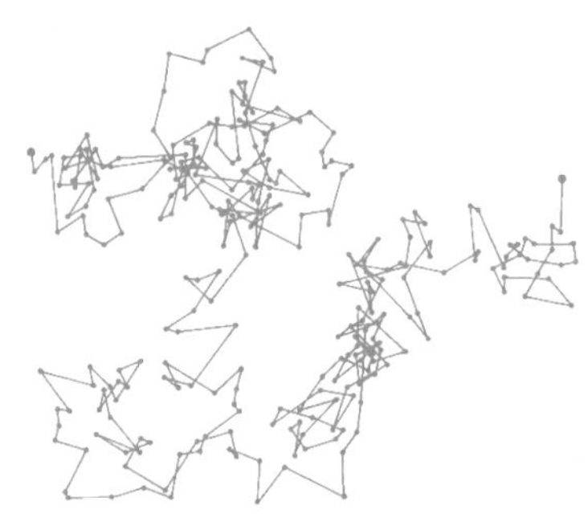

방사능 · 방사선

과학 기술의 발전과 위험을 동시에 갖게 되는 중요한 원리

발견의 계기!

—— 19세기부터 20세기 초, 독일의 물리학자 뢴트겐(Wilhelm Conrad Röntgen, 1845~1923)이 엑스선을 발견했습니다(1895년). 그리고 프랑스의 베르렐(Henri Becquerel, 1852~1908)이 우라늄 방사능을 발견했죠(1896년). 마리 퀴리 선생님이 방사능 연구를 시작한 계기는 무엇이었나요?

가장 영향을 받은 것은 베르렐 선생님의 발견이었죠. 완전 새로운 문제라서 크게 마음이 끌렸어요.

—— 정밀하게 방사능의 세기를 조사하는 데 고생하셨다고요. 방사능이 공기를 이온화하면 아주 약하기는 하지만 공기에 전류가 흐르게 됩니다. 그것을 측정하는 방법을 생각하신 거죠.

우라늄을 포함하는 광물 피치블렌드(pitchblende)에서 방사능의 세기를 단서로 분해해 나갔죠. 두 부분에서 우라늄 방사능의 수백 배나 되는 방사능이 있는 것을 확인하고 각각의 원소를 폴로늄, 라듐이라 이름 붙여 1898년에 발표했어요.

—— 폴로늄은 조국 폴란드에서 따온 이름이죠.

네. 그런데 그 다음부터가 힘들었어요. 각각의 원소 자체를 분해해 스펙트럼과 원자량을 구할 수 있을 만큼의 양을 얻어야 했거든요. 4년에 걸쳐 1t(톤)의 피치블렌드에서 마침내 0.1g 정도의 라듐을 분해할 수 있었습니다.

원리를 알자!

- 방사능은 방사선을 방출하는 성질이다.
- 방사능을 갖는 원자의 원자핵은 방사선을 방출하면서 저절로 다른 원자핵으로 변한다. 대표적인 방사선에는 알파(α)선, 베타(β)선, 감마(γ)선 세 종류가 있다.
- 방사선은 전리 작용(원자가 가진 전자를 튕겨 내는 현상)을 일으켜 원자를 이온으로 만든다.
- 전리 작용의 세기는 알파선 > 베타선 > 감마선 순이다.

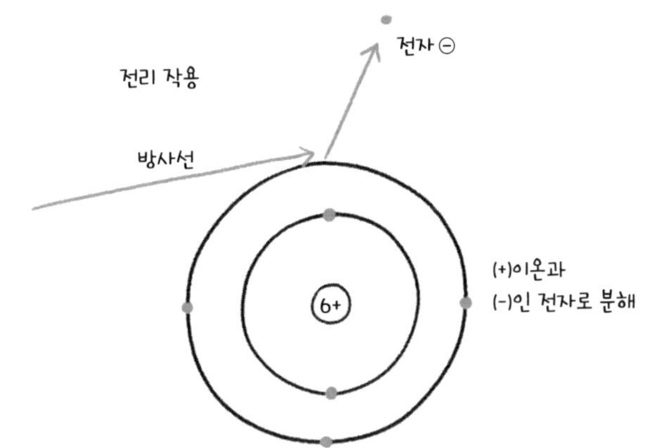

방사선에서 원자의 전자((-)전하를 갖는다)를 튕겨내면 전자와 (+)전하를 갖는 양이온이 된다.

방사선에는 투과 작용과 전리 작용이 있다. 이들 작용은 방사선의 종류와 에너지에 따라 다르다.

주요 방사선의 특징

알파선, 베타선, 감마선 중에서는 알파선이 가장 투과력이 약해 종이 한 장에서(공중에서는 수 센티미터) 멈춰 버린다. 베타선은 수 밀리미터 두께의 알루미늄판에서(공중에서는 수 미터) 멈춰 버린다. 감마선은 투과력이 가장 커서 가리기 위해서는 납으로 된 판이나 두꺼운 콘크리트가 필요하다.

알파선, 베타선, 감마선의 정체는 다음과 같다.

알파선 : 헬륨 원자핵(두 개의 양성자와 두 개의 중성자가 강하게 결합한 입자)의 흐름

베타선 : 원자핵으로부터 튀어나온 전자의 흐름

감마선 : 엑스선과 비슷한, 에너지가 높은 전자파

그 외에도 방사선에는 엑스선, 중성자선, 양성자선 등이 있다. 이것들은 물질을 만드는 원자에서 전자를 내몰아(전리 작용), 사진의 필름 감광, 형광 물질 발광, 물질 투과를 한다.

[그림 1] **방사선의 투과력**

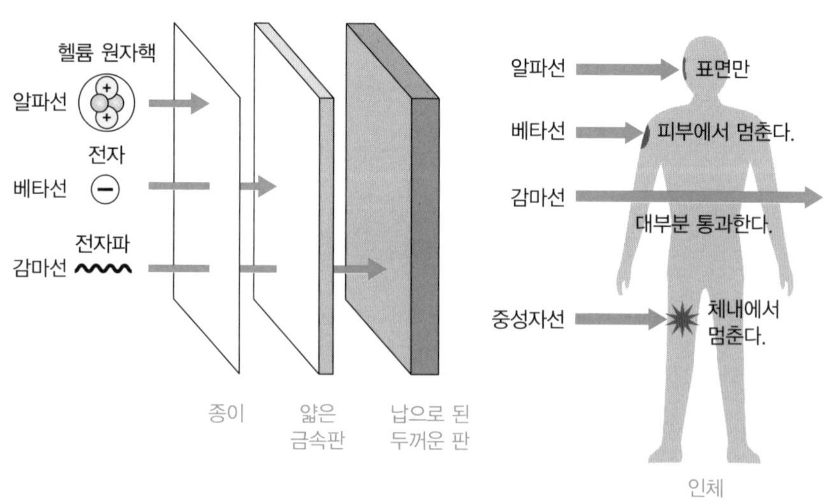

방사능, 방사성 물질, 방사선

'방사능', '방사성 물질', '방사선' 세 가지 단어는 비슷하다. 세 단어에 공통하는 '방사'는 '한 점에서 사방으로 내뻗치는 것', '물질이 빛이나 입자를 주위로 내보내는 것'이란 뜻이다. 방사능의 '능'은 '능력' 방사성 물질의 '물질'은 '물체를 이루는 재료', 방사선의 '선'은 '입자나 전자파가 튀어나오는 선'이다.

타고 있는 양초를 예로 이 세 가지 단어를 설명해 보자. 양초는 방사성 물질에 해당한다. 초는 크기에 따라 불꽃이 큰 것과 작은 것이 있고, 각 양초에 따라 낼 수 있는 빛의 세기와 양이 다르다. 즉, 양초에 따라 능력의 차이가 있다. 이것이 방사능에 해당한다. 촛불에서 나오는 빛은 방사선에 해당한다.

[그림 2] **양초를 예로 사용하면…….**

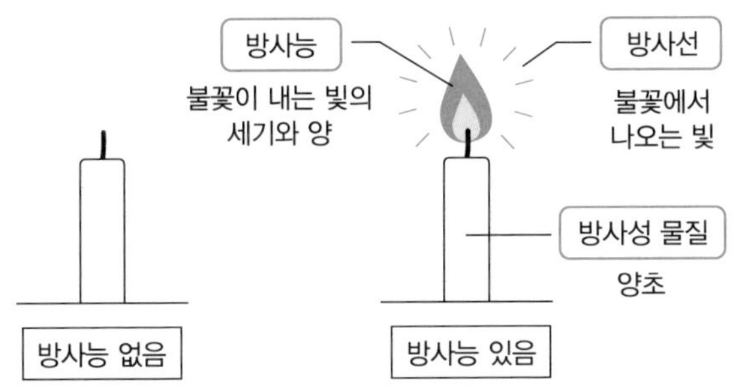

방사선에 의한 장애

방사능과 방사선에 관한 단위는 다음과 같다.

베크렐(Bq) : 1Bq은 방사성 물질이 1초마다 1번 무너지는 양이다.

시버트(Sv) : 방사선이 인체에 어느 정도 영향을 미치는지 나타낸다. 방사선이 생물에 미치는 효과는 방사능의 종류와 에너지에 따라 다르므로 그레이에 계수를 곱해서 구한다.

그레이(Gy) : 물질이 얼마나 방사선의 에너지를 흡수했는지를 나타낸다. 1Gy는 물질 1㎏당 1J의 에너지를 흡수한 양.

방사선에 쏘이는 것을 피폭이라고 한다. 피폭 뒤 바로 나타나는 장애를 급성 장애(조발성 장애)라 하는데, 림프구 감소, 메스꺼움, 구토, 피부의 붉은 반점, 탈모, 무월경, 불임 등이 있다. 급성 장애는 약 200mSv 이상의 피폭에서 나타난다. 암처럼 서서히 나타나는 것이 만발성 장애다. 백혈병처럼 2~5년 뒤에 발병하는 경우도 있지만, 암은 대개 10년 뒤부터 나타나기 시작한다. 단, 피폭 뒤 몇 년 뒤에 나타나므로 생활 습관 등 다른 요인에 의한 가능성도 있어서 확실하다고는 할 수 없다.

[그림 3] **전신 피폭 양과 영향**

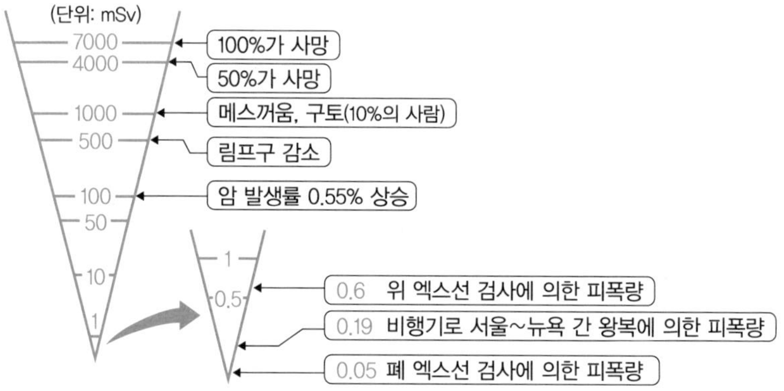

자연 방사선

자연계에는 항상 방사선이 날아다닌다. 이것을 자연 방사선이라고 한다. 자연 방사선은 지구의 외부로부터 오는 우주선, 자연 상태에서 존재하는 우라늄과 토륨, 라듐, 라돈, 포타슘40 등의 방사성 원자에서 나온다. 음식물 속 포타슘의 약 1만 분의 1은 방사성 포타슘40이다. 우리는 음식을 통해 포타슘40을 매일 50Bq 정도 섭취하는데, 배설이 되더라도 체내에 4000~5000Bq의 방사성 물질이 쌓인다.

우리나라 사람들은 우주로부터 약 0.248mSv, 대지로부터 약 1.04mSv, 라돈 등에서 약 1.40mSv, 음식물을 통해 약 0.38mSv, 즉 평균적으로 1인당 연간 총 3.08mSv의 방사선에 피폭된다.

이렇게 쓰인다!

방사선은 다양한 방면에서 이용된다!

• 의료(진단, 치료)

방사선에는 물질을 투과하기 쉬운 성질이 있어서 엑스선 촬영으로 골절이나 위장의 상태를 알 수 있다. 엑스선 발생 장치와 감광판, 혹은 엑스선 발생 장치와 검출기 사이에 몸을 두고 엑스선을 쪼이면 엑스선은 뼈처럼 밀도가 높은 곳을 투과하기 어렵기 때문에 그 부분을 감광시키지 못하고 남는다. 또, 엑스선이 투과하기 어려운 황산바륨(조영제) 같은 물질을 먹고 엑스선을 쪼이면 위나 소화관의 병소를 진단할 수 있다.

방사선을 몸의 외부에서 국소적으로 쪼이는 것으로 체내의 질병 부위를 파괴하거나 방사성 물질의 의약품을 투여해 치료도 한다.

• 비파괴 검사

물질을 투과하기 쉬운 방사선의 성질을 이용해 물체 내부를 파괴하지 않고 검사할 수 있다. 비행기 탑승 시 수하물 검사에 이용한다. 또, 엑스선, 감마선을 이용해 재료 내부의 상처를 검출하거나, 두께를 측정한다.

• 오이과실파리 구제

오이과실파리는 오이와 노각 같은 오이류에 알을 낳아 유충이 농작물을 갉아 먹는 해충이다. 유충 시기에 감마선을 쏴서 불임화한 수컷과 교미한 암컷이 낳은 알은 부화하지 않는다. 팔라우제도에서는 이렇게 불임화한 수컷을 대량으로 방사해 암컷과 교미시키는 것으로 오이과실파리를 절멸시켰다.

• 트레이서(tracer)

방사성 물질이라면 방사선을 검출하는 측정기를 사용해 추적할 수 있다. 가령, 방사성 동위 원소인 탄소14로 만든 이산화탄소를 투입해 식물이 광합성을 하면, 이산화탄소가 어떤 물질로 변화하는지 추적해 조사할 수 있다.

핵반응

원자핵의 충돌로 에너지를 만들어 낸다.
태양과 원자력 발전의 구조

발견의 계기!

유카와 히데키 선생님은 28살 때 원자핵 안을 지배하는 '강한 힘'인 '핵력' 이론을 만들었습니다. 1935년이죠.

원자핵은 원자의 1만 분의 1이라는 좁은 곳에 전기적으로 중성인 중성자로 가득 차 있어요. (+)전하와 (-)전하라면 쿨롱의 힘으로 서로 끌어당기지만 중성자와 중성자가 어떤 힘으로 원자핵 안에서 결합하고 있는지 알 수 없었습니다. 양성자와 양성자도 (+)전하끼리니까 쿨롱의 힘이라면 서로 밀어내죠. 그런데도 원자핵 안에 안정하게 존재하니까 쿨롱의 힘보다 훨씬 강한 인력이 필요하죠. 그것이 핵력이에요.

양성자와 중성자를 '핵자'라고 하는데, 핵력에 관해서는 단순한 예상은 있었지만, 구체적으로 그 구조를 설명하는 이론이 없었죠.

그래서 이 상호 작용을 '어떤 입자가 중개하는 결과'라고 생각해 보았어요. 이것은 매우 강한 힘인데, 원자핵 크기 정도의 짧은 거리에만 작용합니다. 따라서 핵력을 중개하는 입자는 전자의 200배 정도로, 핵자와 전자의 중간적인 성질을 가지는 새로운 '입자'인 '중간자'를 예언했죠.

'중간적인 질량을 가진 입자'라는 것은 대담한 예언이에요. 이후, 상호 작용은 그것을 담당하는 '전용 입자 사이의 캐치볼'이라는 생각은, 소립자 물리학을 100년에 걸쳐 이끄는 기초 이론이 되었습니다.

원리를 알자!

- 원자핵 반응에서는 그 전후의 핵자(양자, 중성자) 수는 변하지 않는다.
- 핵자 사이에 작용하는 핵력은 매우 강하고 거리가 짧다.
- 불안정한 원자핵 붕괴에서는 알파선, 베타선, 감마선이 방출된다.
- 원자핵 내에서 중성자가 양성자로 변해서 전자를 방출하는 것이 베타 붕괴다.
- 무거운 원자의 핵분열 반응에서는 연쇄적으로 반응을 지속시키면 방대한 에너지가 방출된다.
- 가벼운 원자가 충돌해 핵융합할 경우도 방대한 에너지가 나온다. 이것은 태양 에너지의 기원이기도 하다.

인류 최초의 인공적인 원자핵 변환

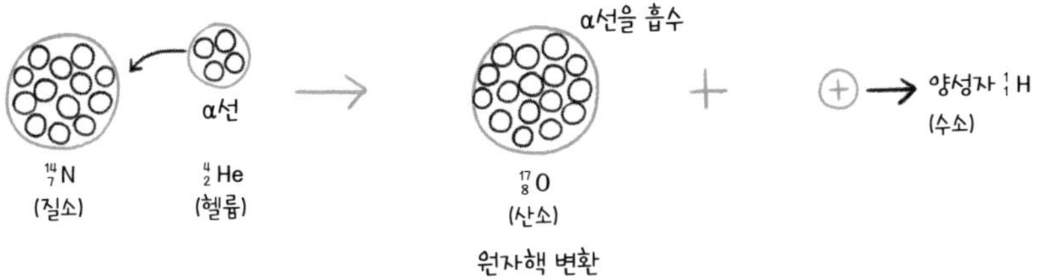

러더퍼드는 1919년, 질소에 α선을 충돌시켜 산소와 양성자로 변환시키는 원자핵 변환 실험에 성공했다. α선(헬륨 원자핵)이 질소 원자핵에 흡수되어 양성자가 방출된 것이다.

핵반응에서는 반응 전후에 핵자 수는 변하지 않는다.

유카와 히데키의 중간자론

원자핵은 (+)전하를 띤 양성자와 전기적으로 중성인 중성자로 이루어졌는데, 핵자와 핵자를 연결하는 작용을 하는 것이 유카와 히데키가 1934년에 예언한 중성자다. 중성자는 실제로 발견되기까지 거의 주목받지 못했다.

1937년, 미국의 물리학자 앤더슨(Carl David Anderson)이 우주선에서 중간자 같은 입자를 발견했고, 1947년에는 영국의 물리학자 파웰(Cecil Frank Powell)이 중간자의 존재를 확인했다. 또, 1948년에 미국 캘리포니아 대학교에서 사이클로트론(전자석을 이용해 이온을 나선 형태로 가속하는 장치)으로 중간자를 만들었다.

중간자에는 두 종류가 있는데, 무겁고 수명이 짧은 것이 핵력과 관계하며, 가볍고 수명이 긴 것이 우주선과 관계한다는 것도 밝혀졌다. 이렇게 해서 1949년에 유카와 히데키는 중간자론의 공적을 인정받아 노벨 물리학상을 수상했다.

물질을 구성하는 입자는 양성자, 중성자, 전자뿐이었다. 그러나 뉴트리노가 필요해지고, 중간자가 발견되고, 또 다른 '소립자'도 발견되어 현재는 많은 종류의 소립자의 정리가 필요해져서 이론은 더욱 발전하고 있다.

핵반응과 화학 반응

러더퍼드가 질소에 알파선을 충돌시켜 산소와 양성자로 변환시킨, 원자핵 변환 실험은 원자핵에 여러 입자를 충돌시켜서 원하는 원자핵을 만들 수 있다는 가능성을 보여 주었다. 비금속(대량으로 산출하는 값싼 금속)으로부터 금 원자핵을 만드는 것도 가능한, 즉 '현대판 연금술'의 실현 가능성이다.

이렇게 원자핵이 변환하는 핵반응은 화학 반응과 어떻게 다를까? 화학 반응에서는 원자핵은 바뀌지 않고 원자핵 주변의 전자가 다른 원자의 전자와 상호 작용한다. 가령 염화소듐 반응에서 소듐 원자는 전자를 염소 원자에게 주고, 염소 원자는 소듐 원자로부터 전자를 받아 화학적 결합을 한다. 이 반응은 매우 격렬한데, 핵반응으로 방출, 흡수되는 에너지는 이보다 100만 배나 크다.

이 정도로 핵반응에서 방출, 흡수되는 에너지가 크면, 아인슈타인의 상대성 이론에 근거한 질량과 에너지의 등가성($E=mc^2$)으로부터 핵반응 전후의 질량이 작아진다. 가령, 제2차 세계대전 때 나가사키에 떨어진 원자 폭탄의 에너지는 약 9×10^{13}J인데, $E=mc^2$으로 계산하면 m은 1g이 된다. 즉, 1g의 질량이 지구상에서 사라지고 9×10^{13}J의 에너지가 되어 사람들을 덮친 것이다. 화학 반응에서도 질량은 작아지지만, 0.0000001%로 무시할 수 있는 양이다.

 핵의 중성자 포획

중성자를 충돌시키는 중요한 예로, 중성자를 우라늄 같은 무거운 원자(핵)에 충돌시키는 실험을 소개한다. 양성자가 아니라 중성자인 이유는 중성자가 전하를 갖지 않기 때문에 원자핵 내의 양성자에 의한 반발(쿨롱 힘)을 받지 않기 때문이다.

중성자를 원자핵이 포획해 내부로 받아들이기 위해 불안정해진다. 이것은 인공적으로 방사성 원소를 만드는 한 가지 방법이기도 하다. 많은 핵자를 가진 원자핵의 경우, 그림 2처럼 중성자 포획이 분열을 일으키는 경우가 있다.

[그림 1] **중성자를 충돌시켜 분열시키는 실험의 모식도**

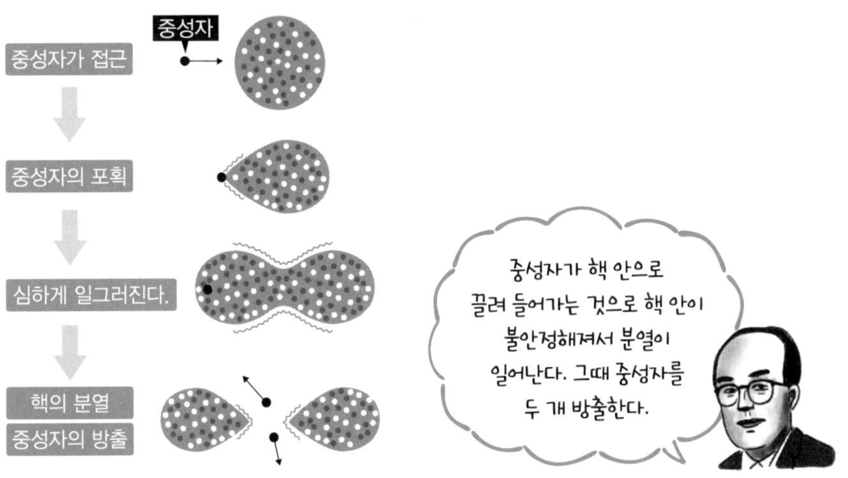

이렇게 쓰인다!

핵분열 연쇄 반응

여기서는 '핵분열'에 대한 응용을 알아보자. 중성자에 의한 우라늄 원자핵 분열에서는 에너지 방출이 일어난다. 그 양은, 한 개의 원자핵으로는 커도, 1g 정도의 원자 집합체로서는 매우 작다. 그런데 1회 분열에서 방출된 두 개의 중성자가 이번에는 다른 원자핵으로 들어가면 어떨까? 원자핵은 다시 분열을 일으켜 중성자를 방출한다. 이런 일이 연쇄적으로 일어나면 문제가 된다. 기하급수적으로 분열하는 원자가 증가하면, 그때는 막대한 에너지가 방출된다. 아주 작은 미세한 메커니즘이 대량의 에너지 방출을 촉진한 것이다. 이것이 원자력(원자 에너지)이다.

핵분열 연쇄 반응은 인류사에서 나쁘게 응용된 예지만, 원자 폭탄의 원리다. 핵분열 연쇄 반응을 단번에 일으키는 것이 원자 폭탄, 소량의 핵분열을 안정적이고 연쇄적으로 일으킴으로써 열에너지를 얻는 것이 원자력 발전이다.

[그림 2] **우라늄235에 의한 연쇄 반응**

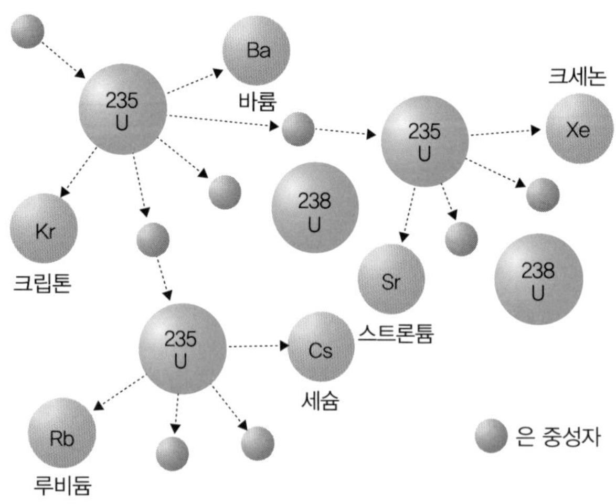

태양 에너지 : 핵융합

가벼운 원자를 충돌시키면 융합해 새로운 원자를 만드는 경우가 있다. 이때도 큰 에너지가 방출된다. 특히 최종적으로 헬륨이 되는 반응은 결합 에너지가 크기 때문에 방대한 에너지가 방출된다.

자연계의 예로는, 태양 내부의 핵융합 반응이 있다. 태양 내부에서는 네 개의 수소(플라스마 상태로, 전자는 빼앗겨서 양성자라고 해야 한다)가 몇 가지 과정을 거쳐 한 개의 헬륨 원자핵이 생성된다. 이때 방대한 에너지가 방출되고, 이것이 태양 에너지원이 된다. 태양이 갖는 수소의 양을 생각하면 앞으로 100억 년에서 1000억 년은 유지될 것이라 한다. 태양은 아직 '젊다'고 할 수 있다.

[그림 3] **태양 내부의 반응(몇 가지 과정 중의 예)**

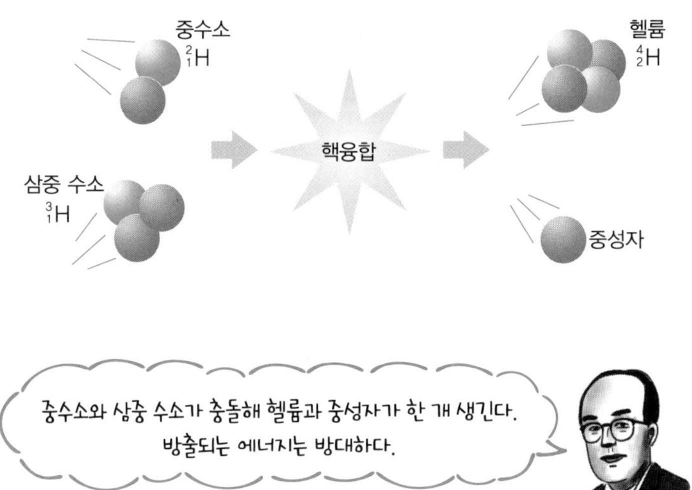

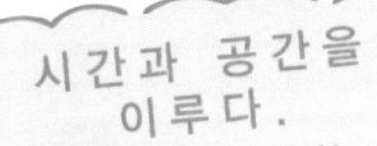

머리 겔만 (Murray Gell-Mann, 1929~2019)

소립자와 쿼크

물리학이 궁극적으로 찾는,
물질을 구성하는 최소 단위

발견의 계기!

머리 겔만 선생님은 양성자, 중성자에 대해 그 내부 구조로서 '쿼크 모델'을 제안하셨습니다.

원자는 중심에 원자핵이 있고, 그 주변에 전자가 있다. 원자핵을 만드는 양성자와 중성자, 거기에 전자를 더한 것이 '기본 입자'로, 그것이 전부입니다. 그런 이미지는 너무 아름답다고 생각하지 않나요?

하지만 가속기의 발전으로 새로운 입자가 여럿 발견되었죠. 새로운 입자의 발견으로 노벨상을 수상한 과학자가 '너무 많아지면 새로운 발견자는 벌금을 물게 될 것이다'라는 농담까지 할 정도지요. 그래서 1963년에 그 입자들을 정리하여 '쿼크(quark)'라는 이름을 붙인 거군요.

나는 쿼크를 정확히 설명할 수 있는 수학 모형을 제안할 작정이었어요.

쿼크는 쉽게 발견되지 않았어요. '쿼크는 단독으로 나타날 수 없다'는 이론까지 있었습니다.

그런데 쿼크 모델은 이론적인 정합성이 뛰어나서 차츰 확장되어 다양한 성질이 더해졌죠. 업 쿼크(u), 다운 쿼크(d), 스트레인지 쿼크(s), 참 쿼크(c), 톱 쿼크(t), 보텀 쿼크(b) 등이 더해졌어요.

그러던 중에 실험을 통해 쿼크가 발견되었죠.

쿼크를 마침내 현실에서 볼 수 있게 된 거죠!

원리를 알자!

- 물질을 구성하는 최소 단위를 '소립자'라고 한다.
- 물질을 구성하는 소립자는 쿼크와 렙톤(경입자)으로 분류할 수 있다.
- 양성자, 중성자 등의 '바리온(중입자)'과 '중간자(메손)'는 쿼크 모델로 설명할 수 있다.

	제1 세대	제2 세대	제3 세대
쿼크	~0.002 u 업 쿼크	1.27 c 참 쿼크	172 t 톱 쿼크
	~0.005 d 다운 쿼크	0.101 s 스트레인지 쿼크	~4.2 b 보텀 쿼크
렙톤	≠0 V_e e뉴트리노	≠0 V_μ μ뉴트리노	≠0 V_τ τ뉴트리노
	0.000511 e 전자	0.106 μ 뮤 입자	1.78 τ 타우 입자

※ 표 안의 숫자는 질량으로, 양성자의 질량을 1로 한다(뉴트리노의 질량은 아직 잘 모른다).
※ 각 쿼크(u, d, c, s, t, b)는 '컬러'(초록green, 빨강red, 파랑blue)라 불리는 성질(자유도)도 갖고 있다.

쿼크에 따라서
바리온(중입자)이 구성된다.
그 외에 렙톤이라는 전자 등의
가벼운 입자가 있다.

원자핵을 만드는 토대가 되는 힘은 쿼크 사이에 작용하는 강한 힘으로, 전기의 100배 크기다.

아토모스(기본 구성 요소)를 찾아서

인류는 아주 오랜 옛날부터 자연계가 적은 수의 요소로 구성되어 있다고 생각했다. 원자(아톰)의 어원은 그리스어로, '더는 쪼갤 수 없는 것(아토모스)'이라는 의미다. 그런데 원자에는 내부 구조가 있었다. 원자는 쪼갤 수 있기 때문에 '아토모스'가 아닌 것이다.

다음으로, 원자핵 자체가 '아토모스'라는 생각도 있었는데, 원자핵은 양성자와 중성자의 집합체라는 사실이 밝혀졌다. 양성자와 중성자가 '아토모스'라는 시대는 꽤 있었는데, 그것은 쿼크에 의해 바뀌었다. 현재는 쿼크와 렙톤(전자 등의 경입자)이 '아토모스'다.

이처럼 인간은 단계적으로 물질을 분자, 원자, 원자핵……이라는 기본 구성 요소로 나눠 이해했다. 현대에선 양성자에서 더 아래에(내부에) 있는 것을 소립자라고 한다.

[그림 1] **다양한 아토모스와 그 크기**

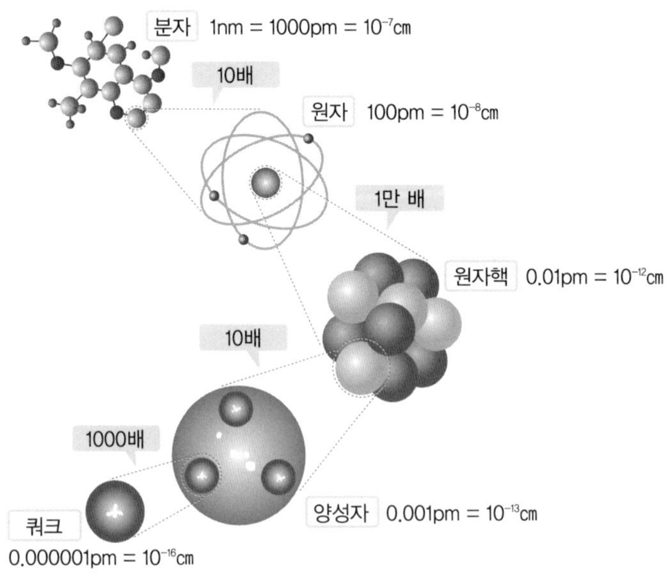

바리온의 쿼크 모델

하드론(강입자)은 양성자, 중성자 등의 바리온(중입자)과 중간자(메손)로 크게 나뉜다. 바리온은 세 개의 쿼크, 중간자는 두 개의 쿼크로 구성된다.

하드론 외에 렙톤(경입자)이라 불리는 입자가 있는데, 전자와 뉴트리노는 여기 속한다. 렙톤은 '기초 소립자'로 다뤄진다. 양성자, 중성자를 만드는 업 쿼크, 다운 쿼크의 질량은 작다. 이것을 '큰 질량 결손이 일어난다'라고 생각하면 양성자, 중성자 내부에서 '결합 에너지'가 크다는 것을 의미한다. 양성자와 중성자 내부에서 '쿼크의 움직임'에 관한 연구는 최첨단 연구 주제다.

[그림 2] **중성자와 양성자의 구성**

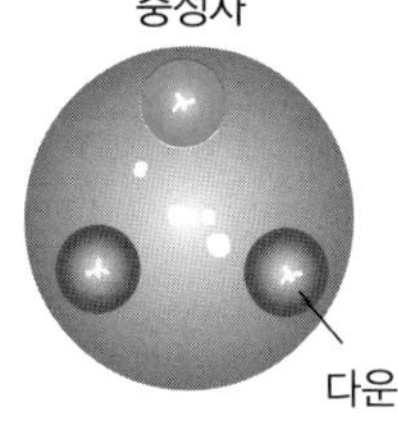

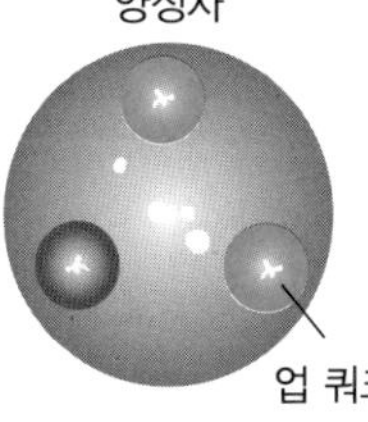

이렇게 쓰인다!

소립자 연구는 아무 쓸모없다?

'아토모스'를 찾는 소립자 연구는 인류의 지적 호기심이 있기 때문에 가능한 행위로, 직접적으로 생활에 도움이 되지 않는다는 견해도 있다. 그러나 '아토모스'의 추구로 얻은 지식은 그 시대에 새로운 연구 분야를 만들고, 응용 영역을 넓혀서 자연 상태의 연구에 대한 혁신을 가져왔다. 그 자연 상태에는 산업 등의 일상생활뿐 아니라 우주를 포함한 물질세계를 어떻게 볼 것인가 하는 과제도 포함되어 있다.

19세기 초, 패러데이가 귀족들 앞에서 전자기 실험을 했을 때(153쪽), 한 귀족이 "전지를 사용해서 만든 전기와 자석으로 검류계가 움직인다는 것은 알겠는데, 그것이 대체 무슨 쓸모가 있냐?"라는 질문을 했다고 한다. 그러나 그로부터 100년이 지나 전기 시대가 되었고, 20세기 이후는 전기가 없으면 문명이 성립하지 않는 상황이 되었다.

에너지라는 면에서 보면 엄청난 에너지를 손쉬운 조작으로 얻을 수 있는 과정이다. 말과 소에서 증기, 그리고 전지로 이어지는 전개가 사회 구조 전체를 변혁했다. 그것이 소립자 연구로 핵에너지로 이어지는 것이다.

이것은 단순히 에너지뿐 아니라 정보 처리에도 관계한다. 각 단계에서 '아토모스'를 이해함으로써 정밀한 정보 처리 방법을 구할 수 있다. 현대는 엄청난 양적 확대와 처리 속도의 고속화라는 '정보 혁명'이 일어나고 있다. 앞으로 더욱, 미세한 소자로 정보를 처리하는 기능이 요구된다.

그런 요구에 답할 수 있는 이론의 기반을 제공하는 힘을 갖는다는 점에 소립자 연구의 '실용적 의의'가 있다.

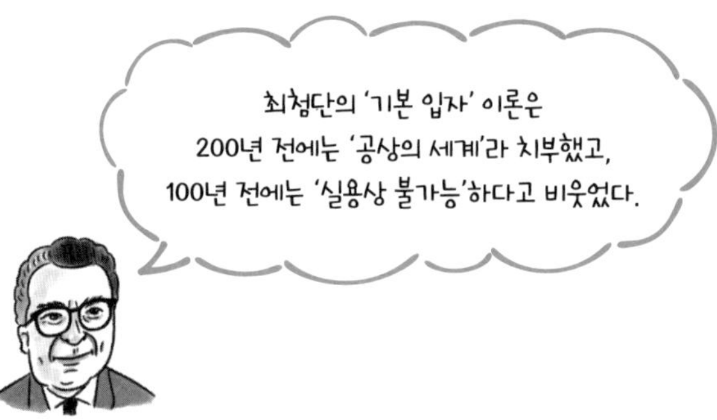

뉴트리노를 사용해 지구 내부를 탐색하다

일본의 카미오카 광산에 있는 뉴트리노 검출 장치 카미오칸데는 1987년 초신성 폭발에서 뉴트리노를 탐색한 것으로 유명하다. 이 장치를 개조한 반(反)뉴트리노 검출기 캄랜드(KamLAND)는 지구물리학 분야에서 큰 공적을 올리고 있다. 저에너지인 뉴트리노를 높은 정밀도로 관측하는 것으로 지구 내부에서부터 올라오는 뉴트리노를 관측했다. 이것으로 지구 내부 방사성 물질의 붕괴에 의한 총열량을 알 수 있게 되었다.

지구 내부 방사성 물질의 붕괴로 방사선이 발생할 텐데, 내부 물질에 방해를 받아 지구 표면까지는 미치지 않는다. 그래서 정량적인 논의를 할 수 없었는데, 방사선과 함께 방출되는 뉴트리노는 내부의 물질에 방해받지 않으므로 지구 표면에서 정밀하게 관측할 수 있다.

그 결과 지구 내부 방사성 물질의 붕괴에 의한 총열량은 200억㎾ 정도라는 것을 알 수 있었다. 100만㎾인 원자력 발전소 2만 대 분량에 해당한다. 지구 전체의 발열은 440억㎾이므로 약 45%이다. 즉, 지열의 약 절반은 방사성 물질이 붕괴했을 때의 열에너지라는 것을 알 수 있었다.

나머지 반은 지구가 만들어졌을 때 큰 질량을 가진 물질이 중력(만유인력)으로 서로 끌어당겨 합체했을 때의 에너지로 여겨진다. 이것들은 지구물리학 각 분야의 연구로 어느 정도 예상되었는데, 뉴트리노 관측은 그것을 증명함으로써 보다 정밀한 정량적 논의를 가능하게 했다.

광속도 불변의 원리와 특수 상대성 이론

빛의 속도는 어떤 경우에도 같다는 것을 인정받는 것으로 '상대성 이론'이 탄생했다!

발견의 계기!

특허청 직원이었던 아인슈타인 선생님이 1905년에 시간과 공간에 관한 새로운 견해를 제안했습니다. 우주에서 절대적으로 불변인 것은 광속뿐이다(광속도 불변의 원리)라는 생각이에요.

그전까지 많은 사람이 막연하게 갖고 있던 '시간은 과거에서 미래로 흐르고, 우주 어디서나 그 방식은 다르지 않다', '어디에서나 가로 · 세로 · 높이의 크기는 변하지 않고 절대적이다' 하는 시간과 공간에 대한 소박한 생각을 나는 부정했어요!

당시 물리학계는 우주 공간은 에테르라는 물질로 채워져서 그것이 빛을 전달한다'고 생각했죠.

하지만 에테르가 있다면 광원과 관측자가 에테르와 같이 운동하는 경우 이외에는 빛의 속도가 전파되는 방향에 따라 다를 겁니다. 그런데 실제로 빛의 속도를 여러 방향에 대해 측정해 보니 전부 같았어요. 그래서 '빛과 같이 움직이면 빛은 어떻게 보일까' 하는 과제에 집중해 대답해 보았죠.

빛과 같은 속도로 달리면 빛은 멈춘 것처럼 보이겠죠.

그래요. 그러나 멈춘 빛은 생각할 수 없어요. 그래서 나는 '빛의 속도는 어떤 경우에도 변하지 않는다'는 가정에서 출발하면 어떻게 될까 상상했고 '특수 상대성 원리'가 떠올랐죠.

원리를 알자!

광속도 불변의 원리

▸ 우주에서 절대적으로 변하지 않는 것은 광속뿐이다.

특수 상대성 이론

▸ 어떤 사람이 어떤 사람을 보는가에 따라 공간이 수축하고 시간이 느려진다.

광속도는 30만km/s.
지구 한 바퀴가 약 4만km이므로
빛은 1초에 지구를 7바퀴 반을
도는 빠르기다!

광속으로 나는 로켓에서
지상의 빛을 보면
멈춘 것처럼 보일까?

광속도가 불변인 것을 성립시키기 위해 시간과 공간의 절대성을 부정했다.

광속도 불변의 원리란?

우리가 열차에 타고 있을 때 같은 속도, 같은 방향으로 나란히 달리는 다른 열차를 보면 그 열차는 멈춰 있는 것처럼 보인다. 이와 마찬가지로 생각하면 우리가 빛과 같은 속도로 나란히 달리면 빛도 멈춰 있는 것처럼 보일 것이다. 그러나 이 문제로 젊은 아인슈타인은 고민했다. 멈춰 있는 빛은 생각할 수 없기 때문이다.

당시, 물리학자들이 움직이면서 빛을 보고, 광원을 움직여 자세히 조사해도 빛의 속도는 같았다. 즉, 광원을 보는 사람이 아무리 빨리 움직여도 광속도는 항상 30만km/s로 변하지 않는다는 것을 알았다.

아인슈타인은 고민 끝에 한 결론에 다다랐다. '아무리 자세히 조사해도 광속에 변화가 없다면 차라리 어떤 속도로 운동하는 관측자가 측정하든 광속도는 변하지 않는다는 것을 인정해 버리자!' 이것이 광속도 불변의 원리(광속도 일정의 원리)다. 현재까지 이 원리를 뒤집을 실험 결과는 없다.

특수 상대성 이론에서는 공간도 시간도 줄어든다

특수 상대성 이론은, 광속도 불변의 원리와 특수 상대성 원리(정지한 사람, 운동하는 사람에 관계없이 누구에게나 자연의 법칙은 똑같이 성립한다)를 두 기둥으로 해서 만들어졌다.

멈춰 있는 열차가 움직이기 시작해 어느 속도가 되어도 열차에 탄 사람은 열차의 길이는 변하지 않는다고 생각한다. 그런데 지상에 있는 사람이 보면 열차의 길이가 멈춰 있을 때보다 짧아진다.

열차 속도가 광속의 절반이었다고 하자(현실적으로는 무리지만, 입자선 가속기에서는 손쉽게 얻을 수 있는 빠르기다). 이 경우 열차의 길이가 86%로 단축한다. 열차의 길이가 100m였다면 86m가 된다. 지상에 정지해 있는 사람에게는 열차 안의 사람과 물체가 가늘어진 것처럼 보인다. 그것은 착각이 아니라 지상에 있는 사람에게는 사실이다. 그러나 이것은 단축 열차 안이라는 공간(좌표계) 전체의 단축이므로 열차 안의 자도 단축해서 열차 안에서는 단축된 것을 알 수 없다.

시간에 관해서도, 놀랄 일이 일어난다. 지상과 열차 안에 같은 시계를 설치하고 각각의 시간을 측정한다. 열차가 움직이면 열차 안의 시계는 지상의 시계에 비해 천천히 움직인다(정확히 말하면 지상에 있는 사람이 그렇게 간주하는 사태가 된다). 열차가 광속의 절반 속도로 움직일 경우, 지상에서는 100초가 지났어도 열차 안에서는 86초만 경과한다(그림 1-a).

지상과 열차의 관계는 상대적인 속도만이 문제다. 입장을 바꾸어, 열차 안에서 지상을 봐도 지상에 있는 사람과 물체는 가늘게 보인다. 또, 지상에서는 시간이 천천히 흐른다고 간주하는 상황이 된다(그림 1-b). 즉, 지상 혹은 열차 안 어느 쪽에 있든 보이는 방식은 대등하다. 어느 쪽이 특별한 것이 아니라 서로 '상대의 과거'를 '자신의 입장'에서 천천히 보고 있는 것이 된다. 누구에게나 자연의 법칙은 똑같이 성립한다고 할 수 있다.

[그림 1] **서로 '상대의 과거'를 '자신의 입장'에서 보고 있다.**

(a) **지상에 있는 사람이 열차 안을 본다.**

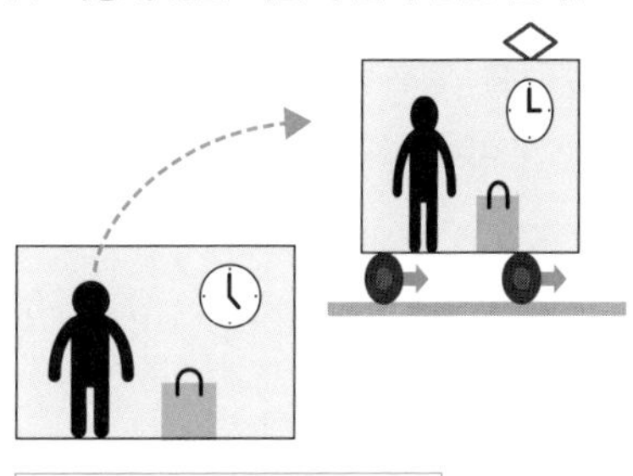

지상에 있는 사람에게는……

공간 : 열차 안의 사람, 물체가 가늘어진 것처럼 보인다.

시간 : 열차 안의 시계는 지상의 시계에 비해 느리게 움직인다.

(b) **열차 안의 사람이 지상에 있는 사람을 본다.**

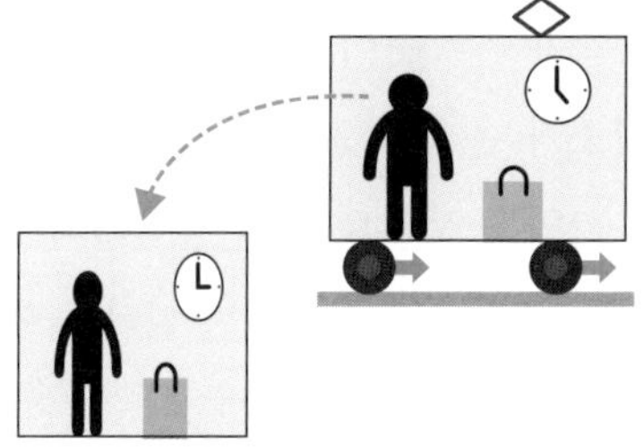

열차 안의 사람에게는……

공간 : 지상의 사람과 물체가 가늘어진 것처럼 보인다.

시간 : 지상의 시계는 열차 안의 시계에 비해 느리게 움직인다.

서로 상대의 과거를 자신의 입장에서 보고 있다.

↓

누구에게나 자연의 법칙은 똑같이 성립한다.

질량과 에너지의 등가성($E = mc^2$)

특수 상대성 이론의 결과, 밝혀진 중요한 개념이 있다. 질량과 에너지는 동등하고, 질량에 광속의 제곱을 곱하면 에너지 값과 같다는 $E = mc^2$이라는 아인슈타인의 식이 성립한다는 것이다. 그전까지는 질량과 에너지는 전혀 다른 것이었는데 질량과 에너지가 통합된 것이다. 실제로, 에너지의 방출 과정에서는 질량의 감소가 일어난다. 이것을 '질량 결손'이라고 한다.

공간은 트램펄린?

아인슈타인의 상대성 이론에는 여기서 소개한 특수 상대성 이론과 일반 상대성 이론이 있다. 아인슈타인은 중력은 특수 상대성 이론으로 해명할 수 없어서 수학자와 협력해 10년에 걸쳐 일반 상대성 이론을 완성했다.

일반 상대성 이론에 따르면 무거운 물체(중력이 강한 물체) 주위에서는 시간이 느리게 흐른다. 빛은 기본적으로 직진하는데, 빛이 다니는 길 위에 중력이 강하게 작용하는 곳이 있으면 구덩이가 생긴다. 공간을 트램펄린이라고 생각하고 그 장소가 움푹 파인 상황을 상상해 보자. 빛은 '구덩이'를 따라 휘어져 진행하므로 그만큼 불필요한 시간이 걸려서 느려진다. 또, 질량의 집중이 극단적으로 커져서 구덩이가 깊어지면 일단 들어간 빛은 나올 수 없게 된다. 이것이 블랙홀이다.

[그림 2] **빛이 구덩이를 따라 진행하는 그림**

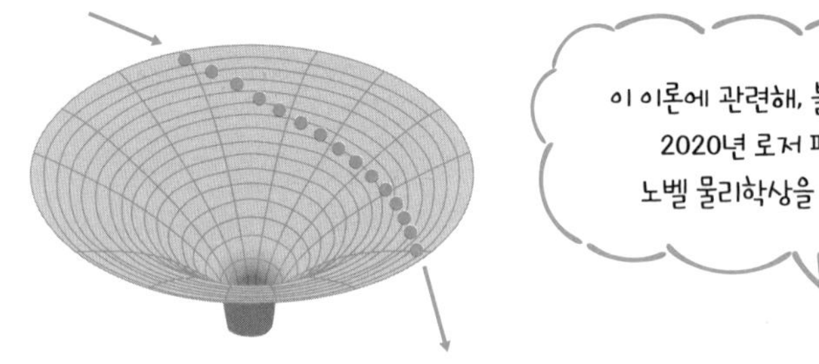

이렇게 쓰인다!

현대 생활에 필요불가결한 GPS

상대성 이론이 활용되는 기술에 'GPS(Global Positioning System, 위성 위치 확인 시스템)'가 있다. 이것은 인공위성의 전파를 수신해 현재 위치를 특정한다. 스마트폰과 자동차 내비게이션 등에서 정확한 위치나 정보를 얻기 위해 사용되는 등 현대 생활에서 없어서는 안 되는 시스템이다.

GPS 위성은 약 1만 4000㎞/h(약 4㎞/s)라는 고속으로 이동하기 때문에 지상에서 봤을 때 '시간의 흐름은 느려진다'(특수 상대성 이론). 반면에 GPS 위성은 지구상의 고도 2만㎞를 날고 있다. 고도가 높아질수록 지구의 중력 영향이 약해지기 때문에 '무거운 물체 주위에서는 시간이 느려진다'의 반대인 '무거운 물체로부터 멀어질수록 시간이 빨라지는' 현상이 일어난다(일반 상대성 이론).

이 두 가지 현상 가운데 실제로는 일반 상대성 이론의 효과인 '시간이 빨라진다'는 현상이 큰 영향을 주기 때문에 GPS 위성의 시계는 빨라진다. 그 오차는 1일 30μ초(0.00003초)이다. 언뜻 별것 아닌 것 같지만, 이 오차로 위치 정보는 1시간에 400m의 오차가 생긴다. 그래서 GPS 위성의 시계에는 이 오차를 자동적으로 보정하는 기능이 탑재되어 있다. 오차를 방치하면 GPS의 위치 정보는 본래의 정확도(지상에서 몇 미터의 범위까지 상세히 알 수 있나)를 초과해 오차가 생기기 때문에 실용적일 수 없기 때문이다.

또, 초정밀 시계를 지구상에 설치하면 일반 상대성 이론을 사용한 새로운 '크라우드센싱(Crowdsensing)'이 가능할 것이라는 것도 제안되고 있다. 지상에서 일어나는 중력 변동을 실시간으로 관측할 수 있기 때문이다. 지각 변동 조사, 지하자원 개발 등에 응용이 기대된다.

이 책에 등장하는 법칙과 원리 목록

참고문헌

서적

- 『人物でよむ 物理法則の事典』米沢富美子 他著 , 朝倉書店
- 『人物で語る物理入門 上・下』米沢富美子 著 , 岩波書店
- 『科学史人物事典』小山慶太 著 , 中央公論新社
- 『発明発見図説』相川春喜 , 山崎俊雄 , 田中実 著 , 岩崎書店
- 『道を開いた人びと 世界発明発見ものがたり』道家達将 , 大沼正則 , 板倉聖宣 著 , 筑摩書房
- 『科学者伝記小事典ー科学の基礎をきずいた人びと』板倉聖宣 著 , 仮説社
- 『科学思想史』坂本賢三 著 , 岩波書店
- 『科学史技術史事典』伊東俊太郎・山田慶児・坂本賢三・村上陽一郎 編 , 弘文堂
- 『新 物理の散歩道 第 1 集~第 5 集』ロゲルギスト著 , 筑摩書房
- 『科学史ひらめき図鑑』スペースタイム 著 , 杉山滋郎 監修 , ナツメ社
- 『ファインマン物理学 1 力学』ファインマン 著 , 坪井忠二 訳 , 岩波書店
- 『熱力学の基礎』清水明 著 , 東京大学出版会
- 『低温「ふしぎ現象」小事典』低温工学・超電導学会 編 , 講談社
- 『改訂版 流れの科学ー自然現象からのアプローチ』木村竜治 著 , (東海大学出版会)
- 『ゼロからのサイエンス よくわかる物理』福江純 著 , 日本実業出版社
- 『親切な物理 上・下』渡辺久夫氏 著 , 正林書院
- 『科学年表 知の 5000 年史』ヘルマンズ・バンチ著 , 植村美佐子 他 編譯 , 丸善出版
- 『相對性理論』江沢洋 著 , 裳華房
- 『超流動』山田一雄・大見哲巨 著 , 培風館
- 『科学と科学教育の源流』板倉聖宣 著 , 仮説社
- 『日本大百科全書 (ニッポニカ)』小学館
- 『原子』ジャン・ペラン 著 , 玉虫文一 譯 , 岩波書店
- 『十二世紀ルネサンス』伊東俊太郎 著 , 講談社
- 『混沌の海へ』山田慶児 著 , 朝日新聞出版
- 『窮理 6号』村上 陽一郎・朝永惇 他著 , 窮理舎
- 『Newton ニュートン special issue 世界の科学者 100 人ー未知の扉を開いた先駆者たち』竹內均 監修 , 教育社
- 『新しい高校物理の教科書』山本明利・左巻健男 編著 , 講談社
- 『素顔の科学誌ー科学がもっと身近になる 42 のエピソード 』左巻健男 編著 , 東京書籍
- 『面白くて眠れなくなる物理パズル』左巻健男 著 ,PHP エディターズ・グループ
- 『2時間でおさらいできる物理』左巻健男 著 , 大和書房
- 『話したくなる!つかえる物理』左巻健男 編著 , 明日香出版社
- 『図解 身近にあふれる「物理」が 3 時間でわかる本』左巻健男 編著 , 明日香出版社
- 『やさしく物理:力・熱・電気・光・波』夏目雄平 著 , 朝倉書店
- 『やさしい化学物理ー化学と物理の境界をめぐる』夏目雄平 著 , 朝倉書店
- 『理科年表 2019』『理科年表 2020』国立天文台 編 , 丸善出版
- 「クッタとジュコフスキーの翼理論 ながれ 1973 Vol.5 No.4」谷一郎
- Paar, M.J.,&Petutschnigg, A.Biomimetic inspired, natural ventilated façade- A conceptual study. Journal of Facade Design and Engineering.
- Jackson, J.D.Osbone Reynolds: Scientist, engineer and pioneer. Proceedings of the Royal Society of London.

웹사이트

- MacTutor History of Mathematics Archive
  https://mathshistory.st-andrews.ac.uk/
- Rorres, C. "ARCHIMEDES"
  http://www.math.nyu.edu/-crorres/Archimedes/contents.html
- Thayer, B. "Marcus VitruviusPollio: de Architectura, Book IX"
  http://penelope.uchicago.edu/Thayer/E/Roman/Texts/Vitruvius/9*.html
- Gard News 209 "満載喫水線"
  http://www.gard.no/Content/20735297/27_Load_lines_jp.pdf
- Simpson, D. "Blaise Pascal" . The internet Encyclopedia of Philosophy.
  http://iep.utm.edu/pascal-b/
- Blaise Pascal From 'A Short Account of the History of Mathematics' by W.W.Rouse Ball.
  http://www maths. tcd. ie/pub/HistMath/People/Pascal/RouseBall/ RB_Pascal.html
- Oki. "ベルヌーイの定理　-流体のエネルギー保存の法則"
  http://pigeon-pappo.com/bernoullis-theorem/
- 松田卓也 (2013. July 17). "飛行機はなぜ飛ぶかのかまだ分からない ??
  翼の揚力を巡る誤概念と都市伝説
  http://jein.jp/jifs/scientific-topics/887-topic49.html
- p29 http://mainichi.jp/articles/20160425/mul/00m/040/00700sc
- p73 그림 2 : http://oku.edu.mie-u.ac.jp/ ~ okumura/stat/pendulum.html
- p85 그림 3 : http://www.dainippon-tosho.co.jp/unit/list/PS.html
- p96 그림 1 : http://www.ecoq21.jp/ecoheart/cat08/ecoheart08-2.html
- p105 그림 6 : http://www.tbcompany.co.jp/service/lightning/04.html
- p111 그림 3 : http://kids.gakken.co.jp/kagaku/kagaku110/science0281/
- p152 그림 4 : http://ihreport.wp.xdomain.jp/shikumi
- p204 그림 1 : http://www.i-berry.ne.jp/ ~ nakamura/contents/slit_wave_length/slit_wave_length.htm
- p247 그림 4(a) : http://weather.is.kochi-u.ac.jp/events/000221_Karman_Vortex/
- p298 그림 2 : http://shinbun.fan-miyagi.jp/article/article_20131210.php
- p302 그림 1 : http://studyphys.com/radiation/MacTutor History of Mathematics Archive
  https://mathshistory.st-andrews.ac.uk/

- Rorres, C. "ARCHIMEDES"
  http://www.math.nyu.edu/-crorres/Archimedes/contents.html
- Thayer, B. "Marcus VitruviusPollio: de Architectura, Book IX"
  http://penelope.uchicago.edu/Thayer/E/Roman/Texts/Vitruvius/9*.html
- Gard News 209 "満載喫水線"
  http://www.gard.no/Content/20735297/27_Load_lines_jp.pdf
- Simpson, D. "Blaise Pascal" . The internet Encyclopedia of Philosophy.
  http://iep.utm.edu/pascal-b/
- Blaise Pascal From 'A Short Account of the History of Mathematics' by W.W.Rouse Ball.
  http://www maths. tcd. ie/pub/HistMath/People/Pascal/RouseBall/ RB_Pascal.html
- Oki. "ベルヌーイの定理　-流体のエネルギー保存の法則"
  http://pigeon-pappo.com/bernoullis-theorem/
- 松田卓也 (2013. July 17). "飛行機はなぜ飛ぶかのかまだ分からない ??
  翼の揚力を巡る誤概念と都市伝説
  http://jein.jp/jifs/scientific-topics/887-topic49.html
- p29 http ://mainichi.jp/articles/20160425/mul/00m/040/00700sc
- p73 그림 2 : http://oku.edu.mie-u.ac.jp/ ~ okumura/stat/pendulum.html
- p85 그림 3 : http://www.dainippon-tosho.co.jp/unit/list/PS.html
- p96 그림 1 : http://www.ecoq21.jp/ecoheart/cat08/ecoheart08-2.html
- p105 그림 6 : http://www.tbcompany.co.jp/service/lightning/04.html
- p111 그림 3 : http://kids.gakken.co.jp/kagaku/kagaku110/science0281/
- p152 그림 4 : http://ihreport.wp.xdomain.jp/shikumi
- p204 그림 1 : http://www.i-berry.ne.jp/ ~ nakamura/contents/slit_wave_length/slit_wave_length.htm
- p247 그림 4(a) : http://weather.is.kochi-u.ac.jp/events/000221_Karman_Vortex/
- p298 그림 2 : http://shinbun.fan-miyagi.jp/article/article_20131210.php

- p302 그림 1: http://studyphys.com/radiation/

편저자 · 집필자 약력 & 담당 항목

사마키 다케오
(左巻健男)

1949년에 태어났다. 지바 대학교 교육학부를 졸업하고 도쿄 학예 대학교 대학원 물리화학 · 과학교육 석사 과정을 수료했다. 이후 26년간 중 · 고등학교 교사로 활동했다. 교토 공예 섬유 대학교, 도시샤 여자 대학교, 호세이 대학교 생명과학부 응용학과, 호세이 대학교 교직과정 센터 교수를 역임했다. 중학교 과학 교과서의 편집 위원으로 활동 중이다. 대학생, 과학 교사, 일반인을 대상으로 과학 수업을 하는 강연자이기도 하다. 지은 책으로는 『재밌어서 잠들고 싶지 않은 물리』『재밌어서 잠들고 싶지 않은 화학』『재밌어서 잠들고 싶지 않은 인류 진화』『새로운 고교 화학 교과서 』『생활 속에 스며든 가짜 과학』『과알못도 빠져드는 3시간 과학』 등이 있다.

- 훅의 법칙
- 자기와 자석
- 힘의 평행사변형의 법칙
- 줄의 법칙
- 만유인력의 법칙
- 오른나사의 법칙
- 운동의 제1 법칙(관성의 법칙)
- 플레밍의 왼손 법칙
- 운동의 제2 법칙(운동의 법칙)
- 패러데이의 전자 유도 법칙
- 운동의 제3 법칙(작용 반작용의 법칙) · 열과 온도
- 진자의 법칙
- 보일 · 샤를의 법칙
- 지레의 원리(지레의 법칙)
- 열역학 제0법칙
- 일의 원리
- 원자의 구조
- 역학적 에너지 보존의 법칙
- 원자와 분자
- 에너지 보존의 법칙
- 방사능 · 방사선
- 전기와 전류 회로

오니시 미쓰오 (大西光代)

수산학 박사로, 현재 과학 작가로 활동하고 있다.

- 아르키메데스의 원리
- 파스칼의 원리
- 베르누이의 정리
- 쿠타 · 주코프스키의 정리
- 레이놀즈의 상사 법칙

다나카 다케히코 (田中岳彦)

현립 고교 물리 선생님으로 있었고, 현재 프리랜서 작가로 활동 중이다.

- 운동량 보존의 법칙
  - 각운동량 보존 법칙
  - 옴의 법칙
  - 키르히호프의 법칙
  - 쿨롱의 법칙
  - 열역학 제1 법칙
  - 열역학 제2 법칙

나쓰메 유헤이 (夏目雄平)

지바 대학교 이학계 물리 명예교수이다.

- 전자파
- 열역학 제3 법칙
- 핵반응
- 소립자와 쿼크
- 광속도 불변의 원리와 특수 상대성 이론

야마모토 아키토시 (山本明利)

기타사토 대학교 이학부 교수이다.

- 관성력
- 파동의 파장과 진동수
- 소리의 3요소
- 파동의 중첩 원리
- 하위헌스의 원리
- 반사 · 굴절의 법칙
- 빛의 파동설과 입자설
- 빛의 분산과 스펙트럼
- 빛의 회절 · 간섭
- 도플러 효과

1도 모르는 사람을 위한 물리학 상식

5분 뚝딱 물리학 수업

1판 1쇄 2023년 3월 10일
2쇄 2024년 7월 10일

지 은 이 사마키 다케오
그 린 이 meppelstatt
옮 긴 이 홍성민

발 행 인 주정관
발 행 처 북스토리㈜
주 소 서울특별시 마포구 양화로 7길 6-16
서교제일빌딩 201호
대표전화 02-332-5281
팩시밀리 02-332-5283
출판등록 1999년 8월 18일(제22-1610호)
홈페이지 www.ebookstory.co.kr
이 메 일 bookstory@naver.com

ISBN 979-11-5564-289-4 04400
979-11-5564-288-7 (세트)

※잘못된 책은 바꾸어드립니다.